高等学校数学教材系列丛书

最优化方法

宋巨龙　王香柯　冯晓慧　编著

西安电子科技大学出版社

内 容 简 介

本书是为工科研究生学习“最优化方法”课程而编写的。全书共七章，主要内容包括最优化方法的基础知识、一维搜索算法、无约束最优化方法、约束非线性最优化方法、线性规划、整数规划等。

本书起点低、跨度大，注重实用性，实例丰富，对算法的几何意义解释透彻，有利于读者掌握最优化方法的基本理论和基本算法。

本书可作为高等学校工科相关专业研究生或理科高年级本科生的教材或教学参考书，也可供工程技术领域的科研人员参考。

图书在版编目(CIP)数据

最优化方法/宋巨龙，王香柯，冯晓慧编著.
—西安：西安电子科技大学出版社，2012.9(2022.3 重印)
ISBN 978-7-5606-2886-8

Ⅰ.①最…　Ⅱ.①宋…　Ⅲ.①最优化算法—研究生—教材　Ⅳ.①O242.23

中国版本图书馆 CIP 数据核字(2012)第 168125 号

策划编辑　李惠萍
责任编辑　王　瑛　李惠萍
出版发行　西安电子科技大学出版社(西安市太白南路 2 号)
电　　话　(029)88202421　88201467　　邮　　编　710071
网　　址　www.xduph.com　　电子邮箱　xdupfxb001@163.com
经　　销　新华书店
印刷单位　陕西天意印务有限责任公司
版　　次　2012 年 9 月第 1 版　2022 年 3 月第 6 次印刷
开　　本　787 毫米×960 毫米　1/16　印张 14
字　　数　278 千字
印　　数　6801～8800 册
定　　价　31.00 元
ISBN 978-7-5606-2886-8/O
XDUP　3178001-6

前　言

最优化方法是现代数学的一个重要组成部分，它在自然科学、社会科学中有着广泛的应用，特别是在工程设计和现代管理中有着很高的应用价值。由于许多工程问题最终都归结为优化问题，所以半个多世纪以来最优化方法得到了迅速的发展和广泛的应用。

鉴于现在各高校日益扩大的研究生招生规模，不同领域、不同类型的研究生的需求有所不同，作者在多年“最优化方法”课程的教学基础上，根据高等学校工科研究生的教学需求编写了本书。本书不循大而全的编写模式，不追求遍历所有的优化方法和优化理论，而是紧紧围绕工科研究生的基本需求，本着起点低、跨度大，注重实用性，适当兼顾理论体系的原则来编写的。考虑到有不少研究生是工作多年后再次进入学校深造，许多基础知识已经淡忘，所以本书适当地加强了对线性代数及高等数学等先修课程内容的回顾性介绍。本书注重用实例来解析算法原理，书中的例题和习题都经过了严格的验算，力求做到准确无误。

本书以算法的实用性为主，详细地介绍了最优化方法的基本理论和基本算法。对于大多数算法，本书都给出了实例，以对算法进行说明；对于少数算法，则完全通过例题来阐述其原理和方法。书中特别对基本算法的原理都尽量给出几何解释，有利于读者对算法的理解。本书对算法的理论部分做了适当的介绍，对主要定理进行了证明，理论性过强的定理则略去，并且简单而不加证明地介绍了算法的收敛性。每章末均配有适当数量的习题，便于读者通过练习来更好地掌握所学内容，书末还附有部分习题参考答案。

全书由七章和两个附录构成。为方便读者对最优化问题做进一步深入的研究，附录一列举了一些常用的测试函数；为方便学生编写算法程序，附录二给出了几个基本算法的程序，供学生参考。

本书由宋巨龙统稿，并编写了第一章～第五章、第六章的大部分内容以及附录部分；王香柯编写了第六章的6.7节以及第七章并参与了全书的校对工作；冯晓慧参与了第三章和第五章的编写工作。

本书可作为高等学校工科相关专业研究生或理科高年级本科生的教材，也可供工程技术领域的科研人员参考。本书建议安排54学时，各学校也可根据学生的具体情况增减学时。

本书是在西安电子科技大学出版社李惠萍编辑和王瑛编辑的大力帮助下完成的，在此向她们表示衷心的感谢。

由于编者水平有限，加之编写时间仓促，书中难免有不妥之处，敬请广大读者批评指正。

编　者

2012年5月

前　言

本书主要符号

$\mathbf{R}^n$——n 维实向量空间。

$\boldsymbol{x}$，$\boldsymbol{x}^*$，$\boldsymbol{x}^k(k=1,2,\cdots,n)$——$n$ 维实列向量：

$\boldsymbol{x}=(x_1,x_2,\cdots,x_n)^{\mathrm{T}}$；

$\boldsymbol{x}^*=(x_1^*,x_2^*,\cdots,x_n^*)^{\mathrm{T}}$；

$\boldsymbol{x}^k=(x_1^k,x_2^k,\cdots,x_n^k)^{\mathrm{T}}$。

$\boldsymbol{x}^{\mathrm{T}}$——向量的转置。

$\boldsymbol{x}>\mathbf{0}$——向量 $\boldsymbol{x}$ 的各分量均为正数。

$\boldsymbol{x}\geqslant\mathbf{0}$——向量 $\boldsymbol{x}$ 的各分量均为非负数。

$\boldsymbol{x}<\mathbf{0}$——向量 $\boldsymbol{x}$ 的各分量均为负数。

$\boldsymbol{x}\leqslant\mathbf{0}$——向量 $\boldsymbol{x}$ 的各分量均为非正数。

$\boldsymbol{x}\leqslant\boldsymbol{y}$——向量 $\boldsymbol{x}$ 的各分量均小于等于向量 $\boldsymbol{y}$ 的各分量。

$\boldsymbol{x}<\boldsymbol{y}$——向量 $\boldsymbol{x}$ 的各分量均小于向量 $\boldsymbol{y}$ 的各分量。

$\boldsymbol{x}\in D$——向量 $\boldsymbol{x}$ 属于向量集合 D。

$\boldsymbol{x}\notin D$——向量 $\boldsymbol{x}$ 不属于向量集合 D。

$\mathrm{int}D$——由向量集合 D 的内点所构成的集合。

$k\in K$——元素 k 属于集合 K。

$k\notin K$——元素 k 不属于集合 K。

$\boldsymbol{A},\boldsymbol{B},\boldsymbol{C}$——在没有说明的情况下，大写字母表示矩阵。

$\boldsymbol{O}$——零矩阵。

$\boldsymbol{A}>0$——矩阵 $\boldsymbol{A}$ 正定。

$\boldsymbol{A}\geqslant 0$——矩阵 $\boldsymbol{A}$ 半正定。

$\boldsymbol{A}<0$——矩阵 $\boldsymbol{A}$ 负定。

$\boldsymbol{A}\leqslant 0$——矩阵 $\boldsymbol{A}$ 半负定。

$\forall\,\boldsymbol{x}\in\mathbf{R}^n$——属于 $\mathbf{R}^n$ 的任意 n 维实向量。

$\exists\,\boldsymbol{x}\in D$——存在 $\boldsymbol{x}$ 属于 D。

$\|\boldsymbol{x}\|$——向量 $\boldsymbol{x}$ 的欧氏范数。

s. t. ——“满足约束”，“subject to”的缩写。

$N_\delta(\boldsymbol{x}^0)$或 $N(\boldsymbol{x}^0,\delta)$——以 $\boldsymbol{x}^0$ 为中心，以 δ 为半径的开邻域。

$\nabla f(\boldsymbol{x})$——$f(\boldsymbol{x})$在 $\boldsymbol{x}$ 处的梯度。

$\nabla^2 f(\boldsymbol{x})$——$f(\boldsymbol{x})$在 $\boldsymbol{x}$ 处的 Hesse 矩阵。

$\boldsymbol{h}(\boldsymbol{x})$——向量函数 $\boldsymbol{h}(\boldsymbol{x})=(h_1(\boldsymbol{x}),h_2(\boldsymbol{x}),\cdots,h_n(\boldsymbol{x}))^{\mathrm{T}}$。

目　录

第一章　绪　论

最优化的思想方法最早可以追溯到牛顿(Newton，1643—1727)、拉格朗日(Lagrange，1736—1813)和柯西(Cauchy，1789—1857)时代。牛顿和莱布尼茨(Leibniz，1646—1716)所创立的微积分中已经部分地包含有优化思想；而伯努利(Bernoulli，1654—1705)、欧拉(Euler，1707—1783)和拉格朗日等人则对变分法的建立作出了各自不同的贡献；柯西最早提出求多元函数最优值的最速下降法。

现代最优化方法起源于第一次世界大战时期。随着社会的进步，生产力的不断发展，优化问题在生产实践中的重要性日益突显。许多军事领域的优化问题，如搜索潜艇、护航、布雷、轰炸、运输管理等问题的提出，促使优化问题在第一次世界大战以后得到人们日益强烈的关注。到20世纪60年代，最优化方法最终发展成为一门新兴的基础学科。

1930年，前苏联数学家康托罗维奇(Cantolovch)提出二维线性规划问题的图上作业法。1947年，美国数学家丹茨(Dantzig)提出了轰动数学界的单纯形法，为解决高维线性规划问题提供了一种有效的工具。1950年至1965年，匈牙利数学家库恩(Kuhn)和塔克(Tucker)建立了线性规划的对偶理论，为求解鞍点问题提供了数学工具，这两位年轻的数学家建立的约束极值问题的最优性条件被称为K-T条件，为求解非线性规划问题奠定了基础。

随着科学技术的日益发展，许多工程的核心问题最终都归结为优化问题。因此，最优化方法已经成为工程技术人员必不可少的计算工具。在计算机已经广为普及的今天，一些大规模的优化问题的求解可以在一台普通的计算机上实现，使得最优化方法得到了比以往任何时候都更加广泛的应用。如今，最优化方法已成为工程技术人员所必需具备的研究工具。

最优化方法主要是研究在一定条件限制下，选取某种方案以使某目标达到最优的一门学科。使目标达到最优的方案称为最优方案，而获取最优方案的方法称为最优化方法。这种方法的数学理论则称为最优化理论。最优化方法在当今的军事、工程、管理等领域有着极其广泛的应用。

1.1　最优化问题举例

【例1.1】（配料问题）某工厂生产A和B两种产品，所用原料均为甲、乙、丙三种。每生产一个产品具体用料情况如表1.1所示。已知产品A每件可获利9000元，产品B每件可获利15 000元。如果该厂现有原料：甲450，乙150，丙300。在现有条件下，A、B各生产多少才可使该厂获利最大？

表 1.1　例 1.1 的原料构成

	甲	乙	丙
A	8	4	13
B	5	9	6

解　设需生产 A 产品 x_1 件，B 产品 x_2 件，则总获利为

$$s = 0.9x_1 + 1.5x_2\ (\text{万元})$$

其中 x_1，x_2 应满足约束条件：

$$\begin{cases} 8x_1 + 5x_2 \leqslant 450 \\ 4x_1 + 9x_2 \leqslant 150 \\ 13x_1 + 6x_2 \leqslant 300 \\ x_1 \geqslant 0,\ x_2 \geqslant 0 \end{cases}$$

该问题可表示为

$$\begin{cases} \max & s = 9x_1 + 15x_2 \\ \text{s. t.} & 8x_1 + 5x_2 \leqslant 450 \\ & 4x_1 + 9x_2 \leqslant 150 \\ & 13x_1 + 6x_2 \leqslant 300 \\ & x_1 \geqslant 0,\ x_2 \geqslant 0 \end{cases}$$

【例 1.2】（投资问题）某公司现有资金 a 万元，目前有 $n(n \geqslant 2)$ 个投资项目可供选择，设投资第 i 个项目要用资金 a_i 万元，可获利 b_i 万元，$i = 1,2,\cdots,n$。如何投资收益最大？

解　设第 i 个项目的选择变量为 x_i，即

$$x_i = \begin{cases} 1 & (\text{如果选择投资第 } i \text{ 个项目}) \\ 0 & (\text{如果不选择投资第 } i \text{ 个项目}) \end{cases}$$

这里 $i = 1, 2, \cdots, n$。则总的投资金额应满足 $\sum\limits_{i=1}^{n} a_i x_i \leqslant a$，总的收益为 $\sum\limits_{i=1}^{n} b_i x_i$。由于 x_i 只能取 0 和 1，所以应有 $x_i(x_i - 1) = 0$，$i = 1,2,\cdots,n$。投资的目标是：在投资额不超过现有资金的条件下使收益最大。即本投资问题表示为

$$\begin{cases} \max \sum\limits_{i=1}^{n} b_i x_i \\ \text{s. t.} \sum\limits_{i=1}^{n} a_i x_i \leqslant a \\ \quad\ x_i(x_i - 1) = 0 \qquad (i = 1,2,\cdots,n) \end{cases}$$

【例 1.3】　欲将一个宽为 a、长为 l 的矩形铁皮折成一个截面为等腰梯形的水槽，如何取

水槽的底长以及水槽侧边折起来离开底面的夹角可使水槽的截面积最大？

解 如图 1-1 所示，设水槽的底长为 x，水槽侧边与底面的夹角为 θ，则水槽的截面积为

$$S=\frac{2x+(a-x)\cos\theta}{4}(a-x)\sin\theta$$

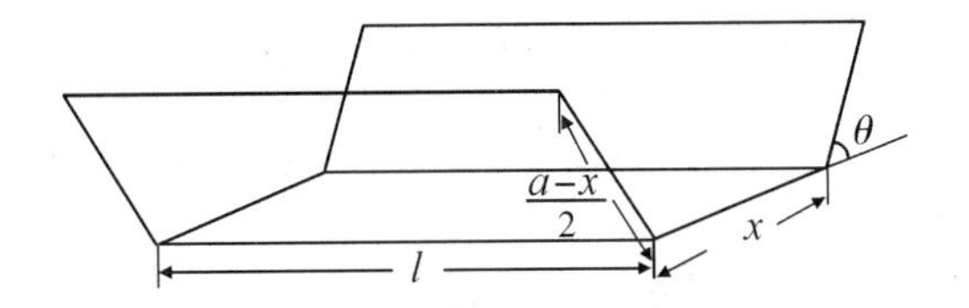

图 1-1 例 1.3 的水槽示意图

这里 $0\leqslant x\leqslant a$，$0\leqslant\theta\leqslant\frac{\pi}{2}$。合并起来就是

$$\begin{cases}\max\quad S=\dfrac{2x+(a-x)\cos\theta}{4}(a-x)\sin\theta \\ \text{s.t.}\quad 0\leqslant x\leqslant a \\ \qquad\quad 0\leqslant\theta\leqslant\dfrac{\pi}{2}\end{cases}$$

【例 1.4】（运输问题）已知某省煤炭有 m 个产地 $A_1,A_2,\cdots,A_m$，产量分别记为 $a_1,a_2,\cdots,a_m$（吨）；有 n 个销售地 $B_1,B_2,\cdots,B_n$，每个销售地的需求量记为 $b_1,b_2,\cdots,b_n$（吨）。假定产销是平衡的，即 $\sum\limits_{i=1}^{m}a_i=\sum\limits_{j=1}^{n}b_j$，由 A_i 地到 B_j 地的运费为每吨 $c_{ij}(i=1,2,\cdots,m;j=1,2,\cdots,n)$ 元。由每个产地向各销售地运多少吨煤时，既可保证满足需求量，又可使运费最省？

解 设应从 A_i 地到 B_j 地运送 x_{ij} 吨煤，则总的运费为

$$s=\sum_{i=1}^{m}\sum_{j=1}^{n}c_{ij}x_{ij}$$

这里 x_{ij} 应满足

$$\begin{cases}\sum\limits_{j=1}^{n}x_{ij}=a_i & (i=1,2,\cdots,m) \\ \sum\limits_{i=1}^{m}x_{ij}=b_j & (j=1,2,\cdots,n) \\ x_{ij}\geqslant 0 & (i=1,2,\cdots,m;j=1,2,\cdots,n)\end{cases}$$

所以该问题可表示为

$$\begin{cases} \min \quad s = \sum_{i=1}^{m} \sum_{j=1}^{n} c_{ij} x_{ij} \\ \text{s.t.} \quad \sum_{j=1}^{n} x_{ij} = a_i \qquad (i = 1,2,\cdots,m) \\ \qquad \sum_{i=1}^{m} x_{ij} = b_j \qquad (j = 1,2,\cdots,n) \\ \qquad x_{ij} \geqslant 0 \qquad (i = 1,2,\cdots,m; j = 1,2,\cdots,n) \end{cases}$$

【例 1.5】 设有非线性方程组

$$\begin{cases} f_1(x_1,x_2,\cdots,x_n) = 0 \\ f_2(x_1,x_2,\cdots,x_n) = 0 \\ \qquad \vdots \\ f_m(x_1,x_2,\cdots,x_n) = 0 \end{cases}$$

求该非线性方程组的解。

解 可将该问题等价地转化为优化问题：

$$\min f(x_1,x_2,\cdots,x_n) = \sum_{i=1}^{m} f_i^2(x_1,x_2,\cdots,x_n)$$

如果原方程组有解，则本优化问题应有最小值 0；反之，若本优化问题有最小值 0，则本优化问题的解就是原方程组的解。如果本优化问题的最小值不为 0，则说明原方程组没有解。

1.2 最优化问题的数学模型及其分类

以上列举了几个最优化问题的例子，它们的共同特点是：求满足一定条件的变量 x_1，x_2，…，x_n，使某函数 $f(x_1, x_2, \cdots, x_n)$ 取得最大值或者最小值。由于 $f(x_1, x_2, \cdots, x_n)$ 的最大问题可以转化为 $-f(x_1, x_2, \cdots, x_n)$ 的最小问题，所以较多时候只讨论最小问题。这里的函数 $f(x_1, x_2, \cdots, x_n)$ 称为**目标函数**或者**评价函数**；变量 $x_1,x_2,\cdots,x_n$ 称为**决策变量**；需要满足的条件称为**约束条件**；用以构成约束条件的函数称为**约束函数**。

对于优化问题通常采用如下方法进行分类。

1. 根据优化问题约束类型的不同进行分类

1）无约束问题

求 $\boldsymbol{x} = (x_1,x_2,\cdots,x_n)^{\mathrm{T}}$ 使函数 $f(\boldsymbol{x}) = f(x_1,x_2,\cdots,x_n)$ 达到最小值，记为 $\min f(\boldsymbol{x})$。

2）约束问题

根据约束函数的类型又可进一步分为以下几类。

（1）等式约束问题：求 $\boldsymbol{x} = (x_1,x_2,\cdots,x_n)^{\mathrm{T}}$ 使其在满足 l 个等式约束条件 $h_j(\boldsymbol{x}) = 0$，$j = 1,2,\cdots,l$ 的情况下，使函数 $f(\boldsymbol{x}) = f(x_1,x_2,\cdots,x_n)$ 达到最小值，记为

$$\begin{cases} \min & f(\boldsymbol{x}) \\ \text{s.t.} & h_j(\boldsymbol{x}) = 0 \qquad (j = 1,2,\cdots,l) \end{cases}$$

(2) 不等式约束问题：求 $\boldsymbol{x} = (x_1, x_2, \cdots, x_n)^{\mathrm{T}}$ 使其在满足 m 个不等式约束条件 $g_i(\boldsymbol{x}) \geqslant 0$，$i=1,2,\cdots,m$ 的情况下，使函数 $f(\boldsymbol{x}) = f(x_1, x_2, \cdots, x_n)$ 达到最小值，记为

$$\begin{cases} \min & f(\boldsymbol{x}) \\ \text{s.t.} & g_i(\boldsymbol{x}) \geqslant 0 \qquad (i = 1,2,\cdots,m) \end{cases}$$

(3) 混和约束问题或称一般约束问题：求 $\boldsymbol{x} = (x_1, x_2, \cdots, x_n)^{\mathrm{T}}$ 使其在满足 m 个不等式约束条件 $g_i(\boldsymbol{x}) \geqslant 0$，$i = 1,2,\cdots,m$ 以及 l 个等式约束条件 $h_j(\boldsymbol{x}) = 0$，$j = 1,2,\cdots,l$ 的情况下，使函数 $f(\boldsymbol{x}) = f(x_1, x_2, \cdots, x_n)$ 达到最小值，记为

$$\begin{cases} \min & f(\boldsymbol{x}) \\ \text{s.t.} & g_i(\boldsymbol{x}) \geqslant 0 \qquad (i = 1,2,\cdots,m) \\ & h_j(\boldsymbol{x}) = 0 \qquad (j = 1,2,\cdots,l) \end{cases}$$

以上各问题中的函数 $f(x_1, x_2, \cdots, x_n)$ 称为**目标函数**，函数 $g_i(\boldsymbol{x})$、$h_j(\boldsymbol{x})$ 称为**约束函数**。满足约束条件的点 $\boldsymbol{x}$ 构成的集合，称为**可行解集合**，亦称**可行区**或**可行域**。例如：

$$D_1 = \{\boldsymbol{x} \mid g_i(\boldsymbol{x}) \geqslant 0, i = 1,2,\cdots,m\},\ D_2 = \{\boldsymbol{x} \mid h_j(\boldsymbol{x}) = 0, j = 1,2,\cdots,l\}$$

分别是上述不等式约束问题和等式约束问题的可行域。

以上给出的是标准的优化问题。实际上某些不标准的问题可以化为标准的问题。例如：

(1) 约束条件 $g_i(\boldsymbol{x}) \leqslant 0$ 可以化为 $-g_i(\boldsymbol{x}) \geqslant 0$；

(2) 最大值问题可以化为最小值问题：$\max\limits_{x \in D} f(\boldsymbol{x})$ 可化为 $-\min\limits_{x \in D}[-f(\boldsymbol{x})]$；

(3) 等式约束可以化为不等式约束：$h_j(\boldsymbol{x}) = 0$ 可化为 $h_j(\boldsymbol{x}) \geqslant 0$ 且 $-h_j(\boldsymbol{x}) \geqslant 0$。

因此上述分类可以简化为下面两类：

(1) 无约束最优化问题：$\min f(\boldsymbol{x})$；

(2) 约束优化问题：$\begin{cases} \min & f(\boldsymbol{x}) \\ \text{s.t.} & g_i(\boldsymbol{x}) \geqslant 0 \qquad (i = 1,2,\cdots,m) \end{cases}$。

2. 根据目标函数及约束函数的类型进行分类

最优化问题也称为规划问题。

如果最优化问题的目标函数为 $f(\boldsymbol{x})$，约束条件为 $g_i(\boldsymbol{x}) \geqslant 0$，$i = 1,2,\cdots,m$，则：

当 $f(\boldsymbol{x})$ 和 $g_i(\boldsymbol{x})$ 均为线性函数时，称此最优化问题为**线性规划**；

当 $f(\boldsymbol{x})$ 和 $g_i(\boldsymbol{x})$ 不全为线性函数时，称此最优化问题为**非线性规划**；

当 $f(\boldsymbol{x})$ 为二次函数，而 $g_i(\boldsymbol{x})$ 全为线性函数时，称此最优化问题为**二次规划**。

3. 根据变量的类型进行分类

对于最优化问题，如果变量 $\boldsymbol{x} = (x_1, x_2, \cdots, x_n)^{\mathrm{T}}$ 的各分量只能取整数，则相应的最优

化问题称为**整数规划**。如果变量$\boldsymbol{x}=(x_1, x_2, \cdots, x_n)^{\mathrm{T}}$的部分分量只能取整数,则相应的最优化问题称为**混合整数规划**。如果变量$\boldsymbol{x}=(x_1,x_2,\cdots,x_n)^{\mathrm{T}}$的各分量只能取0和1,则相应的最优化问题称为**0-1规划**。

4. 其他分类方法

如果最优化问题的目标函数不止一个,则称该优化问题为多目标规划。

如果最优化问题需要根据其特性将决策过程按时间或者空间分为若干个相互联系又相互区别的阶段,在它的每一个阶段都需要做出决策,从而使整个决策过程达到最好的效果,则这样的最优化问题称为动态规划。

1.3 最优化问题的最优解及最优值

设最优化问题为

$$(\mathrm{P})\begin{cases}\min & f(\boldsymbol{x}) \\ \mathrm{s.t.} & g_i(\boldsymbol{x}) \geqslant 0 \qquad (i=1,2,\cdots,m)\end{cases}$$

即

$$(\mathrm{P})\ \min_{\boldsymbol{x}\in D} f(\boldsymbol{x}), D=\{\boldsymbol{x} \mid g_i(\boldsymbol{x}) \geqslant 0, i=1,2,\cdots,m\}$$

定义 1.1 如果有$\boldsymbol{x}^*\in D$使得$f(\boldsymbol{x}^*)=\min\limits_{\boldsymbol{x}\in D} f(\boldsymbol{x})$,即$\exists \boldsymbol{x}^*\in D$,使得对$\forall \boldsymbol{x}\in D$有$f(\boldsymbol{x})\geqslant f(\boldsymbol{x}^*)$,则称$\boldsymbol{x}^*$为问题(P)的**全局最优解**,称$f(\boldsymbol{x}^*)$为**全局最优值**。

在上述定义中,如果$\forall \boldsymbol{x}\in D$且$\boldsymbol{x}\neq \boldsymbol{x}^*$时恒有$f(\boldsymbol{x})>f(\boldsymbol{x}^*)$,则称$\boldsymbol{x}^*$为问题(P)的**严格全局最优解**,称$f(\boldsymbol{x}^*)$为**严格全局最优值**。

定义 1.2 如果有$\boldsymbol{x}^*\in D$及$\delta>0$,使得当$\boldsymbol{x}\in D\cap N_\delta(\boldsymbol{x}^*)$时恒有$f(\boldsymbol{x})\geqslant f(\boldsymbol{x}^*)$,则称$\boldsymbol{x}^*$为问题(P)的**局部最优解**,称$f(\boldsymbol{x}^*)$为**局部最优值**。

这里的$N_\delta(\boldsymbol{x}^*)=\{\boldsymbol{x} \mid \|\boldsymbol{x}-\boldsymbol{x}^*\|<\delta\}$为$\boldsymbol{x}^*$的$\delta$邻域。范数$\|\cdot\|$指的是$\|\boldsymbol{x}\|=\sqrt{x_1^2+\cdots+x_n^2}$,本书后面所提到的范数均为此范数。

同样,上述定义中,如果当$\boldsymbol{x}\neq\boldsymbol{x}^*$时可将"$\geqslant$"改为"$>$",则称$\boldsymbol{x}^*$为问题(P)的**严格局部最优解**,称$f(\boldsymbol{x}^*)$为**严格局部最优值**。

习 题 一

1.1 (指派问题)有n项工作$B_1,B_2,\cdots,B_n$,要分配给n个人$A_1,A_2,\cdots,A_n$,已知第i个人A_i做第j项工作B_j的费用为$c_{ij}(i,j=1,2,\cdots,n)$。如何分配工作可使费用最小?试写出此问题的数学模型。

1.2 设有一圆形材料,其半径为r,今欲将其截去一个圆心角为α的小扇形,而将剩余的部分做成一个锥形容器，截去的小扇形的圆心角为多大时可使做成的容器容积最大？试写出此问题的数学模型。

1.3　三条边分别为 a、b、c 的三角形的面积为 $A=\sqrt{s(s-a)(s-b)(s-c)}$，今有长为 50 m 的栅栏，如何选取三条边可使三角形面积最大？试写出此问题的数学模型。

1.4　某公司计划花 1000 万元做广告，现有四种广告媒体：广播、电视、报纸、户外，若第 i 种媒体每花 x_i 万元可得收益由表 1.2 给出，如何分派广告费可使受益最大？试写出此问题的数学模型。

表 1.2　习题 1.4 的收益构成

广播	$8x_1^{0.5}$	报纸	$3x_3^{0.6}$
电视	$2x_2^{0.3}$	户外	$11x_4^{0.4}$

1.5　某省欲在甲、乙、丙三个城市中间建一个机场，如果三个城市的位置分别为 $\boldsymbol{x}^1=(60,30)^{\mathrm{T}}$，$\boldsymbol{x}^2=(0,0)^{\mathrm{T}}$，$\boldsymbol{x}^3=(0,50)^{\mathrm{T}}$，则机场建在什么位置可使机场到三个城市的距离之和最小？试写出此问题的数学模型。

1.6　欲设计一个圆柱形容器，其高和底半径都不超过 20 cm，底半径至少为 5 cm。高和底半径的比值应介于 2.4～3.4 之间，而侧面积不应超过 900 cm^2。如何取高和底半径可使容器容积最大？试写出此问题的数学模型。

第二章 最优化方法的基础知识

鉴于最优化问题的求解过程中要用到一些线性代数和高等数学的知识，而有些读者是工作多年后再接触最优化问题的，所以对最优化问题所涉及的一些基础知识作一个回顾是很有必要的。本章介绍在最优化方法中用到的线性代数和高等数学的一些基础知识，对大部分结论不给证明过程。以下讨论均限定在实数范围内，除非有特殊说明，数都是实数，向量都是实向量，函数也都是实函数，不再一一说明。

2.1 二次型和正定矩阵

向量和矩阵是我们讨论最优化问题的必要工具。向量在许多课程中都要用到，相信读者应该很熟悉了，这里就不作介绍了。下面我们对矩阵的正定性作一个回顾。

定义 2.1 含有 n 个变量 $x_1,x_2,\cdots,x_n$ 的二次齐次多项式：

$$\begin{aligned} f(x_1,x_2,\cdots,x_n) &= a_{11}x_1^2 + a_{12}x_1x_2 + \cdots + a_{1n}x_1x_n \\ &\quad + a_{21}x_2x_1 + a_{22}x_2^2 + \cdots + a_{2n}x_2x_n \\ &\quad \cdots \\ &\quad + a_{n1}x_nx_1 + a_{n2}x_nx_2 + \cdots + a_{nn}x_n^2 \\ &= \sum_{i=1}^{n}\sum_{j=1}^{n} a_{ij}x_ix_j \end{aligned}$$

其中 $a_{ij} = a_{ji}(i,j = 1,2,\cdots,n)$ 为实数，称为一个 n 元实**二次型**。

如果记 $\boldsymbol{A} = \begin{pmatrix} a_{11} & a_{12} & \cdots & a_{1n} \\ a_{21} & a_{22} & \cdots & a_{2n} \\ \vdots & \vdots & & \vdots \\ a_{n1} & a_{n2} & \cdots & a_{nn} \end{pmatrix}$，$\boldsymbol{x} = \begin{pmatrix} x_1 \\ x_2 \\ \vdots \\ x_n \end{pmatrix}$，则 $\boldsymbol{A}^{\mathrm{T}} = \boldsymbol{A}$，从而二次型可写为

$$f(x_1,x_2,\cdots,x_n) = (x_1,x_2,\cdots,x_n)\begin{pmatrix} a_{11} & a_{12} & \cdots & a_{1n} \\ a_{21} & a_{22} & \cdots & a_{2n} \\ \vdots & \vdots & & \vdots \\ a_{n1} & a_{n2} & \cdots & a_{nn} \end{pmatrix}\begin{pmatrix} x_1 \\ x_2 \\ \vdots \\ x_n \end{pmatrix} = \boldsymbol{x}^{\mathrm{T}}\boldsymbol{A}\,\boldsymbol{x}$$

称实对称矩阵 $\boldsymbol{A}$ 为实二次型的矩阵。实二次型和实对称矩阵之间是一一对应的。每给出一个实二次型，就能决定一个实对称矩阵；反之，每给出一个实对称矩阵，就能决定一

个实二次型。

定义 2.2　设有二次型 $f(\boldsymbol{x})=\boldsymbol{x}^{\mathrm{T}}\boldsymbol{A}\boldsymbol{x}$，如果对任意非零向量 $\boldsymbol{x}$ 都有：

(1) $f(\boldsymbol{x})=\boldsymbol{x}^{\mathrm{T}}\boldsymbol{A}\boldsymbol{x}>0$，则称该二次型为**正定的**；

(2) $f(\boldsymbol{x})=\boldsymbol{x}^{\mathrm{T}}\boldsymbol{A}\boldsymbol{x}\geqslant 0$，则称该二次型为**半正定的**；

(3) $f(\boldsymbol{x})=\boldsymbol{x}^{T}\boldsymbol{A}\boldsymbol{x}<0$，则称该二次型为**负定的**；

(4) $f(\boldsymbol{x})=\boldsymbol{x}^{\mathrm{T}}\boldsymbol{A}\boldsymbol{x}\leqslant 0$，则称该二次型为**半负定的**；

(5) 对于满足(1)～(4)情形的二次型，称其为**有定的**，如果不是上述四种情形，则称该二次型为**不定的**。

由于实二次型和实对称矩阵之间具有一一对应关系，所以：

(1) 当二次型 $f(\boldsymbol{x})=\boldsymbol{x}^{\mathrm{T}}\boldsymbol{A}\boldsymbol{x}$ 为正定时，称实对称矩阵 $\boldsymbol{A}$ 为**正定的**，记为 $\boldsymbol{A}>0$；

(2) 当二次型 $f(\boldsymbol{x})=\boldsymbol{x}^{\mathrm{T}}\boldsymbol{A}\boldsymbol{x}$ 为负定时，称实对称矩阵 $\boldsymbol{A}$ 为**负定的**，记为 $\boldsymbol{A}<0$；

(3) 当二次型 $f(\boldsymbol{x})=\boldsymbol{x}^{\mathrm{T}}\boldsymbol{A}\boldsymbol{x}$ 为半正定时，称实对称矩阵 $\boldsymbol{A}$ 为**半正定的**，记为 $\boldsymbol{A}\geqslant 0$；

(4) 当二次型 $f(\boldsymbol{x})=\boldsymbol{x}^{\mathrm{T}}\boldsymbol{A}\boldsymbol{x}$ 为半负定时，称实对称矩阵 $\boldsymbol{A}$ 为**半负定的**，记为 $\boldsymbol{A}\leqslant 0$；

(5) 当二次型 $f(\boldsymbol{x})=\boldsymbol{x}^{\mathrm{T}}\boldsymbol{A}\boldsymbol{x}$ 为不定时，称实对称矩阵 $\boldsymbol{A}$ 为**不定的**。

从定义不难看出：当 $\boldsymbol{A}$ 正定时，$-\boldsymbol{A}$ 必为负定的；当 $\boldsymbol{A}$ 半正定时，$-\boldsymbol{A}$ 必为半负定的。

对于实对称矩阵

$$\boldsymbol{A}=\begin{pmatrix} a_{11} & a_{12} & \cdots & a_{1n} \\ a_{21} & a_{22} & \cdots & a_{2n} \\ \vdots & \vdots & & \vdots \\ a_{n1} & a_{n2} & \cdots & a_{nn} \end{pmatrix}$$

称行列式

$$\Delta_k=\begin{vmatrix} a_{11} & a_{12} & \cdots & a_{1k} \\ a_{21} & a_{22} & \cdots & a_{2k} \\ \vdots & \vdots & & \vdots \\ a_{k1} & a_{k2} & \cdots & a_{kk} \end{vmatrix} \qquad (k=1,2,\cdots,n)$$

为 $\boldsymbol{A}$ 的 k 阶顺序主子式，而称行列式

$$\begin{vmatrix} a_{i_1 i_1} & a_{i_1 i_2} & \cdots & a_{i_1 i_k} \\ a_{i_2 i_1} & a_{i_2 i_2} & \cdots & a_{i_2 i_k} \\ \vdots & \vdots & & \vdots \\ a_{i_k i_1} & a_{i_k i_2} & \cdots & a_{i_k i_k} \end{vmatrix} \qquad (1\leqslant i_1,i_2,\cdots,i_k\leqslant n;k=1,2,\cdots,n)$$

为 $\boldsymbol{A}$ 的 k 阶主子式，亦即 $\boldsymbol{A}$ 中行列位置相同的子式称为主子式。

定理 2.1　设 $\boldsymbol{A}$ 为 n 阶实对称矩阵，下列命题是等价的：

(1) 对任意 n 维非零向量 $\boldsymbol{x}$，恒有 $\boldsymbol{x}^{\mathrm{T}}\boldsymbol{A}\boldsymbol{x}>0$；

(2) $\boldsymbol{A}$ 为正定矩阵；

(3) $\boldsymbol{A}$ 的所有特征值都大于零；

(4) $\boldsymbol{A}$ 的所有顺序主子式都大于零；

(5) $\boldsymbol{A}$ 的所有主子式都大于零。

定理 2.2　设 $\boldsymbol{A}$ 为 n 阶实对称矩阵，下列命题是等价的：

(1) 对任意 n 维非零向量 $\boldsymbol{x}$，恒有 $\boldsymbol{x}^{\mathrm{T}}\boldsymbol{A}\boldsymbol{x} \geqslant 0$；

(2) $\boldsymbol{A}$ 为半正定矩阵；

(3) $\boldsymbol{A}$ 的所有特征值都大于等于零；

(4) $\boldsymbol{A}$ 的所有主子式都大于等于零。

定理 2.3　设 $\boldsymbol{A}$ 为 n 阶实对称矩阵，下列命题是等价的：

(1) 对任意 n 维非零向量 $\boldsymbol{x}$，恒有 $\boldsymbol{x}^{\mathrm{T}}\boldsymbol{A}\boldsymbol{x} < 0$；

(2) $\boldsymbol{A}$ 为负定矩阵；

(3) $\boldsymbol{A}$ 的所有特征值都小于零；

(4) $\boldsymbol{A}$ 的所有奇数阶顺序主子式都小于零，所有偶数阶顺序主子式都大于零；

(5) $\boldsymbol{A}$ 的所有奇数阶主子式都小于零，所有偶数阶主子式都大于零。

定理 2.4　设 $\boldsymbol{A}$ 为 n 阶实对称矩阵，下列命题是等价的：

(1) 对任意 n 维非零向量 $\boldsymbol{x}$，恒有 $\boldsymbol{x}^{\mathrm{T}}\boldsymbol{A}\boldsymbol{x} \leqslant 0$；

(2) $\boldsymbol{A}$ 为半负定矩阵；

(3) $\boldsymbol{A}$ 的所有特征值都小于等于零；

(4) $\boldsymbol{A}$ 的所有奇数阶主子式都小于等于零，所有偶数阶主子式都大于等于零。

【例 2.1】　判别矩阵 $\boldsymbol{A} = \begin{pmatrix} 1 & -1 & 0 \\ -1 & 2 & -1 \\ 0 & -1 & 3 \end{pmatrix}$ 是否正定。

解　因为

$$\Delta_1 = |1| = 1 > 0$$

$$\Delta_2 = \begin{vmatrix} 1 & -1 \\ -1 & 2 \end{vmatrix} = 1 > 0$$

$$\Delta_3 = \begin{vmatrix} 1 & -1 & 0 \\ -1 & 2 & -1 \\ 0 & -1 & 3 \end{vmatrix} = 2 > 0$$

所有顺序主子式都大于零，所以 $\boldsymbol{A}$ 是正定的。

2.2　多元函数泰勒公式的矩阵形式

在一元函数中，当函数 $f(x)$ 有直到 $n+1$ 阶导数时有泰勒公式：

$$f(x)=f(x_0)+f'(x_0)(x-x_0)+\frac{f''(x_0)}{2!}(x-x_0)^2+\cdots+\frac{f^{(n)}(x_0)}{n!}(x-x_0)^n+\frac{f^{(n+1)}(\xi)}{(n+1)!}(x-x_0)^{n+1} \tag{2-1}$$

或者

$$f(x)=f(x_0)+f'(x_0)(x-x_0)+\frac{f''(x_0)}{2!}(x-x_0)^2+\cdots+\frac{f^{(n)}(x_0)}{n!}(x-x_0)^n+o((x-x_0)^n) \tag{2-2}$$

类似地，在多元函数中也有泰勒公式。为表达简洁，先做如下约定：多元函数 $f(\boldsymbol{x})$ 的梯度或一阶导数记为

$$f'(\boldsymbol{x})=\nabla f(\boldsymbol{x})=g(\boldsymbol{x})=\left(\frac{\partial f}{\partial x_1},\frac{\partial f}{\partial x_2},\cdots,\frac{\partial f}{\partial x_n}\right)^{\mathrm{T}}$$

而称

$$f''(\boldsymbol{x})=\nabla^2 f(\boldsymbol{x})=\boldsymbol{H}(\boldsymbol{x})=\begin{pmatrix}\frac{\partial^2 f}{\partial x_1\partial x_1} & \frac{\partial^2 f}{\partial x_1\partial x_2} & \cdots & \frac{\partial^2 f}{\partial x_1\partial x_n}\\ \frac{\partial^2 f}{\partial x_2\partial x_1} & \frac{\partial^2 f}{\partial x_2\partial x_2} & \cdots & \frac{\partial^2 f}{\partial x_2\partial x_n}\\ \vdots & \vdots & & \vdots\\ \frac{\partial^2 f}{\partial x_n\partial x_1} & \frac{\partial^2 f}{\partial x_n\partial x_2} & \cdots & \frac{\partial^2 f}{\partial x_n\partial x_n}\end{pmatrix} \tag{2-3}$$

为 $f(\boldsymbol{x})$ 在 $\boldsymbol{x}$ 处的二阶导数，或 **Hesse 矩阵**。$\|\boldsymbol{x}\|=\sqrt{x_1^2+x_2^2+\cdots+x_n^2}$ 为向量 $\boldsymbol{x}$ 的**范数**。

定理 2.5　设 $f(\boldsymbol{x})$ 在开区域 $\Omega=\{\boldsymbol{x}\mid\|\boldsymbol{x}-\boldsymbol{x}^0\|<\delta\}$ 上的所有一阶偏导数都连续，则对满足 $\|\boldsymbol{h}\|<\delta$ 的任何 $\boldsymbol{h}$，均存在 $\theta\in(0,1)$，使得

$$f(\boldsymbol{x}^0+\boldsymbol{h})=f(\boldsymbol{x}^0)+\nabla f(\boldsymbol{x}^0+\theta\boldsymbol{h})^{\mathrm{T}}\boldsymbol{h} \tag{2-4}$$

证　设 $\varphi(t)=f(\boldsymbol{x}^0+t\boldsymbol{h})$，则 $\varphi(t)$ 在$[0,1]$上连续，在 $(0,1)$ 上可导。由一元函数的中值定理知，必有 $\theta\in(0,1)$ 使得 $\varphi(1)-\varphi(0)=\varphi'(\theta)$，而当 $\boldsymbol{h}=(h_1,h_2,\cdots,h_n)^{\mathrm{T}}$ 时，有

$$\varphi'(t)=\frac{\partial f(\boldsymbol{x}^0+t\boldsymbol{h})}{\partial x_1}h_1+\frac{\partial f(\boldsymbol{x}^0+t\boldsymbol{h})}{\partial x_2}h_2+\cdots+\frac{\partial f(\boldsymbol{x}^0+t\boldsymbol{h})}{\partial x_n}h_n=\nabla f(\boldsymbol{x}^0+t\boldsymbol{h})^{\mathrm{T}}\boldsymbol{h} \tag{2-5}$$

注意到 $\varphi(1)=f(\boldsymbol{x}^0+\boldsymbol{h})$，$\varphi(0)=f(\boldsymbol{x}^0)$，代入等式 $\varphi(1)-\varphi(0)=\varphi'(\theta)$，则命题成立。

定理 2.6　设 $f(\boldsymbol{x})$ 在开区域 $\Omega=\{\boldsymbol{x}\mid\|\boldsymbol{x}-\boldsymbol{x}^0\|<\delta\}$ 上的所有一阶偏导数都连续，则对满足 $\|\boldsymbol{h}\|<\delta$ 的任何 $\boldsymbol{h}$，有

$$f(\boldsymbol{x}^0+\boldsymbol{h})=f(\boldsymbol{x}^0)+\nabla f(\boldsymbol{x}^0)^{\mathrm{T}}\boldsymbol{h}+o(\|\boldsymbol{h}\|) \tag{2-6}$$

证　设 $\varphi(t)=f\left(\boldsymbol{x}^0+\frac{t}{\|\boldsymbol{h}\|}\boldsymbol{h}\right)$，则 $\varphi(t)$ 在$[0,\|\boldsymbol{h}\|]$上连续，在 $(0,\|\boldsymbol{h}\|)$ 上可导。

由一元函数的泰勒公式得

$$f\left(\boldsymbol{x}^0+\frac{t}{\|\boldsymbol{h}\|}\boldsymbol{h}\right)=\varphi(t)=\varphi(0)+\varphi'(0)t+o(t) \tag{2-7}$$

而当 $\boldsymbol{h}=(h_1,h_2,\cdots,h_n)^{\mathrm{T}}$ 时，有

$$\begin{aligned}\varphi'(t)&=\frac{\partial f\left(\boldsymbol{x}^0+\frac{t}{\|\boldsymbol{h}\|}\boldsymbol{h}\right)}{\partial x_1}\cdot\frac{h_1}{\|\boldsymbol{h}\|}+\frac{\partial f\left(\boldsymbol{x}^0+\frac{t}{\|\boldsymbol{h}\|}\boldsymbol{h}\right)}{\partial x_2}\cdot\frac{h_2}{\|\boldsymbol{h}\|}+\cdots\\&\quad+\frac{\partial f\left(\boldsymbol{x}^0+\frac{t}{\|\boldsymbol{h}\|}\boldsymbol{h}\right)}{\partial x_n}\cdot\frac{h_n}{\|\boldsymbol{h}\|}\\&=\nabla f\left(\boldsymbol{x}^0+\frac{t}{\|\boldsymbol{h}\|}\boldsymbol{h}\right)^{\mathrm{T}}\frac{1}{\|\boldsymbol{h}\|}\boldsymbol{h}\end{aligned}$$

所以

$$\varphi'(0)=\nabla f(\boldsymbol{x}^0)^{\mathrm{T}}\frac{1}{\|\boldsymbol{h}\|}\boldsymbol{h}$$

注意到 $\varphi(0)=f(\boldsymbol{x}^0)$，在式(2-7)中令 $t=\|\boldsymbol{h}\|$ 得

$$f(\boldsymbol{x}^0+\boldsymbol{h})=f(\boldsymbol{x}^0)+\nabla f(\boldsymbol{x}^0)^{\mathrm{T}}\boldsymbol{h}+o(\|\boldsymbol{h}\|)$$

命题成立。

定理 2.7　设 $f(\boldsymbol{x})$ 在开区域 $\Omega=\{\boldsymbol{x}\mid\|\boldsymbol{x}-\boldsymbol{x}^0\|<\delta\}$ 上的所有二阶偏导数都连续，则对满足 $\|\boldsymbol{h}\|<\delta$ 的任何 $\boldsymbol{h}$，均存在 $\theta\in(0,1)$，使得

$$f(\boldsymbol{x}^0+\boldsymbol{h})=f(\boldsymbol{x}^0)+\nabla f(\boldsymbol{x}^0)^{\mathrm{T}}\boldsymbol{h}+\frac{1}{2}\boldsymbol{h}^{\mathrm{T}}\nabla^2 f(\boldsymbol{x}^0+\theta\boldsymbol{h})\boldsymbol{h} \tag{2-8}$$

证　设 $\varphi(t)=f(\boldsymbol{x}^0+t\boldsymbol{h})$，则 $\varphi(t)$ 在$[0,1]$上连续，在$(0,1)$上有二阶连续导数。由一元函数的泰勒公式知必有 $\theta\in(0,1)$ 使得 $\varphi(t)=\varphi(0)+\varphi'(0)t+\frac{1}{2}\varphi''(\theta t)t^2$，而

$$\varphi'(t)=\frac{\partial f(\boldsymbol{x}^0+t\boldsymbol{h})}{\partial x_1}h_1+\frac{\partial f(\boldsymbol{x}^0+t\boldsymbol{h})}{\partial x_2}h_2+\cdots+\frac{\partial f(\boldsymbol{x}^0+t\boldsymbol{h})}{\partial x_n}h_n=\nabla f(\boldsymbol{x}^0+t\boldsymbol{h})^{\mathrm{T}}\boldsymbol{h}$$

于是

$$\varphi'(0)=\nabla f(\boldsymbol{x}^0)^{\mathrm{T}}\boldsymbol{h}$$

又由多元函数复合函数求导法则不难得出

$$\varphi''(t)=\boldsymbol{h}^{\mathrm{T}}\nabla^2 f(\boldsymbol{x}+t\boldsymbol{h})\boldsymbol{h}$$

再由 $\varphi(1)=\varphi(0)+\varphi'(0)+\frac{1}{2}\varphi''(\theta)$ 得

$$f(\boldsymbol{x}^0+\boldsymbol{h})=f(\boldsymbol{x}^0)+\nabla f(\boldsymbol{x}^0)^{\mathrm{T}}\boldsymbol{h}+\frac{1}{2}\boldsymbol{h}^{\mathrm{T}}\nabla^2 f(\boldsymbol{x}+\theta\boldsymbol{h})\boldsymbol{h}$$

这里 $\boldsymbol{h}=(h_1,h_2,\cdots,h_n)^{\mathrm{T}}$，故命题成立。

定理 2.8　设 $f(\boldsymbol{x})$ 在开区域 $\Omega=\{\boldsymbol{x}\mid\|\boldsymbol{x}-\boldsymbol{x}^0\|<\delta\}$ 上的所有二阶偏导数都连续，则

对满足 $\|\boldsymbol{h}\|<\delta$ 的任何 $\boldsymbol{h}$，有

$$f(\boldsymbol{x}^0+\boldsymbol{h})=f(\boldsymbol{x}^0)+\nabla f(\boldsymbol{x}^0)^{\mathrm{T}}\boldsymbol{h}+\frac{1}{2}\boldsymbol{h}^{\mathrm{T}}\nabla^2 f(\boldsymbol{x}^0)\boldsymbol{h}+o(\|\boldsymbol{h}\|^2) \tag{2-9}$$

证　设 $\varphi(t)=f\left(\boldsymbol{x}^0+\frac{t}{\|\boldsymbol{h}\|}\boldsymbol{h}\right)$，则 $\varphi(t)$ 在 $[0,\|\boldsymbol{h}\|]$ 上连续，在 $(0,\|\boldsymbol{h}\|)$ 上有二阶连续导数。由一元函数的泰勒公式知，必有

$$\varphi(t)=\varphi(0)+\varphi'(0)t+\frac{1}{2}\varphi''(0)t^2+o(t^2)$$

而

$$\begin{aligned}\varphi'(t)&=\frac{\partial f\left(\boldsymbol{x}^0+\frac{t}{\|\boldsymbol{h}\|}\boldsymbol{h}\right)}{\partial x_1}\cdot\frac{h_1}{\|\boldsymbol{h}\|}+\frac{\partial f\left(\boldsymbol{x}^0+\frac{t}{\|\boldsymbol{h}\|}\boldsymbol{h}\right)}{\partial x_2}\cdot\frac{h_2}{\|\boldsymbol{h}\|}+\cdots\\&\quad+\frac{\partial f\left(\boldsymbol{x}^0+\frac{t}{\|\boldsymbol{h}\|}\boldsymbol{h}\right)}{\partial x_n}\cdot\frac{h_n}{\|\boldsymbol{h}\|}\\&=\nabla f\left(\boldsymbol{x}^0+\frac{t}{\|\boldsymbol{h}\|}\boldsymbol{h}\right)^{\mathrm{T}}\frac{1}{\|\boldsymbol{h}\|}\boldsymbol{h}\end{aligned}$$

又由多元函数复合函数求导法则不难得出

$$\varphi''(t)=\left(\frac{1}{\|\boldsymbol{h}\|}\boldsymbol{h}\right)^{\mathrm{T}}\nabla^2 f\left(\boldsymbol{x}^0+\frac{t}{\|\boldsymbol{h}\|}\boldsymbol{h}\right)\frac{1}{\|\boldsymbol{h}\|}\boldsymbol{h}=\frac{1}{\|\boldsymbol{h}\|^2}\boldsymbol{h}^{\mathrm{T}}\nabla^2 f\left(\boldsymbol{x}^0+\frac{t}{\|\boldsymbol{h}\|}\boldsymbol{h}\right)\boldsymbol{h}$$

故

$$\varphi'(0)=\nabla f(\boldsymbol{x}^0)^{\mathrm{T}}\frac{1}{\|\boldsymbol{h}\|}\boldsymbol{h}$$

$$\varphi''(0)=\frac{1}{\|\boldsymbol{h}\|^2}\boldsymbol{h}^{\mathrm{T}}\nabla^2 f(\boldsymbol{x}^0)\boldsymbol{h}$$

再由 $\varphi(t)=\varphi(0)+\varphi'(0)t+\frac{1}{2}\varphi''(0)t^2+o(t^2)$ 得

$$f\left(\boldsymbol{x}^0+\frac{t}{\|\boldsymbol{h}\|}\boldsymbol{h}\right)=f(\boldsymbol{x}^0)+\nabla f(\boldsymbol{x}^0)^{\mathrm{T}}\frac{1}{\|\boldsymbol{h}\|}\boldsymbol{h}\,t+\frac{1}{2}\frac{1}{\|\boldsymbol{h}\|^2}\boldsymbol{h}^{\mathrm{T}}\nabla^2 f(\boldsymbol{x}^0)\boldsymbol{h}\,t^2+o(t^2)$$

令 $t=\|\boldsymbol{h}\|$ 得

$$f(\boldsymbol{x}^0+\boldsymbol{h})=f(\boldsymbol{x}^0)+\nabla f(\boldsymbol{x}^0)^{\mathrm{T}}\boldsymbol{h}+\frac{1}{2}\boldsymbol{h}^{\mathrm{T}}\nabla^2 f(\boldsymbol{x}^0)\boldsymbol{h}+o(\|\boldsymbol{h}\|^2)$$

这里 $\boldsymbol{h}=(h_1,h_2,\cdots,h_n)^{\mathrm{T}}$，故命题成立。

2.3　多元函数的极值

1. 二元函数极值判别方法

在高等数学中，我们已经有了如下结论。

定理 2.9 (必要条件) 设 $f(x,y)$ 的定义域为区域 D, (x_0,y_0) 为 D 的一个内点, $f(x,y)$ 在点 (x_0,y_0) 有连续的一阶偏导数, 若 (x_0,y_0) 为 $f(x,y)$ 的极值点, 则在 (x_0,y_0) 处必有 $\frac{\partial f}{\partial x}=\frac{\partial f}{\partial y}=0$ 。

定理 2.10 (充分条件) 设 $f(x,y)$ 的定义域为区域 D, (x_0,y_0) 为 D 的一个内点, $f(x,y)$ 在点 (x_0,y_0) 有连续的二阶导数, $\nabla f(x_0,y_0)=\mathbf{0}$, 则当 $\begin{vmatrix} f''_{xx} & f''_{xy} \\ f''_{yx} & f''_{yy} \end{vmatrix}<0$ 时, 函数无极值;当 $\begin{vmatrix} f''_{xx} & f''_{xy} \\ f''_{yx} & f''_{yy} \end{vmatrix}>0$ 时, 函数有极值, 且当 $f''_{xx}>0$ 时有极小值, 当 $f''_{xx}<0$ 时有极大值。

通过以上结论, 不难发现, Hesse 矩阵不定时函数无极值, 而当 Hesse 矩阵有定时有极值, 并且 Hesse 矩阵正定时有极小值, 负定时有极大值。

事实上对一般的多元函数, 有如下对应的结论。

2. 一般多元函数极值的判别方法

定理 2.11 (必要条件) 设 $f: D\to \mathbf{R}^1(D\subseteq \mathbf{R}^n)$, $\boldsymbol{x}^*$ 是区域 D 的一个内点, $f(\boldsymbol{x})$ 在点 $\boldsymbol{x}^*$ 有连续的一阶偏导数, 若 $\boldsymbol{x}^*$ 为 $f(\boldsymbol{x})$ 的极值点, 则必有

$$\nabla f(\boldsymbol{x}^*)=\mathbf{0}$$

定理 2.11 的证明可由微积分中多元函数取得极值的必要条件直接推得。我们称满足 $\nabla f(\boldsymbol{x}^*)=\mathbf{0}$ 的点 $\boldsymbol{x}^*$ 为 $f(\boldsymbol{x})$ 的**驻点**, 或者**稳定点**。

定理 2.12 (充分条件) 设 $f: D\to \mathbf{R}^1(D\subseteq \mathbf{R}^n)$ 且满足:

(1) $\boldsymbol{x}^*$ 是 D 的一个内点;

(2) $f(\boldsymbol{x})$ 在点 $\boldsymbol{x}^*$ 有连续的二阶偏导数;

(3) $\nabla f(\boldsymbol{x}^*)=\mathbf{0}$;

(4) $\boldsymbol{H}(\boldsymbol{x}^*)>0$ (正定),

则 $\boldsymbol{x}^*$ 是 $f(\boldsymbol{x})$ 的严格局部极小值点。如果 $\boldsymbol{H}(\boldsymbol{x}^*)<0$ (负定), 则 $\boldsymbol{x}^*$ 是 $f(\boldsymbol{x})$ 的严格局部极大值点。

证 由(1)、(2)知, 必有开区域 $\Omega=\{\boldsymbol{x}\mid \|\boldsymbol{x}-\boldsymbol{x}^*\|<\delta\}$, 使得 $f(\boldsymbol{x})$ 在其上有连续的二阶偏导数, 从而由定理 2.7 知, 对任何满足 $\|\boldsymbol{h}\|<\delta$ 的非零向量 $\boldsymbol{h}$, 均存在 $\theta\in(0,1)$, 使得

$$f(\boldsymbol{x}^*+\boldsymbol{h})=f(\boldsymbol{x}^*)+\nabla f(\boldsymbol{x}^*)^{\mathrm{T}}\boldsymbol{h}+\frac{1}{2}\boldsymbol{h}^{\mathrm{T}}\nabla^2 f(\boldsymbol{x}^*+\theta\boldsymbol{h})\boldsymbol{h}$$

又由(3)和(4)知, $\nabla f(\boldsymbol{x}^*)=\mathbf{0}$ 及 $\nabla^2 f(\boldsymbol{x}^*)=\boldsymbol{H}(\boldsymbol{x}^*)>0$, 故有

$$f(\boldsymbol{x}^*+\boldsymbol{h})-f(\boldsymbol{x}^*)=\frac{1}{2}\boldsymbol{h}^{\mathrm{T}}\nabla^2 f(\boldsymbol{x}^*+\theta\boldsymbol{h})\boldsymbol{h}$$

从而知, 若 $\nabla^2 f(\boldsymbol{x}^*)>0$ (正定), 则由二阶偏导连续知, 只要 δ 适当的小, 就有在 Ω 上

$\nabla^2 f(\boldsymbol{x}) > 0$，从而 $\boldsymbol{x}^*$ 是 $f(\boldsymbol{x})$ 的严格局部极小值点。类似地，不难得出，如果 $\nabla^2 f(\boldsymbol{x}^*) < 0$（负定），则 $\boldsymbol{x}^*$ 是 $f(\boldsymbol{x})$ 的严格局部极大值点。

【例 2.2】 求 $f(\boldsymbol{x}) = x_1^2 + 2x_2^2 + x_3^2 + x_2x_3 + x_3x_1 + 2x_2 + 10$ 的极值点和极值。

解 由必要条件

$$\frac{\partial f}{\partial x_1} = 2x_1 + x_3 = 0$$

$$\frac{\partial f}{\partial x_2} = 4x_2 + x_3 + 2 = 0$$

$$\frac{\partial f}{\partial x_3} = 2x_3 + x_2 + x_1 = 0$$

得唯一稳定点 $\boldsymbol{x}^* = \left(-\frac{1}{5}, -\frac{3}{5}, \frac{2}{5}\right)^{\mathrm{T}}$。再根据 Hesse 矩阵是否正定判断 $\boldsymbol{x}^*$ 是否是极值点。不难判定

$$\nabla^2 f(\boldsymbol{x}^*) = \begin{bmatrix} 2 & 0 & 1 \\ 0 & 4 & 1 \\ 1 & 1 & 2 \end{bmatrix} > 0$$

所以该稳定点是极小值点，其值 $f(\boldsymbol{x}^*) = 9\frac{2}{5}$。

2.4　多元函数的方向导数

1. 方向导数

设一单位向量 $\boldsymbol{h} = (h_1, h_2, \cdots, h_n)^{\mathrm{T}} \in \mathbf{R}^n$，它表示 n 维空间中的一个方向向量，可微函数 $f(\boldsymbol{x})$ 在点 $\boldsymbol{x}$ 处沿 $\boldsymbol{h}$ 的方向导数定义为

$$\frac{\partial f}{\partial \boldsymbol{h}} = \lim_{\alpha \to 0^+} \frac{f(\boldsymbol{x} + \alpha \boldsymbol{h}) - f(\boldsymbol{x})}{\alpha}$$

据此定义及多元函数的泰勒公式得

$$\begin{aligned} \frac{\partial f}{\partial \boldsymbol{h}} &= \lim_{\alpha \to 0^+} \frac{f(\boldsymbol{x} + \alpha \boldsymbol{h}) - f(\boldsymbol{x})}{\alpha} \\ &= \lim_{\alpha \to 0^+} \frac{\nabla f(\boldsymbol{x})^{\mathrm{T}} (\alpha \boldsymbol{h}) + o(\| \alpha \boldsymbol{h} \|)}{\alpha} \\ &= \lim_{\alpha \to 0^+} \left[\nabla f(\boldsymbol{x})^{\mathrm{T}} \boldsymbol{h} + \frac{o(| \alpha |)}{\alpha} \right] \\ &= \nabla f(\boldsymbol{x})^{\mathrm{T}} \boldsymbol{h} = \| \nabla f(\boldsymbol{x}) \| \cos(\nabla f(\boldsymbol{x}), \boldsymbol{h}) \end{aligned}$$

由于导数是函数的变化率，导数越大，函数沿该方向增加的越快，因此不难看出：

(1) 当 $\frac{\partial f}{\partial \boldsymbol{h}} > 0$ 时，方向 $\boldsymbol{h}$ 是 $f(\boldsymbol{x})$ 在点 $\boldsymbol{x}$ 处增加的方向。

(2) 当 $\frac{\partial f}{\partial \boldsymbol{h}} < 0$ 时，方向 $\boldsymbol{h}$ 是 $f(\boldsymbol{x})$ 在点 $\boldsymbol{x}$ 处减少的方向。

(3) 当 $\nabla f(\boldsymbol{x}) = \boldsymbol{0}$ 时，沿任何方向 $\boldsymbol{h}$ 都有 $\frac{\partial f}{\partial \boldsymbol{h}} = 0$。

(4) 当 $\nabla f(\boldsymbol{x}) \neq \boldsymbol{0}$ 时，沿方向 $\boldsymbol{h} = \frac{\nabla f(\boldsymbol{x})}{\| \nabla f(\boldsymbol{x}) \|}$ 的方向导数最大，$\frac{\partial f}{\partial \boldsymbol{h}} = \| \nabla f(\boldsymbol{x}) \|$，因而函数在点 $\boldsymbol{x}$ 处增加得最快；而沿方向 $\boldsymbol{h} = -\frac{\nabla f(\boldsymbol{x})}{\| \nabla f(\boldsymbol{x}) \|}$ 的方向导数最小，$\frac{\partial f}{\partial \boldsymbol{h}} = -\| \nabla f(\boldsymbol{x}) \|$，因而函数在点 $\boldsymbol{x}$ 处减少得最快。

也就是说，函数在点 $\boldsymbol{x}$ 的梯度 $\nabla f(\boldsymbol{x})$ 所指的方向是函数增加或者上升最快的方向，而负梯度方向 $-\nabla f(\boldsymbol{x})$ 是函数减少或者下降最快的方向。

2. 几种特殊类型函数的梯度及 Hesse 矩阵

从梯度的定义出发，不难证明以下结论：

(1) 函数 $\boldsymbol{b}^{\mathrm{T}}\boldsymbol{x}$：$\nabla(\boldsymbol{b}^{\mathrm{T}}\boldsymbol{x}) = \boldsymbol{b}$，$\nabla^2(\boldsymbol{b}^{\mathrm{T}}\boldsymbol{x}) = \boldsymbol{O}$，这里 $\boldsymbol{b}$ 是 n 维列向量，$\boldsymbol{O}$ 是 n 阶零方阵。

(2) 函数 $\boldsymbol{x}^{\mathrm{T}}\boldsymbol{x}$：$\nabla(\boldsymbol{x}^{\mathrm{T}}\boldsymbol{x}) = 2\boldsymbol{x}$，$\nabla^2(\boldsymbol{x}^{\mathrm{T}}\boldsymbol{x}) = 2\boldsymbol{E}$，这里 $\boldsymbol{E}$ 为 n 阶单位矩阵。

(3) 函数 $\boldsymbol{x}^{\mathrm{T}}\boldsymbol{A}\boldsymbol{x}$：$\nabla(\boldsymbol{x}^{\mathrm{T}}\boldsymbol{A}\boldsymbol{x}) = 2\boldsymbol{A}\boldsymbol{x}$，$\nabla^2(\boldsymbol{x}^{\mathrm{T}}\boldsymbol{A}\boldsymbol{x}) = 2\boldsymbol{A}$，这里 $\boldsymbol{A} = \boldsymbol{A}^{\mathrm{T}}$ 是 n 阶实对称矩阵。

(4) 一般二次函数 $f(\boldsymbol{x}) = \frac{1}{2}\boldsymbol{x}^{\mathrm{T}}\boldsymbol{A}\boldsymbol{x} + \boldsymbol{b}^{\mathrm{T}}\boldsymbol{x} + c$：$\nabla f(\boldsymbol{x}) = \boldsymbol{A}\boldsymbol{x} + \boldsymbol{b}$，$\nabla^2 f(\boldsymbol{x}) = \boldsymbol{A}$，这里 $\boldsymbol{A} = \boldsymbol{A}^{\mathrm{T}}$ 是 n 阶实对称矩阵。

2.5 等　值　线

等值线又称等高线，这是因为在二元函数中，等值线为 $f(x,y) = c$，这里 c 为某常数。其图形为 xy 平面内的一条曲线，它代表的是使得函数 $z = f(x,y)$ 在三维空间中的图形上高度相等的点 (x,y) 构成的曲线。一般地，多元函数 $f(\boldsymbol{x})$ 的等值线定义为：使得 $f(\boldsymbol{x}) = c$ 成立的点的集合。

利用等值线，可以比较直观地看出函数在某一点是否取得极值。可以证明，对于二元函数，在其极值点附近，其等值线为一系列近似的椭圆。另外，过一点的等值线总与函数在该点的梯度向量正交(如图 2－1 所示)。这是因为等值线 $f(\boldsymbol{x}) = c$ 的法方向为

$$\boldsymbol{n} = \{f'_{x_1}(\boldsymbol{x}), f'_{x_2}(\boldsymbol{x}), \cdots, f'_{x_n}(\boldsymbol{x})\}$$

这正是函数 $z = f(\boldsymbol{x})$ 在点 $\boldsymbol{x}$ 处的梯度向量。而法方向总是与曲面或者曲线正交的，所以知函数 $z = f(\boldsymbol{x})$ 的梯度向量总是和等值线(或者等值面)正交。也就是说，梯度所指的方

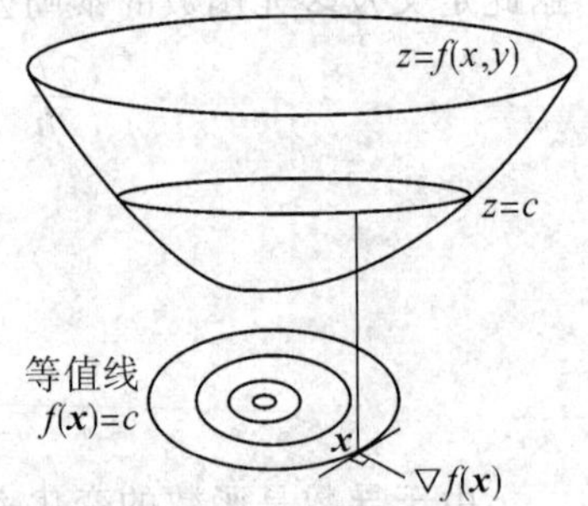

图 2－1　等值线示意图

向总是等值线的法线方向，并且在极大值处，梯度方向指向近似椭圆的中心，而在极小值处，梯度方向背离近似椭圆的中心。这是由“梯度方向是函数增加最快的方向”决定的。

2.6　凸集和凸函数以及凸规划

根据多元函数极值的判别定理只能确定函数的局部最优点，而实际问题中要求全局最优点，这就涉及函数的凸性和集合的凸性。由一元函数的性质知，凸函数的局部最优点一定是全局最优点。下面将此结论推广到多元函数。

2.6.1　凸集

定义 2.3　设 $D\subseteq\mathbf{R}^n$，如果对 $\forall \boldsymbol{x}^1$，$\boldsymbol{x}^2\in D$ 及 $\forall\alpha\in[0,1]$，都有 $\alpha\boldsymbol{x}^1+(1-\alpha)\boldsymbol{x}^2\in D$，则称集合 D 为**凸集**。称 $\alpha\boldsymbol{x}^1+(1-\alpha)\boldsymbol{x}^2$ 为 $\boldsymbol{x}^1$，$\boldsymbol{x}^2$ 的**凸组合**。当 $\alpha\in(0,1)$时，称 $\alpha\boldsymbol{x}^1+(1-\alpha)\boldsymbol{x}^2$ 为 $\boldsymbol{x}^1$，$\boldsymbol{x}^2$ 的**严格凸组合**。

这一定义也可以等价地叙述为定义 2.4。

定义 2.4　设 $D\subseteq\mathbf{R}^n$，如果对 $\forall\boldsymbol{x}^1$，$\boldsymbol{x}^2\in D$ 及 $\forall\lambda_1\geqslant0$，$\lambda_2\geqslant0$，且 $\lambda_1+\lambda_2=1$ 都有 $\lambda_1\boldsymbol{x}^1+\lambda_2\boldsymbol{x}^2\in D$，则称集合 D 为**凸集**。称 $\lambda_1\boldsymbol{x}^1+\lambda_2\boldsymbol{x}^2$ 为 $\boldsymbol{x}^1$，$\boldsymbol{x}^2$ 的**凸组合**。当 $\lambda_1>0$，$\lambda_2>0$ 且 $\lambda_1+\lambda_2=1$ 时，称 $\lambda_1\boldsymbol{x}^1+\lambda_2\boldsymbol{x}^2$ 为 $\boldsymbol{x}^1$，$\boldsymbol{x}^2$ 的**严格凸组合**。

如图 2-2(a)、(b)所示为凸集，图 2-2(c)所示为非凸集。

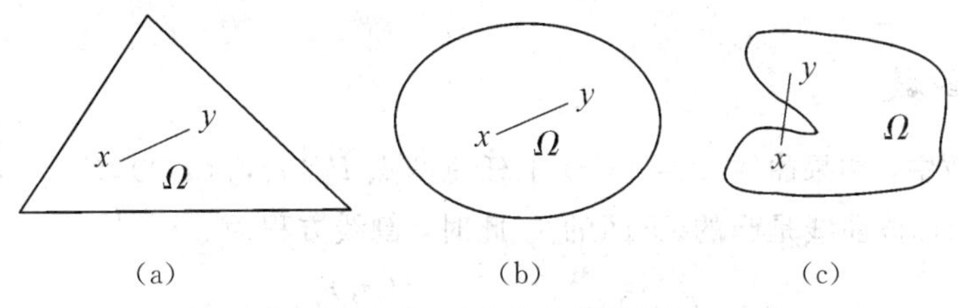

图 2-2　凸集与非凸集的例子

【例 2.3】　三角形、圆、椭圆、椭球、矩形、凸多边形、第一象限、第一卦限等都是凸集。

定理 2.13　$\mathbf{R}^n$ 中任意两个凸集的交集仍然是凸集。

应当注意的是，两个凸集的并集未必是凸集。

定理 2.14　S 为凸集的充分必要条件是：对 $\forall\boldsymbol{x}^1$，$\boldsymbol{x}^2$，…，$\boldsymbol{x}^m\in S$($m\geqslant2$ 为正整数)及任意非负实数 λ_1，λ_2，…，λ_m，当 $\lambda_1+\lambda_2+\cdots+\lambda_m=1$ 时，有 $\lambda_1\boldsymbol{x}^1+\lambda_2\boldsymbol{x}^2+\cdots+\lambda_m\boldsymbol{x}^m\in S$。

证　先证充分性。取 $m=2$，则由凸集的定义知，S 为凸集。

再证必要性。若 S 为凸集，则对 $\forall\lambda_1\geqslant0$，$\lambda_2\geqslant0$，且 $\lambda_1+\lambda_2=1$ 都有 $\lambda_1\boldsymbol{x}^1+\lambda_2\boldsymbol{x}^2\in S$，即当 $m=2$ 时命题成立。设当 $m=k$ 时，命题成立，则当 $m=k+1$ 时，$\forall\boldsymbol{x}^1$，$\boldsymbol{x}^2$，…，$\boldsymbol{x}^{k+1}\in S$

及任意满足 $\lambda_1+\lambda_2+\cdots+\lambda_{k+1}=1$ 的非负实数 $\lambda_1,\lambda_2,\cdots,\lambda_{k+1}$，有

(1) 若 $\lambda_1+\lambda_2+\cdots+\lambda_k=0$，则 $\lambda_1=\lambda_2=\cdots=\lambda_k=0$，$\lambda_{k+1}=1$，从而有

$$\lambda_1\boldsymbol{x}^1+\lambda_2\boldsymbol{x}^2+\cdots+\lambda_{k+1}\boldsymbol{x}^{k+1}=\lambda_{k+1}\boldsymbol{x}^{k+1}=\boldsymbol{x}^{k+1}\in S$$

命题成立。

(2) 若 $\lambda_1+\lambda_2+\cdots+\lambda_k\neq 0$，则

$$\lambda_1\boldsymbol{x}^1+\lambda_2\boldsymbol{x}^2+\cdots+\lambda_k\boldsymbol{x}^k+\lambda_{k+1}\boldsymbol{x}^{k+1}=\sum_{i=1}^{k}\lambda_i\left(\frac{\lambda_1}{\sum\limits_{i=1}^{k}\lambda_i}\boldsymbol{x}^1+\frac{\lambda_2}{\sum\limits_{i=1}^{k}\lambda_i}\boldsymbol{x}^2+\cdots+\frac{\lambda_k}{\sum\limits_{i=1}^{k}\lambda_i}\boldsymbol{x}^k\right)+\lambda_{k+1}\boldsymbol{x}^{k+1}$$

显然 $\dfrac{\lambda_1}{\sum\limits_{i=1}^{k}\lambda_i},\dfrac{\lambda_2}{\sum\limits_{i=1}^{k}\lambda_i},\cdots,\dfrac{\lambda_k}{\sum\limits_{i=1}^{k}\lambda_i}$ 非负且 $\dfrac{\lambda_1}{\sum\limits_{i=1}^{k}\lambda_i}+\dfrac{\lambda_2}{\sum\limits_{i=1}^{k}\lambda_i}+\cdots+\dfrac{\lambda_k}{\sum\limits_{i=1}^{k}\lambda_i}=1$，所以由假设归纳知

$$\frac{\lambda_1}{\sum\limits_{i=1}^{k}\lambda_i}\boldsymbol{x}^1+\frac{\lambda_2}{\sum\limits_{i=1}^{k}\lambda_i}\boldsymbol{x}^2+\cdots+\frac{\lambda_k}{\sum\limits_{i=1}^{k}\lambda_i}\boldsymbol{x}^k\in S$$

而 $\boldsymbol{x}^{k+1}\in S$，$\sum\limits_{i=1}^{k}\lambda_i+\lambda_{k+1}=1$，注意到 S 为凸集，所以

$$\sum_{i=1}^{k}\lambda_i\left(\frac{\lambda_1}{\sum\limits_{i=1}^{k}\lambda_i}\boldsymbol{x}^1+\frac{\lambda_2}{\sum\limits_{i=1}^{k}\lambda_i}\boldsymbol{x}^2+\cdots+\frac{\lambda_k}{\sum\limits_{i=1}^{k}\lambda_i}\boldsymbol{x}^k\right)+\lambda_{k+1}\boldsymbol{x}^{k+1}\in S$$

命题得证。

2.6.2 凸函数

在一元函数中，如果曲线 $y=f(x)$ 上任意两点 $P_1(x_1,f(x_1)),P_2(x_2,f(x_2))$ 处的弦都在弧上方，则称该曲线是凸的(下凸的)。此时，割线方程为

$$y=f(x_1)+\frac{f(x_2)-f(x_1)}{x_2-x_1}(x-x_1)$$

亦即

$$y=f(x_1)+\frac{x-x_1}{x_2-x_1}f(x_2)-\frac{x-x_1}{x_2-x_1}f(x_1)=\frac{x_2-x}{x_2-x_1}f(x_1)+\frac{x-x_1}{x_2-x_1}f(x_2)$$

令 $\alpha=\dfrac{x_2-x}{x_2-x_1}$，则

$$1-\alpha=\frac{x-x_1}{x_2-x_1}$$

于是当 $x_1\leqslant x\leqslant x_2$ 时，有

$$\begin{cases}x=\alpha x_1+(1-\alpha)x_2 & (0\leqslant\alpha\leqslant 1)\\ y=\alpha f(x_1)+(1-\alpha)f(x_2)\end{cases}$$

若弦在曲线之上必有

$$f(\alpha x_1+(1-\alpha)x_2)\leqslant \alpha f(x_1)+(1-\alpha)f(x_2)$$

将此结论推广到多元函数有如下定义。

定义 2.5　设有凸集 $D\subseteq \mathbf{R}^n$，如果对 $\forall \boldsymbol{x}^1$，$\boldsymbol{x}^2\in D$ 及 $\forall \alpha\in[0,1]$ 恒有

$$f(\alpha \boldsymbol{x}^1+(1-\alpha)\boldsymbol{x}^2)\leqslant \alpha f(\boldsymbol{x}^1)+(1-\alpha)f(\boldsymbol{x}^2)$$

则称 $f(\boldsymbol{x})$ 为 D 上的**凸函数**。

显然此定义也可叙述为定义 2.6。

定义 2.6　设有凸集 $D\subseteq \mathbf{R}^n$，如果对 $\forall \boldsymbol{x}^1$，$\boldsymbol{x}^2\in D$ 及 $\forall \alpha,\beta\in[0,1]$ 且 $\alpha+\beta=1$，恒有

$$f(\alpha \boldsymbol{x}^1+\beta \boldsymbol{x}^2)\leqslant \alpha f(\boldsymbol{x}^1)+\beta f(\boldsymbol{x}^2)$$

则称 $f(\boldsymbol{x})$ 为 D 上的**凸函数**。

如果上述定义中的$[0,1]$改为$(0,1)$，$\forall \boldsymbol{x}^1$，$\boldsymbol{x}^2\in D$ 改为 $\forall \boldsymbol{x}^1\neq \boldsymbol{x}^2\in D$，不等式改为严格不等式，则称函数 $f(\boldsymbol{x})$为**严格凸函数**。

【例 2.4】　函数 $f(x)=2x-3$，$f(x)=|x|$，$f(x)=x^2$ 等都是凸函数。

【例 2.5】　设 $f(\boldsymbol{x})=\boldsymbol{x}^{\mathrm{T}}\mathbf{A}\boldsymbol{x}$，这里 $\mathbf{A}=\mathbf{A}^{\mathrm{T}}$ 为实对称矩阵，$\boldsymbol{x}\in\mathbf{R}^n$，证明：

(1) 若 $\mathbf{A}$ 为半正定，则 $f(\boldsymbol{x})$ 为 $\mathbf{R}^n$ 中的凸函数；

(2) 若 $\mathbf{A}$ 为正定，则 $f(\boldsymbol{x})$ 为 $\mathbf{R}^n$ 中的严格凸函数。

证　对 $\forall \boldsymbol{x}^1,\boldsymbol{x}^2\in\mathbf{R}^n$ 及 $\forall \alpha,\beta\in(0,1)$ 并且 $\alpha+\beta=1$，显然有

$$\begin{aligned}
&f(\alpha \boldsymbol{x}^1+\beta \boldsymbol{x}^2)-\alpha f(\boldsymbol{x}^1)-\beta f(\boldsymbol{x}^2)\\
&=(\alpha \boldsymbol{x}^1+\beta \boldsymbol{x}^2)^{\mathrm{T}}\mathbf{A}(\alpha \boldsymbol{x}^1+\beta \boldsymbol{x}^2)-\alpha(\boldsymbol{x}^1)^{\mathrm{T}}\mathbf{A}\boldsymbol{x}^1-\beta(\boldsymbol{x}^2)^{\mathrm{T}}\mathbf{A}\boldsymbol{x}^2\\
&=\alpha^2(\boldsymbol{x}^1)^{\mathrm{T}}\mathbf{A}\boldsymbol{x}^1+\alpha\beta(\boldsymbol{x}^2)^{\mathrm{T}}\mathbf{A}\boldsymbol{x}^1+\alpha\beta(\boldsymbol{x}^1)^{\mathrm{T}}\mathbf{A}\boldsymbol{x}^2+\beta^2(\boldsymbol{x}^2)^{\mathrm{T}}\mathbf{A}\boldsymbol{x}^2\\
&\quad-\alpha(\boldsymbol{x}^1)^{\mathrm{T}}\mathbf{A}\boldsymbol{x}^1-\beta(\boldsymbol{x}^2)^{\mathrm{T}}\mathbf{A}\boldsymbol{x}^2\\
&=\alpha(1-\beta)(\boldsymbol{x}^1)^{\mathrm{T}}\mathbf{A}\boldsymbol{x}^1+\alpha\beta(\boldsymbol{x}^2)^{\mathrm{T}}\mathbf{A}\boldsymbol{x}^1+\alpha\beta(\boldsymbol{x}^1)^{\mathrm{T}}\mathbf{A}\boldsymbol{x}^2+\beta(1-\alpha)(\boldsymbol{x}^2)^{\mathrm{T}}\mathbf{A}\boldsymbol{x}^2\\
&\quad-\alpha(\boldsymbol{x}^1)^{\mathrm{T}}\mathbf{A}\boldsymbol{x}^1-\beta(\boldsymbol{x}^2)^{\mathrm{T}}\mathbf{A}\boldsymbol{x}^2\\
&=-\alpha\beta(\boldsymbol{x}^1)^{\mathrm{T}}\mathbf{A}\boldsymbol{x}^1+\alpha\beta(\boldsymbol{x}^2)^{\mathrm{T}}\mathbf{A}\boldsymbol{x}^1+\alpha\beta(\boldsymbol{x}^1)^{\mathrm{T}}\mathbf{A}\boldsymbol{x}^2-\beta\alpha(\boldsymbol{x}^2)^{\mathrm{T}}\mathbf{A}\boldsymbol{x}^2\\
&=\alpha\beta[(\boldsymbol{x}^2)^{\mathrm{T}}-(\boldsymbol{x}^1)^{\mathrm{T}}]\mathbf{A}\boldsymbol{x}^1-\alpha\beta[(\boldsymbol{x}^2)^{\mathrm{T}}-(\boldsymbol{x}^1)^{\mathrm{T}}]\mathbf{A}\boldsymbol{x}^2\\
&=-\alpha\beta(\boldsymbol{x}^2-\boldsymbol{x}^1)^{\mathrm{T}}\mathbf{A}(\boldsymbol{x}^2-\boldsymbol{x}^1)
\end{aligned}$$

于是易见：若 $\mathbf{A}$ 为半正定，则 $f(\alpha\boldsymbol{x}^1+\beta\boldsymbol{x}^2)-f(\alpha\boldsymbol{x}^1)-f(\beta\boldsymbol{x}^2)\leqslant 0$，$f(\boldsymbol{x})$ 为 $\mathbf{R}^n$ 中的凸函数；若 $\boldsymbol{x}'\neq\boldsymbol{x}^2$，$\mathbf{A}$ 为正定，则 $f(\alpha\boldsymbol{x}^1+\beta\boldsymbol{x}^2)-f(\alpha\boldsymbol{x}^1)-f(\beta\boldsymbol{x}^2)<0$，$f(\boldsymbol{x})$ 为 $\mathbf{R}^n$ 中的严格凸函数。

用类似的方法可以证明例 2.4 中的 $f(x)=x^2$ 为凸函数。事实上：

$$\begin{aligned}
&f(\alpha \boldsymbol{x}^1+\beta \boldsymbol{x}^2)-\alpha f(\boldsymbol{x}^1)-\beta f(\boldsymbol{x}^2)\\
&=(\alpha x_1+\beta x_2)^2-\alpha x_1^2-\beta x_2^2\\
&=\alpha^2x_1^2+2\alpha\beta x_1x_2+\beta^2x_2^2-\alpha x_1^2-\beta x_2^2\\
&=\alpha(1-\beta)x_1^2+2\alpha\beta x_1x_2+\beta(1-\alpha)x_2^2-\alpha x_1^2-\beta x_2^2\\
&=-\alpha\beta x_1^2+2\alpha\beta x_1x_2-\alpha\beta x_2^2\\
&=-\alpha\beta(x_1-x_2)^2\leqslant 0
\end{aligned}$$

2.6.3 凸函数的判别方法

在一元函数中，凸函数显然有

$$\frac{f(x_2)-f(x_1)}{x_2-x_1}\geqslant f'(x_1)$$

即 $f(x_2)\geqslant f(x_1)+f'(x_1)(x_2-x_1)$，可将这一结果推广到多元函数。

定理 2.15 （一阶条件）设 $D\subseteq \mathbf{R}^n$ 为非空凸集，$f(\boldsymbol{x})$ 在 D 上的所有一阶偏导数都连续，则 $f(\boldsymbol{x})$ 在 D 上为凸（严格凸）函数的充分必要条件为：对 $\forall\ \boldsymbol{x},\boldsymbol{y}\in D$，恒有

$$f(\boldsymbol{y})\geqslant f(\boldsymbol{x})+(\boldsymbol{y}-\boldsymbol{x})^{\mathrm{T}}\nabla f(\boldsymbol{x})$$

（当 $\boldsymbol{x}\neq\boldsymbol{y}$ 时，$f(\boldsymbol{y})>f(\boldsymbol{x})+(\boldsymbol{y}-\boldsymbol{x})^{\mathrm{T}}\nabla f(\boldsymbol{x})$）。

证 先证必要性。设 $f(\boldsymbol{x})$ 为凸函数，则对 $\forall \boldsymbol{x},\boldsymbol{y}\in D$ 及 $\forall\alpha\in(0,1)$ 有

$$\alpha f(\boldsymbol{y})+(1-\alpha)f(\boldsymbol{x})\geqslant f[\alpha\boldsymbol{y}+(1-\alpha)\boldsymbol{x}]=f[\boldsymbol{x}+\alpha(\boldsymbol{y}-\boldsymbol{x})]$$

即

$$\alpha f(\boldsymbol{y})-\alpha f(\boldsymbol{x})\geqslant f[\boldsymbol{x}+\alpha(\boldsymbol{y}-\boldsymbol{x})]-f(\boldsymbol{x})$$

从而

$$f(\boldsymbol{y})-f(\boldsymbol{x})\geqslant\frac{f[\boldsymbol{x}+\alpha(\boldsymbol{y}-\boldsymbol{x})]-f(\boldsymbol{x})}{\alpha}=\frac{\alpha(\boldsymbol{y}-\boldsymbol{x})^{\mathrm{T}}\nabla f(\boldsymbol{x})+o(\|\alpha(\boldsymbol{y}-\boldsymbol{x})\|)}{\alpha}$$

（这里使用了一次一阶泰勒公式）

亦即

$$f(\boldsymbol{y})-f(\boldsymbol{x})\geqslant(\boldsymbol{y}-\boldsymbol{x})^{\mathrm{T}}\nabla f(\boldsymbol{x})+\frac{o(\|\alpha(\boldsymbol{y}-\boldsymbol{x})\|)}{\alpha\|(\boldsymbol{y}-\boldsymbol{x})\|}\|(\boldsymbol{y}-\boldsymbol{x})\|$$

令 $\alpha\to 0^+$，则得

$$f(\boldsymbol{y})-f(\boldsymbol{x})\geqslant(\boldsymbol{y}-\boldsymbol{x})^{\mathrm{T}}\nabla f(\boldsymbol{x})$$

即

$$f(\boldsymbol{y})\geqslant f(\boldsymbol{x})+(\boldsymbol{y}-\boldsymbol{x})^{\mathrm{T}}\nabla f(\boldsymbol{x})$$

如果 $f(\boldsymbol{x})$ 为严格凸函数，则由定义知，对 $\forall\,\boldsymbol{x}\neq\boldsymbol{y}\in D$ 有

$$f\left(\frac{1}{2}\boldsymbol{x}+\frac{1}{2}\boldsymbol{y}\right)<\frac{1}{2}f(\boldsymbol{x})+\frac{1}{2}f(\boldsymbol{y})\tag{2-10}$$

而严格凸函数必是凸函数，再由上面已经证明了的必要性知

$$f\left(\frac{1}{2}\boldsymbol{x}+\frac{1}{2}\boldsymbol{y}\right)\geqslant f(\boldsymbol{x})+\frac{1}{2}(\boldsymbol{y}-\boldsymbol{x})^{\mathrm{T}}\nabla f(\boldsymbol{x})\tag{2-11}$$

结合式(2-10)和式(2-11)得

$$\frac{1}{2}f(\boldsymbol{x})+\frac{1}{2}f(\boldsymbol{y})>f\left(\frac{1}{2}\boldsymbol{x}+\frac{1}{2}\boldsymbol{y}\right)\geqslant f(\boldsymbol{x})+\frac{1}{2}(\boldsymbol{y}-\boldsymbol{x})^{\mathrm{T}}\nabla f(\boldsymbol{x})$$

即

$$f(\boldsymbol{y}) > f(\boldsymbol{x}) + (\boldsymbol{y}-\boldsymbol{x})^{\mathrm{T}} \nabla f(\boldsymbol{x})$$

再证充分性。设对 $\forall \boldsymbol{x},\boldsymbol{y} \subset D$ 都有

$$f(\boldsymbol{y}) \geqslant f(\boldsymbol{x}) + (\boldsymbol{y}-\boldsymbol{x})^{\mathrm{T}} \nabla f(\boldsymbol{x})$$

$\forall \alpha \in (0,1)$，令 $\boldsymbol{z} = \alpha \boldsymbol{x} + (1-\alpha)\boldsymbol{y}$，则有

$$f(\boldsymbol{x}) \geqslant f(\boldsymbol{z}) + (\boldsymbol{x}-\boldsymbol{z})^{\mathrm{T}} \nabla f(\boldsymbol{z}) = f(\boldsymbol{z}) + (1-\alpha)(\boldsymbol{x}-\boldsymbol{y})^{\mathrm{T}} \nabla f(\boldsymbol{z}) \tag{2-12}$$

$$f(\boldsymbol{y}) \geqslant f(\boldsymbol{z}) + (\boldsymbol{y}-\boldsymbol{z})^{\mathrm{T}} \nabla f(\boldsymbol{z}) = f(\boldsymbol{z}) - \alpha(\boldsymbol{x}-\boldsymbol{y})^{\mathrm{T}} \nabla f(\boldsymbol{z}) \tag{2-13}$$

式(2-12)$\times\alpha$+式(2-13)$\times(1-\alpha)$ 得

$$\alpha f(\boldsymbol{x}) + (1-\alpha) f(\boldsymbol{y}) \geqslant f(\boldsymbol{z}) = f[\alpha \boldsymbol{x} + (1-\alpha)\boldsymbol{y}]$$

由定义知 $f(\boldsymbol{x})$ 为凸函数。

对于 $f(\boldsymbol{x})$ 严格凸的情形，只需考虑 $\boldsymbol{x} \neq \boldsymbol{y}$，将上述证明过程中的不等式换为严格不等式即可，证明方法完全相同。

定理 2.16 （二阶条件）设 $D \subseteq \mathbf{R}^n$ 为非空开凸集，$f(\boldsymbol{x})$ 在 D 上的所有二阶偏导数都连续，则：

(1) $f(\boldsymbol{x})$ 在 D 上为凸函数的充分必要条件为 $\nabla^2 f(\boldsymbol{x}) \geqslant 0$ ($\forall \boldsymbol{x} \in D$)；

(2) 若对 $\forall \boldsymbol{x} \in D$ 有 $\nabla^2 f(\boldsymbol{x}) > 0$，则 $f(\boldsymbol{x})$ 在 D 上为严格凸函数(逆定理不成立)。

证　(1) 先证充分性。设 $\nabla^2 f(\boldsymbol{x}) \geqslant 0$，$\forall \boldsymbol{x},\boldsymbol{y} \in D$，因为 D 为开凸集，对 $\forall \alpha \in (0,1)$ 有 $\boldsymbol{x}+\alpha(\boldsymbol{y}-\boldsymbol{x}) = \alpha \boldsymbol{y} + (1-\alpha)\boldsymbol{x} \in D$，由于 $\nabla^2 f(\boldsymbol{x}) \geqslant 0$，则由泰勒公式知，$\exists \theta \in (0,1)$ 使得 $\xi = \boldsymbol{x} + \theta(\boldsymbol{y}-\boldsymbol{x}) = \theta \boldsymbol{y} + (1-\theta)\boldsymbol{x} \in D$ 满足

$$\begin{aligned} f(\boldsymbol{y}) &= f(\boldsymbol{x}) + (\boldsymbol{y}-\boldsymbol{x})^{\mathrm{T}} \nabla f(\boldsymbol{x}) + \frac{1}{2}(\boldsymbol{y}-\boldsymbol{x})^{\mathrm{T}} \nabla^2 f(\boldsymbol{\xi})(\boldsymbol{y}-\boldsymbol{x}) \\ &\geqslant f(\boldsymbol{x}) + (\boldsymbol{y}-\boldsymbol{x})^{\mathrm{T}} \nabla f(\boldsymbol{x}) \end{aligned}$$

由一阶条件知 $f(\boldsymbol{x})$ 在 D 上为凸函数。

再证必要性。$f(\boldsymbol{x})$ 在 D 上为凸函数，对 $\forall \boldsymbol{x} \in D$，$\boldsymbol{z} \in \mathbf{R}^n$，因为 D 为开凸集，所以存在 $\delta > 0$ 使得 $\lambda \in (0,\delta)$ 时，$\boldsymbol{x} + \lambda \boldsymbol{z} \in D$，由一阶条件知

$$f(\boldsymbol{x}+\lambda \boldsymbol{z}) \geqslant f(\boldsymbol{x}) + \lambda \boldsymbol{z}^{\mathrm{T}} \nabla f(\boldsymbol{x}) \tag{2-14}$$

又由泰勒公式知

$$f(\boldsymbol{x}+\lambda \boldsymbol{z}) = f(\boldsymbol{x}) + \lambda \boldsymbol{z}^{\mathrm{T}} \nabla f(\boldsymbol{x}) + \frac{1}{2}\lambda \boldsymbol{z}^{\mathrm{T}} \nabla^2 f(\boldsymbol{x}) \lambda \boldsymbol{z} + o(\|\lambda \boldsymbol{z}\|^2) \tag{2-15}$$

结合式(2-14)和 式(2-15)知

$$\frac{1}{2}\lambda \boldsymbol{z}^{\mathrm{T}} \nabla^2 f(\boldsymbol{x}) \lambda \boldsymbol{z} + o(\|\lambda \boldsymbol{z}\|^2) \geqslant 0$$

即

$$\frac{1}{2}\lambda^2 \boldsymbol{z}^{\mathrm{T}} \nabla^2 f(\boldsymbol{x}) \boldsymbol{z} + o(\lambda^2 \|\boldsymbol{z}\|^2) \geqslant 0$$

亦即

$$\frac{1}{2}z^{\mathrm{T}}\nabla^2 f(x)z+\frac{o(\lambda^2\|z\|^2)}{\lambda^2\|z\|^2}\|z\|^2\geqslant 0$$

令 $\lambda\to 0^+$，得 $z^{\mathrm{T}}\nabla^2 f(x)z\geqslant 0$，即 $\nabla^2 f(x)\geqslant 0$（半正定）。

(2) 设 $\nabla^2 f(x)>0$，$\forall x\neq y\in D$，因为 D 为开凸集，对 $\forall\alpha\in(0,1)$ 有

$$x+\alpha(y-x)=\alpha y+(1-\alpha)x\in D$$

由于 $\nabla^2 f(x)>0$，故由泰勒公式知，$\exists\theta\in(0,1)$ 使得

$$\xi=x+\theta(y-x)=\theta y+(1-\theta)x\in D$$

满足

$$\begin{aligned}f(y)&=f(x)+(y-x)^{\mathrm{T}}\nabla f(x)+\frac{1}{2}(y-x)^{\mathrm{T}}\nabla^2 f(\xi)(y-x)\\&>f(x)+(y-x)^{\mathrm{T}}\nabla f(x)\end{aligned}$$

由一阶条件知 $f(x)$ 在 D 上为凸函数。

据此定理知，线性函数 $f(x)=a^{\mathrm{T}}x+b$ 由于其 Hesse 矩阵处处为零矩阵，所以是凸函数。

2.6.4 凸规划及其性质

下面讨论局部最优解和全局最优解的关系问题。和一元函数一样，在一定条件下（比如当函数是凸函数时）局部最优解就是全局最优解。类似地，对多元函数而言，当规划是凸规划时，局部最优解同时是全局最优解。

定义 2.7 设有优化问题(P) $\min\limits_{x\in D}f(x)$，当 D 为凸集，且 $f(x)$ 为凸函数时，称该规划为**凸规划**。

下面我们讨论优化问题的一般形式：

$$\begin{cases}\min\ \ f(x)\\ \text{s.t.}\ \ g_i(x)\geqslant 0\qquad(i=1,2,\cdots,m)\end{cases}\tag{2-16}$$

定理 2.17 对于规划(2-16)，当 $f(x)$、$-g_i(x)$为凸函数时，有：

(1) 规划(2-16)的可行解集合 $D=\{x\mid g_i(x)\geqslant 0,i=1,2,\cdots,m\}$ 是凸集，因而一定是凸规划；

(2) 规划(2-16)的最优解集合 $D^*=\{x^*\mid f(x^*)=\min\limits_{x\in D}f(x),x^*\in D\}$是凸集；

(3) 规划(2-16)的任何局部最优解都是全局最优解。

证 设 $D=\{x\mid g_i(x)\geqslant 0,i=1,2,\cdots,m\}$。

(1) 对 $\forall x,y\in D$，有 $g_i(x)\geqslant 0$，$g_i(y)\geqslant 0$。由于 $-g_i(x)$为凸函数，由定义知，对 $\forall\alpha\in[0,1]$ 有

$$g_i[\alpha \boldsymbol{x}+(1-\alpha)\boldsymbol{y}] \geqslant \alpha g_i(\boldsymbol{x})+(1-\alpha)g_i(\boldsymbol{y}) \geqslant 0 \quad (i=1, 2, \cdots, m)$$

所以

$$\alpha \boldsymbol{x}+(1-\alpha)\boldsymbol{y} \in D$$

即 D 为凸集。

(2) 对 $\forall \boldsymbol{x}^*, \boldsymbol{y}^* \in D^*$ 有

$$f(\boldsymbol{x}^*)=f(\boldsymbol{y}^*)=\min_{x\in D} f(\boldsymbol{x})$$

由于 $f(\boldsymbol{x})$ 为凸函数，所以对 $\forall \alpha \in [0,1]$ 有

$$\begin{aligned} f[\alpha \boldsymbol{x}^*+(1-\alpha)\boldsymbol{y}^*] &\leqslant \alpha f(\boldsymbol{x}^*)+(1-\alpha)f(\boldsymbol{y}^*) \\ &= \alpha f(\boldsymbol{x}^*)+(1-\alpha)f(\boldsymbol{x}^*) \\ &= f(\boldsymbol{x}^*)=\min_{x\in D} f(\boldsymbol{x}) \end{aligned} \tag{2-17}$$

另外，当对 $\forall \boldsymbol{x}^*, \boldsymbol{y}^* \in D^*$ 时有 $\boldsymbol{x}^*, \boldsymbol{y}^* \in D$，而 D 是凸集，从而

$$\alpha \boldsymbol{x}^*+(1-\alpha)\boldsymbol{y}^* \in D$$

故

$$f[\alpha \boldsymbol{x}^*+(1-\alpha)\boldsymbol{y}^*] \geqslant \min_{x\in D} f(\boldsymbol{x}) \tag{2-18}$$

结合式(2-17)和式(2-18)得

$$\min_{x\in D} f(\boldsymbol{x}) \leqslant f[\alpha \boldsymbol{x}^*+(1-\alpha)\boldsymbol{y}^*] \leqslant \min_{x\in D} f(\boldsymbol{x})$$

即

$$f[\alpha \boldsymbol{x}^*+(1-\alpha)\boldsymbol{y}^*]=\min_{x\in D} f(\boldsymbol{x})$$

亦即

$$\alpha \boldsymbol{x}^*+(1-\alpha)\boldsymbol{y}^* \in D^*$$

故 D^* 是凸集。

(3) 设 $\boldsymbol{x}^*$ 是规划(2-16)的任一局部最优解，即 $\exists N_\delta(\boldsymbol{x}^*)$，当 $\boldsymbol{x} \in N_\delta(\boldsymbol{x}^*) \cap D$ 时，恒有 $f(\boldsymbol{x}) \geqslant f(\boldsymbol{x}^*)$。对 $\forall \boldsymbol{y} \in D$，由于 $N_\delta(\boldsymbol{x}^*)$ 为开集，所以对 $\forall \alpha \in [0,1]$，当 α 充分接近 0 时，必有

$$\boldsymbol{x}^*+\alpha(\boldsymbol{y}-\boldsymbol{x}^*)=\alpha \boldsymbol{y}+(1-\alpha)\boldsymbol{x}^* \in N_\delta(\boldsymbol{x}^*) \cap D$$

由于 $f(\boldsymbol{x})$ 为凸函数，$\boldsymbol{x}^*$ 是 $f(\boldsymbol{x})$ 在 $N_\delta(\boldsymbol{x}^*) \cap D$ 上的最小值，所以

$$f(\boldsymbol{x}^*) \leqslant f[\boldsymbol{x}^*+\alpha(\boldsymbol{y}-\boldsymbol{x}^*)]=f[\alpha \boldsymbol{y}+(1-\alpha)\boldsymbol{x}^*] \leqslant \alpha f(\boldsymbol{y})+(1-\alpha)f(\boldsymbol{x}^*)$$

即

$$\alpha[f(\boldsymbol{y})-f(\boldsymbol{x}^*)] \geqslant 0$$

亦即

$$f(\boldsymbol{y}) \geqslant f(\boldsymbol{x}^*)$$

故 $\boldsymbol{x}^*$ 是 $f(\boldsymbol{x})$ 在 D 上的全局最优解。

定理 2.18 设 $f(\boldsymbol{x})$ 为严格凸函数，$-g_i(\boldsymbol{x})(i=1,2,\cdots,m)$ 为凸函数，规划(2-16)的最优解集合 D^* 非空，则规划(2-16)的最优解必唯一。

证 设 $f(\boldsymbol{x})$ 的最优解集为 D^*，若规划(2-16)有两个最优解 $\boldsymbol{x}^*,\boldsymbol{y}^*\in D^*$，$\boldsymbol{x}^*\neq\boldsymbol{y}^*$，$f(\boldsymbol{x}^*)=f(\boldsymbol{y}^*)=\min\limits_{x\in D}f(\boldsymbol{x})$，则由定理 2.17 知，$D^*$ 为凸集，所以对 $\forall\alpha\in(0,1)$ 有

$$\alpha\boldsymbol{x}^*+(1-\alpha)\boldsymbol{y}^*\in D^*$$

而 $f(\boldsymbol{x})$ 为严格凸函数，从而

$$\begin{aligned}f[\alpha\boldsymbol{x}^*+(1-\alpha)\boldsymbol{y}^*]&<\alpha f(\boldsymbol{x}^*)+(1-\alpha)f(\boldsymbol{y}^*)\\&=\alpha f(\boldsymbol{x}^*)+(1-\alpha)f(\boldsymbol{x}^*)\\&=f(\boldsymbol{x}^*)=\min_{x\in D}f(\boldsymbol{x})\end{aligned}$$

这与 $\boldsymbol{x}^*$ 是最优解矛盾，所以规划(2-16)的最优解必唯一。

习 题 二

2.1 设 $f(\boldsymbol{x})=\boldsymbol{x}^{\mathrm{T}}\boldsymbol{A}\boldsymbol{x}$，其中 $\boldsymbol{A}$ 为实对称矩阵，证明 $\nabla f(\boldsymbol{x})=2\boldsymbol{A}\boldsymbol{x}$，$\nabla^2 f(\boldsymbol{x})=2\boldsymbol{A}$。

2.2 设 $f(\boldsymbol{x})=\boldsymbol{b}^{\mathrm{T}}\boldsymbol{x}$，证明 $\nabla f(\boldsymbol{x})=\boldsymbol{b}$。

2.3 设 $F(\boldsymbol{x})=f(\boldsymbol{x})+g(\boldsymbol{x})$ 为连续可微函数，证明 $\nabla F(\boldsymbol{x})=\nabla f(\boldsymbol{x})+\nabla g(\boldsymbol{x})$。

2.4 设 $f(\boldsymbol{x})=\frac{1}{2}(\boldsymbol{x}-\boldsymbol{x}^0)^{\mathrm{T}}\boldsymbol{A}(\boldsymbol{x}-\boldsymbol{x}^0)+\boldsymbol{b}^{\mathrm{T}}(\boldsymbol{x}-\boldsymbol{x}^0)+c$，其中 $\boldsymbol{A}=\boldsymbol{A}^{\mathrm{T}}$ 为实对称矩阵，$\boldsymbol{x}^0$、$\boldsymbol{b}$ 均为常向量，c 为常数，利用习题 2.1～2.3 的结果证明 $\nabla f(\boldsymbol{x})=\boldsymbol{A}(\boldsymbol{x}-\boldsymbol{x}^0)+\boldsymbol{b}$，$\nabla^2 f(\boldsymbol{x})=\boldsymbol{A}$。

2.5 确定下列各函数在任意一点 $\boldsymbol{x}$ 处函数增加最快的方向：

(1) $f(x_1,x_2)=2x_1-4x_2$；

(2) $f(x_1,x_2,x_3)=-x_1+x_2-7x_3$；

(3) $f(x_1,x_2,x_3)=-2x_1-x_2-3x_3$。

2.6 设 $f(\boldsymbol{x})=2x_1^2+4x_2^2+12x_3^2-2x_1x_2+3x_1x_3+2x_2x_3$，求 $\nabla f(\boldsymbol{x})$ 和 $\nabla^2 f(\boldsymbol{x})$，并判定 $\nabla^2 f(\boldsymbol{x})$ 是否正定。

2.7 设 $\boldsymbol{A}=\begin{bmatrix}2&2&2\\2&2&2\\2&2&0\end{bmatrix}$，证明 $\boldsymbol{A}$ 的所有顺序主子式都非负，但是 $\boldsymbol{A}$ 不是半正定的。

2.8 证明集合 $S=\{\boldsymbol{x}\mid\|\boldsymbol{x}\|<r,\boldsymbol{x}\in\mathbf{R}^n\}$ 是凸集(这里 $r>0$ 为一给定的实数)。

2.9 证明集合 $S=\{\boldsymbol{x}\mid\boldsymbol{x}\geqslant\boldsymbol{0},\boldsymbol{x}\in\mathbf{R}^n\}$ 是凸集(这里 $\boldsymbol{x}\geqslant\boldsymbol{0}$ 指的是 $\boldsymbol{x}$ 的各分量都非负)。

2.10 写出函数 $f(\boldsymbol{x})=2x_1^2+4x_2^2-\mathrm{e}^{x_1+x_2}-3x_1+2x_2-5$ 的梯度和 Hesse 矩阵。

2.11 求函数 $f(\boldsymbol{x})=2x_1^2+4x_2^2-3x_1+2x_2-5$ 在点 $\boldsymbol{x}^0=(1,0)^{\mathrm{T}}$ 处沿方向 $\boldsymbol{p}=(0,1)^{\mathrm{T}}$

的方向导数。

2.12　设有向量 $\boldsymbol{x}^1$，$\boldsymbol{x}^2$，…，$\boldsymbol{x}^m$，求一个向量 $\boldsymbol{x}^0$ 使得 $\frac{1}{m}\sum_{i=1}^{m}\|\boldsymbol{x}^i-\boldsymbol{x}^0\|^2$ 为最小。

2.13　设 $f(\boldsymbol{x})=\boldsymbol{b}^{\mathrm{T}}\boldsymbol{x}$，其中 $\boldsymbol{b}$ 是 n 维常向量，证明 $f(\boldsymbol{x})$ 是凸函数。

2.14　设 $\mathbf{A}$ 为 $m\times n$ 矩阵，证明集合 $D=\{\boldsymbol{x}\mid \mathbf{A}\boldsymbol{x}=\boldsymbol{b}\}$ 非空时是凸集。

2.15　设 D 为凸集，证明 $f(\boldsymbol{x})$ 在 D 上为凸函数的充分必要条件是：对 $\forall\boldsymbol{x}^1,\boldsymbol{x}^2\in D$，$\boldsymbol{x}^1\neq\boldsymbol{x}^2$，函数 $F(t)=f[t\boldsymbol{x}^1+(1-t)\boldsymbol{x}^2]$ 在$[0,1]$上为凸函数。

2.16　设 $f(\boldsymbol{x})$ 在 $\mathbf{R}^n$ 上连续，且满足

$$f\left(\frac{\boldsymbol{x}+\boldsymbol{y}}{2}\right)\leqslant\frac{f(\boldsymbol{x})+f(\boldsymbol{y})}{2}$$

试证 $f(\boldsymbol{x})$ 在 $\mathbf{R}^n$ 上为凸函数。

第三章 一维搜索算法

3.1 最优化算法概述

3.1.1 最优化算法的一般结构

求多元函数 $f(\boldsymbol{x})$的最优解通常采用迭代的方法，具体操作方法如下：首先，在可行域内任取一点 $\boldsymbol{x}^0$ 作为初始点，从 $\boldsymbol{x}^0$ 出发，按某种方法产生点列 $\boldsymbol{x}^0$，$\boldsymbol{x}^1$，…，$\boldsymbol{x}^k$，…,使得某个 $\boldsymbol{x}^k$ 为函数 $f(\boldsymbol{x})$的最优解，或者点列收敛到函数 $f(\boldsymbol{x})$的最优解。在这个过程中，我们希望点列满足 $f(\boldsymbol{x}^{k+1})\leqslant f(\boldsymbol{x}^k)$，即在点列上 $f(\boldsymbol{x})$是下降的，这就是所谓的下降算法。为此我们在每次迭代的时候从 $\boldsymbol{x}^k$ 出发，要寻找一个所谓的下降方向 $\boldsymbol{p}^k$，沿该方向搜索一个使函数值更小的点作为新的初始点，然后再选择一个新的下降方向，并以新的初始点为起点，沿新的下降方向搜索函数值更小的点作为新的初始点，如此反复，直到满足事先给定的条件。

定义 3.1 在点 $\boldsymbol{x}$ 处，对于非零向量 $\boldsymbol{p}$，若存在实数 $\lambda_0>0$，使得当 $\lambda\in(0,\lambda_0)$时恒有

$$f(\boldsymbol{x}+\lambda\boldsymbol{p})<f(\boldsymbol{x})$$

则称 $\boldsymbol{p}$ 为 $f(\boldsymbol{x})$在 $\boldsymbol{x}$ 的一个下降方向。

根据泰勒公式有

$$f(\boldsymbol{x}+\lambda\boldsymbol{p})=f(\boldsymbol{x})+\nabla f(\boldsymbol{x})^{\mathrm{T}}\lambda\boldsymbol{p}+o(\|\lambda\boldsymbol{p}\|)$$

即

$$f(\boldsymbol{x}+\lambda\boldsymbol{p})-f(\boldsymbol{x})=\nabla f(\boldsymbol{x})^{\mathrm{T}}\lambda\boldsymbol{p}+o(\|\lambda\boldsymbol{p}\|)$$

由此知,当$\nabla f(\boldsymbol{x})^{\mathrm{T}}\boldsymbol{p}<0$ 时，总存在 $\lambda_0>0$，使得当 $\lambda\in(0,\lambda_0)$时恒有 $f(\boldsymbol{x}+\lambda\boldsymbol{p})<f(\boldsymbol{x})$，所以我们也称满足$\nabla f(\boldsymbol{x})^{\mathrm{T}}\boldsymbol{p}<0$ 的方向 $\boldsymbol{p}$ 为 $f(\boldsymbol{x})$在 $\boldsymbol{x}$ 的一个下降方向。

一般计算步骤如下：

(1) 在可行域内选取初始点 $\boldsymbol{x}^0$，给定精度要求 $\varepsilon>0$，置 $k=0$。

(2) 在点 $\boldsymbol{x}^k$ 选取一个搜索方向 $\boldsymbol{p}^k$，使得目标函数 $f(\boldsymbol{x})$沿 $\boldsymbol{p}^k$ 方向的函数值呈递减的趋势。

(3) 确定步长 λ_k，使得 $f(\boldsymbol{x}^k+\lambda_k\boldsymbol{p}^k)<f(\boldsymbol{x}^k)$。

(4) 令 $\boldsymbol{x}^{k+1}:=\boldsymbol{x}^k+\lambda_k\boldsymbol{p}^k$ 为下一次迭代的初始点。

(5) 判断 $\boldsymbol{x}^{k+1}$ 是否为最优解：若 $\|\boldsymbol{x}^{k+1}-\boldsymbol{x}^k\|<\varepsilon$ 或 $|f(\boldsymbol{x}^{k+1})-f(\boldsymbol{x}^k)|<\varepsilon$ 或 $\|\nabla f(\boldsymbol{x}^{k+1})\|<\varepsilon$，则认为 $\boldsymbol{x}^{k+1}$ 为最优解，迭代停止；否则，令 $k:=k+1$，转(2)，重新开始。

以上采用的停机条件——$\|\boldsymbol{x}^{k+1}-\boldsymbol{x}^k\|<\varepsilon$、$|f(\boldsymbol{x}^{k+1})-f(\boldsymbol{x}^k)|<\varepsilon$、$\|\nabla f(\boldsymbol{x}^{k+1})\|<\varepsilon$，有时候单独使用一个，有时候要求某两种条件同时满足。

根据不同的原则选取不同的搜索方向 $\boldsymbol{p}^k$，就会得到不同的优化算法。大多数算法都需要计算 $f(\boldsymbol{x}^k+\lambda_k\boldsymbol{p}^k)=\min\limits_{\lambda>0}f(\boldsymbol{x}^k+\lambda\boldsymbol{p}^k)$，即求一维参数 λ_k，使得

$$f(\boldsymbol{x}^k+\lambda_k\boldsymbol{p}^k)=\min_{\lambda>0}f(\boldsymbol{x}^k+\lambda\boldsymbol{p}^k)$$

从而确定出新的初始点 $\boldsymbol{x}^{k+1}=\boldsymbol{x}^k+\lambda_k\boldsymbol{p}^k$。这是一个一维搜索过程，因此一元函数最优解的求法在最优化方法中有着非常重要的地位。

3.1.2 算法的收敛速度

评价算法优劣的标准之一，是收敛的快慢，通常称为收敛速度。一个算法的初始点的选择往往对算法的收敛速度，甚至收敛性有着至关重要的影响。对于一个算法，如果仅当初始点 $\boldsymbol{x}^0$ 充分靠近最优解 $\boldsymbol{x}^*$ 时，由算法得到的点列才收敛到 $\boldsymbol{x}^*$，则称该算法具有**局部收敛性**。如果对任意初始点 $\boldsymbol{x}^0$，由算法得到的点列都收敛到最优解 $\boldsymbol{x}^*$，则称算法具有**整体收敛性**。一个好的算法应当具有整体收敛性，并且应当具有较快的收敛速度。对于算法的收敛速度一般定义如下。

定义 3.2　设点列 $\{\boldsymbol{x}^n\}$ 收敛于 $\boldsymbol{x}^*$，$\lim\limits_{n\to\infty}\dfrac{\|\boldsymbol{x}^{n+1}-\boldsymbol{x}^*\|}{\|\boldsymbol{x}^n-\boldsymbol{x}^*\|^p}=\beta$，则：

(1) 当 $p=1$ 且 $0<\beta<1$ 时，称点列 $\{\boldsymbol{x}^n\}$ 为**线性收敛**的；

(2) 当 $p=1$ 且 $\beta=0$ 时，称点列 $\{\boldsymbol{x}^n\}$ 为**超线性收敛**的；

(3) 当 $p\geqslant1$ 且 $0<\beta<+\infty$ 时，称点列 $\{\boldsymbol{x}^n\}$ 为 $\boldsymbol{p}$ **阶收敛**的。

算法的收敛速度指的就是由算法产生的点列的收敛速度。我们主要探讨算法是线性收敛、超线性收敛还是二阶收敛的。

定义 3.3　当一个算法用于 n 元正定二次函数求最优解时，可以从任意初始点出发，至多经过 n 步迭代求出最优解，就称此算法具有二次终止性。

在衡量一个算法优劣的时候，我们常常也把算法是否具有二次终止性作为一个标准。一般情况下，如果算法具有二次终止性，则认为算法是一个比较好的算法。当然，不具有二次终止性的算法未必就不是好的算法。实际上也有一些算法具有二次终止性，但其收敛速度未必好。因此，二次终止性仅仅是判断一个算法优劣的衡量标准之一。

3.2 单峰函数及其性质

首先给出单峰函数及函数最优解的搜索区间的定义。

定义 3.4 设一元函数 $f(x)$ 定义在区间$[a,b]$上，若：

(1) 满足 $f(x^*)=\min\limits_{a\leqslant x\leqslant b} f(x)$的 $x^*\in[a,b]$存在；

(2) 对 $\forall a\leqslant x_1<x_2\leqslant b$，当 $x_2\leqslant x^*$ 时，$f(x_1)>f(x_2)$，当 $x^*\leqslant x_1$ 时，$f(x_1)<f(x_2)$，则称 $f(x)$为区间$[a, b]$上的**单峰函数**。

显然，在区间$[a, b]$上的严格凸函数是单峰函数，但单峰函数未必是严格凸函数。

定义 3.5 设一元函数 $f(x)$ 定义在 $\mathbf{R}^1$ 上，x^* 是 $f(x)$ 在 $\mathbf{R}^1$ 上的最优解，如果存在 $x_1, x_2\in\mathbf{R}^1$，使得 $x_1\leqslant x^*\leqslant x_2$，则称区间$[x_1, x_2]$为函数$f(x)$的最优解 x^* 的一个**搜索区间**。

由单峰函数的定义不难知道，对于任意三点 x_1、x_2、x_3，若满足 $x_1<x_2<x_3$，且 $f(x_1)>f(x_2)$，$f(x_2)<f(x_3)$，则区间$[x_1, x_3]$必包含 $f(x)$的最小值点。也就是说，如果一个区间对函数 $f(x)$来说满足两头高，中间低，则其必为 $f(x)$的搜索区间。

定理 3.1 设$[a, b]$为单峰函数 $f(x)$的最优解的一个搜索区间，$a<x_1<x_2<b$，则：

(1) 当 $f(x_1)<f(x_2)$时，$[a, x_2]$为 $f(x)$的最优解的一个搜索区间；

(2) 当 $f(x_1)>f(x_2)$时，$[x_1, b]$为 $f(x)$的最优解的一个搜索区间；

(3) 当 $f(x_1)=f(x_2)$时，$[x_1, x_2]$为 $f(x)$的最优解的一个搜索区间。

证 (1) 当 $f(x_1)<f(x_2)$时，若 $x^*\notin[a, x_2]$，则由$[a, b]$为搜索区间知必有 $x_2<x^*\leqslant b$，由单峰函数定义知，$f(x_1)>f(x_2)$，与 $f(x_1)<f(x_2)$矛盾。所以必有 $x^*\in[a, x_2]$，即$[a, x_2]$为 $f(x)$ 的最优解的一个搜索区间。

(2) 当 $f(x_1)>f(x_2)$时，若 $x^*\notin[x_1, b]$，则由$[a, b]$为搜索区间知必有 $a\leqslant x^*<x_1$，由单峰函数定义知，$f(x_1)<f(x_2)$，与 $f(x_1)>f(x_2)$矛盾。所以必有 $x^*\in[x_1, b]$，即$[x_1, b]$为 $f(x)$ 的最优解的一个搜索区间。

(3) 当 $f(x_1)=f(x_2)$ 时，若 $x^*\notin[x_1, x_2]$，则由$[a, b]$为搜索区间知必有 $a\leqslant x^*<x_1$ 或者 $x_2<x^*\leqslant b$。当 $a\leqslant x^*<x_1$ 时，由单峰函数定义知，$f(x_1)<f(x_2)$，与 $f(x_1)=f(x_2)$ 矛盾。当 $x_2<x^*\leqslant b$ 时，由单峰函数定义知，$f(x_1)>f(x_2)$，与 $f(x_1)=f(x_2)$矛盾。所以必有 $x^*\in[x_1, x_2]$，即$[x_1, x_2]$为 $f(x)$ 的最优解的一个搜索区间。

3.3 搜索区间的确定

为求函数的最小值点，通常分两步进行：首先确定函数的搜索区间；然后不断缩短搜索区间，直至区间收缩为一点为止。为此，本节先介绍一个确定搜索区间的方法，即由定理 3.1 寻找一个搜索区间的方法——**成功-失败法**。

设函数 $f(x)$ 是 $\mathbf{R}^1$ 上的单峰函数，$\forall x_0\in\mathbf{R}^1$，步长 $h>0$。

(1) 若 $f(x_0)>f(x_0+h)$，则当 $f(x_0+h)>f(x_0+3h)$时，步长加倍，向前推进，即令

$x_0 := x_0 + h$, $h := 2h$，重新开始搜索；否则得搜索区间$[a, b] = [x_0, x_0 + 3h]$。

(2) 若 $f(x_0) = f(x_0 + h)$，则得搜索区间$[a, b] = [x_0, x_0 + h]$。

(3) 若 $f(x_0) < f(x_0 + h)$，则缩小步长，向后转，小步后退，即令 $x_0 := x_0 + h$, $h := -\frac{h}{4}$，重新开始搜索。

确定搜索区间的成功-失败法的算法如下：

step1：$\forall x_0 \in \mathbf{R}^1$，步长 $h > 0$。

step2：计算 $f_0 := f(x_0)$, $f_1 := f(x_0 + h)$。

step3：如果 $f_0 > f_1$，则转 step4，否则转 step5。

step4：计算 $f_2 := f(x_0 + 3h)$。

如果 $f_1 > f_2$，则令 $x_0 := x_0 + h$, $f_0 := f_1$, $f_1 := f_2$, $h := 2h$，转 step3。

否则当 $x_0 < x_0 + 3h$ 时，令 $a := x_0$, $b := x_0 + 3h$，转 step6；

当 $x_0 > x_0 + 3h$ 时，令 $a := x_0 + 3h$, $b := x_0$，转 step6。

step5：如果 $f_0 = f_1$，则

当 $x_0 < x_0 + h$ 时，令 $a := x_0$, $b := x_0 + h$，转 step6；

当 $x_0 > x_0 + h$ 时，令 $a := x_0 + h$, $b := x_0$，转 step6。

如果 $f_0 < f_1$，则令 $h := -\frac{h}{4}$, $f_1 := f(x_0 + h)$，转 step3。

step6：停止，输出 a, b。

成功-失败法又称为**进退法**，用以求单峰函数的搜索区间。

【例 3.1】 用成功-失败法求函数 $f(x) = x^2 + x + 1$ 的搜索区间，取初始点为 $x_0 = 2$，步长为 $h = 1$。

解 进行第一次尝试：$x_0 = 2$，$f_0 = 7$，$x_1 = x_0 + h = 3$，$f_1 = 13$，$f_1 > f_0$，方向错误，改变方向，所以令$h := -0.25h = -0.25$。

进行第二次尝试：$x_0 = 2$，$f_0 = 7$，$x_1 = x_0 + h = 1.75$，$f_1 = 5.8125$，$x_2 = x_0 + 3h = 1.25$，$f_2 = 3.8125$，$f_2 < f_1$，方向正确，加大步长，继续前进。

进行第三次尝试：$x_0 = x_1 = 1.75$，$f_0 = 5.8125$，$x_1 = x_2 = 1.25$，$f_1 = f_2 = 3.8125$，$h := 2h = -0.5$ ，$x_2 = x_0 + 3h = 0.25$，$f_2 = 1.3125$，方向正确，加大步长，继续前进。

进行第四次尝试：$x_0 = x_1 = 1.25$，$f_0 = 3.8125$，$x_1 = x_2 = 0.25$，$f_1 = f_2 = 1.3125$，$h := 2h = -1$，$x_2 = x_0 + 3h = -1.75$，$f_2 = 2.3125$，$f_2 > f_1$，找到两边函数值大，中间函数值小的搜索区间：$[x_2, x_0] = [-1.75, 1.25]$。即本法所得搜索区间为$[a, b] = [-1.75, 1.25]$，迭代次数为 4 次，迭代结果如表 3.1 所示。

表 3.1 例 3.1 的迭代结果

k	h
1	1
2	-0.25
3	-0.5
4	-1

事实上，成功-失败法也可以直接用于求单峰函数的最小值点。这是由于每当走过最小值点后，步长 h 都会被缩小，因此如果不去确定搜索区间，而让算法一直进行下去，直到步长 h 缩小到事先给定的精度为止，那样我们得到的点 x_0 就是函数的近似最小值点。

设一维搜索问题为 $\min\limits_{a\leqslant x\leqslant b} F(x)$，令

$$f(x)=\begin{cases}F(x) & (a\leqslant x\leqslant b)\\ +\infty & (\text{其他})\end{cases}$$

显然有 $\min\limits_{a\leqslant x\leqslant b} F(x)=\min\limits_{x\in\mathbf{R}^1} f(x)$，因此，不失一般性，总可以考虑 $\min f(x)$。

求单峰函数的最小值点的成功-失败法的算法如下：

step1：$\forall x_0\in\mathbf{R}^1$，步长 $h>0$，计算精度 $\varepsilon>0$。

step2：计算 $f_0 := f(x_0)$。

step3：计算 $f_1 := f(x_0+h)$，如果 $|h|<\varepsilon$，则转 step5。

step4：如果 $f_0>f_1$，则令 $x_0 := x_0+h$，$f_0 := f_1$，$h := 2h$，转 step3；否则令 $h := -0.25\,h$，转 step3。

step5：停止，输出 x_0。

【例 3.2】 用成功-失败法求函数 $f(x)=x^2+x+1$ 的最小值点，取初始点为 $x_0=2$，步长为 $h=1$，精度为 $\varepsilon=0.001$。

解 用成功-失败法所得最小值点为 $x^*=-0.4921875$，$f(x^*)=0.75006$。

成功-失败法虽然可以用来求函数在某区间上的最小值点，但相对来说，该法效率比较低。不过由于该法比较简单，且无需计算导数，是一种直接方法，所以在对计算速度要求不是很高的时候也是一种不错的选择。

3.4 黄金分割法

下面介绍另一种比较经典的直接法——黄金分割法，它是一种区间收缩方法。

所谓区间收缩方法，指的是将含有最优解的区间逐步缩小，直至区间长度为零的方法。比如，为求函数 $f(x)$ 在区间 $[a, b]$ 上的最小值点，可在该区间中任取两点 x_1、x_2，通

过比较函数$f(x)$在这两点的函数值或者导数值等，来决定去掉一部分区间$[a, x_1]$或者$[x_2, b]$，从而使搜索区间长度变小，如此迭代，直至区间收缩为一点为止，或区间长度小于某给定的精度为止。

由定理3.1可知，对于区间$[a, b]$上的单峰函数$f(x)$，可以在其中任意选取两点x_1、x_2，通过比较这两点的函数值，就可以将搜索区间缩小。比如说，如果$f(x_1)<f(x_2)$，则选取$[a_1, b_1]=[a, x_2]$，如果$f(x_1)>f(x_2)$，则选取$[a_1, b_1]=[x_1, b]$，如果$f(x_1)=f(x_2)$，则选取$[a_1, b_1]=[x_1, x_2]$，这样就得到$f(x)$的更小的搜索区间$[a_1, b_1]$，然后根据这一方法再进行划分，得到一系列搜索区间满足

$$[a, b]\supset[a_1, b_1]\supset[a_2, b_2]\supset\cdots\supset[a_k, b_k]$$

及

$$\lim_{k\to\infty}(b_k-a_k)=0$$

于是对事先给定的某个精度ε，当$b_k-a_k<\varepsilon$时，可以将$f(x)$的最小值点近似地取为$x^*=\frac{a_k+b_k}{2}$。现在的问题是究竟应该如何选取x_1、x_2才能使算法的效率更高呢？

首先，我们应当遵从对称选点原则。即要选取x_1、x_2使得$x_1-a=b-x_2$，即$x_1=a+b-x_2$。这是因为我们事先并不能确定要删除的区间是$[a, x_1]$还是$[x_2, b]$，所以要使两者的长度相等。也就是说，只要选定一个点，另外一个点就自然确定了。那么第一个点x_1如何确定呢？初看起来，为使区间收缩的快，似乎x_1选取的越靠近区间$[a, b]$的中点越好。但如果x_1选取的充分靠近区间$[a, b]$的中点，则由于对称选点的原则，x_2也将靠近区间$[a, b]$的中点。通过比较函数值$f(x_1)$和$f(x_2)$，我们可以删除一段区间$[a, x_1]$或者$[x_2, b]$。即当进入下一次迭代时，又需要再次计算新区间中的两个点，这样，我们每次都需要计算两次函数值。而对于大规模的计算来说，多计算一次函数值，所付出的代价通常是比较大的。有没有可能每次迭代都只计算一次函数值呢？这就是我们应该遵从的第二个原则:单点计算原则。我们知道，当比较x_1、x_2两点的函数值之后剩下的区间或者是$[a, x_2]$或者是$[x_1, b]$。若是$[a, x_2]$，则原来的点x_1就在该区间中，并且该点的函数值已经计算过了；若是$[x_1, b]$，则原来的点x_2就在该区间中，并且该点的函数值也已经计算过了。如果我们能够将上一次迭代中用过的点在下一次迭代中再次使用，也就是说，能做到单点计算，就可以大大减少计算量。那么怎样才能达到这个目的呢？换句话说，就是中间的那个点x_1或者x_2究竟选择什么位置才能使得保留下来的一个点在下一次迭代中可以直接作为一个分点使用呢？由于一方面删除的部分要尽可能得大，另一方面计算函数值要尽可能得少，所以做如下考虑:每次迭代的时候，让被删除的部分与原来区间的比值保持一个定值。这个原则称为**等比收缩原则**。这样就可以使得上一次迭代时计算过的、被保留到下一次区间中的那个点，可以直接作为下一次迭代的分点使用。根据这些原则，我们对区间的分点做如下分割:

设初始区间为$[a, b]$，如图 3 - 1 所示，其区间长度为 $l_0=b-a$，初始分点为 x_1、x_2。不失一般性，假定每次删除的区间均为右侧那一部分。注意到 x_1、x_2 在区间$[a, b]$上的位置是对称的，以及 x_1、x_2 中剩下的那个点在下一次分割中仍为一个分点，于是有

$$l_0=l_1+l_2 \tag{3-1}$$

$$\frac{l_2}{l_1}=\frac{l_1}{l_0}=c \tag{3-2}$$

由以上两式得$\frac{l_1}{c}=l_1+cl_1$，从而 $c^2+c-1=0$，$c=\frac{-1\pm\sqrt{5}}{2}$，舍去不合题意的负根，得

$$c=\frac{-1+\sqrt{5}}{2}\approx 0.618\ 033\ 988\ 749\ 895$$

也就是说，两个分点应为

$$\begin{cases}x_1=b-l_1=b-cl_0=b-0.618(b-a)=a+(b-a)-0.618(b-a)=a+0.382(b-a)\\x_2=a+l_1=a+cl_0=a+0.618(b-a)\end{cases}$$

事实上由对称性知，这两点亦可写为

$$\begin{cases}x_1=a+0.382(b-a)\\x_2=a+b-x_1\end{cases}$$

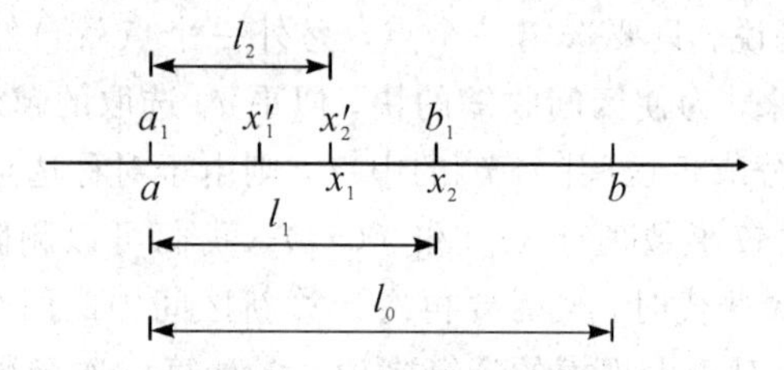

图 3 - 1　黄金分割法的收缩原理

用这样的方法取得的分点就能够满足我们上面所提到的三个原则：对称取点、等比收缩、单点计算。理论上讲，黄金分割法是一种收缩最快的区间收缩方法之一。

黄金分割法的算法如下：

step1：给定 a、b、$\varepsilon>0$。

step2：计算 $x_1:=a+0.382(b-a)$，$x_2:=a+b-x_1$。

step3：计算 $f_1:=f(x_1)$，$f_2:=f(x_2)$。

step4：如果 $f_1>f_2$，则令 $a:=x_1$，若 $b-a<\varepsilon$，则转 step5；否则令 $f_1:=f_2$，$x_1:=x_2$，$x_2:=a+b-x_1$，$f_2:=f(x_2)$，转 step4。

否则令 $b:=x_2$，若 $b-a<\varepsilon$，则转 step5；否则令 $f_2:=f_1$，$x_2:=x_1$，$x_1:=a+b-x_2$，$f_1:=f(x_1)$，转 step4。

step5：停止，输出 $x^*=(a+b)/2$。

这个算法非常理想，整个迭代过程中，除最初计算分点时使用过一次乘法外，后边的分点全部都由加减法完成，并且每次迭代只需计算一个分点的函数值。但是，在实际应用中，该方法存在一定的缺陷。这种缺陷主要来源于无理数$\frac{-1+\sqrt{5}}{2}$的取值，这里我们只取了小数点后三位数，因而有一定误差，所以在迭代过程中，经过多次累计，误差就会很大，从而导致最终选取的两点并不一定是我们所期望的那两点，事实上，常常发生 x_2 小于 x_1 的情形。为避免这种情况的出现，我们也可以通过将无理数$\frac{-1+\sqrt{5}}{2}$小数点后面的位数提高来避免算法的这一缺陷。不过这样做的效果未必很好，因为我们不知道在算法中到底要经过多少次迭代，当迭代次数很大时，这种做法依然是不能奏效的。因此，我们在程序中每次计算分点时不得不根据算法原理，使用一次乘法，即第二个分点不用加减法产生，而直接用乘法计算得出。由此即可避免累计误差所带来的缺陷。我们仍假设 $f(x)$是区间$[a, b]$上的单峰函数。修改后的黄金分割法的计算框图如图 3-2 所示。

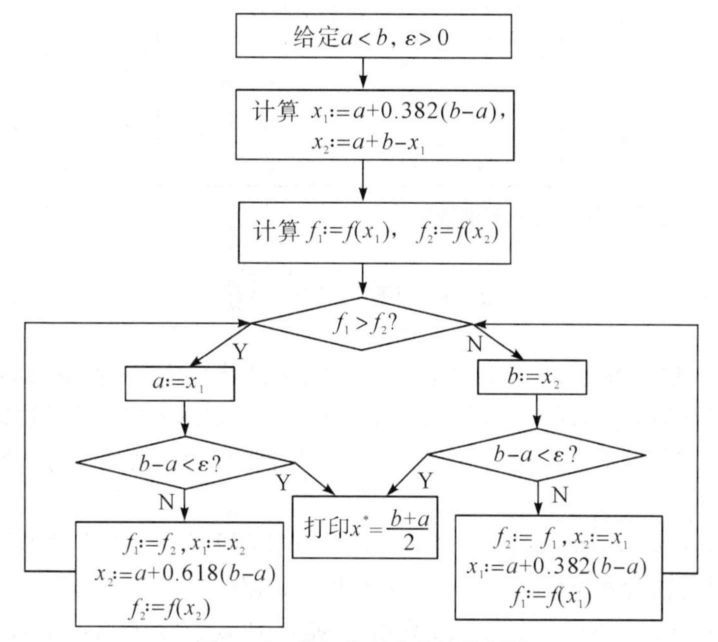

图 3-2　黄金分割法的计算框图

修改后的黄金分割法的算法如下：

step1：给定 $a<b$，$\varepsilon>0$。

step2：计算 $x_1:=a+0.382(b-a)$，$x_2:=a+b-x_1$。

step3：计算 $f_1:=f(x_1)$，$f_2:=f(x_2)$。

step4：如果 $f_1>f_2$，则令 $a:=x_1$，若 $b-a<\varepsilon$，则转 step5；否则令 $f_1:=f_2$，

$x_1 := x_2$，$x_2 := a + 0.618(b-a)$，$f_2 := f(x_2)$，转 step4。

否则令 $b := x_2$，若 $b-a<\varepsilon$，则转 step5；否则令 $f_2 := f_1$，$x_2 := x_1$，

$x_1 := a + 0.382(b-a)$，$f_1 := f(x_1)$，转 step4。

step5：停止，输出 $x^* = (a+b)/2$。

【例 3.3】 用黄金分割法求函数 $f(x) = x^3 - 12x - 11$ 在区间$[0, 10]$上的最小值点，取 $\varepsilon = 0.01$。

解 用黄金分割法计算的结果为 $x^* = 1.99976659$，$f(x^*) = -26.9999$，迭代次数为 $k=23$，迭代结果如表 3.2 所示。

表 3.2 例 3.3 的迭代结果

k	$[a, b]$
1	$[0, 10]$
2	$[0, 6.18]$
3	$[0, 3.82]$
⋮	⋮
21	$[1.998, 2.001]$
22	$[1.999, 2.001]$
23	$[1.999, 2.000]$

可以证明，黄金分割法是线性收敛的。

3.5 两分法

在成功-失败法和黄金分割法的迭代过程中仅仅利用了函数值就能找到函数在某区间上的最小值，这样做固然简单、方便，计算量也小。但是如果函数的性质比较好，比如说已知函数的导数，我们就能够得到更为简单或者收敛速度更快的迭代算法。下面介绍的两分法就是这样的方法。

当对收敛速度要求不是很高并且函数性质较好时，可以采用更为简单的算法。我们称之为两分法。该算法的程序简单，非常容易实现。具体做法如下：

设函数 $f(x)$ 在区间$[a, b]$上为具有一阶导数的单峰函数，且满足 $f'(a)<0$，$f'(b)>0$。令 $x_0 = \dfrac{a+b}{2}$，如果 $f'(x_0)=0$，则最优解为 $x^* = x_0$。若 $f'(x_0)<0$，则令 $a := x_0$，区间被减半，重新开始。若 $f'(x_0)>0$，则令 $b := x_0$，区间被减半，重新开始，直到区间的长度小于事先给定的精度 ε，或者 $|f'(x_0)|<\varepsilon$ 为止。

两分法的算法如下：

step1：给定 a、b、$\varepsilon>0$。

step2：计算 $x_0 := \frac{a+b}{2}$。

step3：如果 $|f'(x_0)|<\varepsilon$，则转 step4。否则若 $f'(x_0)<0$，则令 $a := x_0$，转 step2；若 $f'(x_0)>0$，则令 $b := x_0$，转 step2。

step4：停止，输出 x_0。

可以证明，两分法是线性收敛的。

【例 3.4】 利用两分法求函数 $f(x)=x^3-12x-11$ 在区间[0，10]上的最小值，取 $\varepsilon=0.01$。

解 用两分法计算的结果为 $x^*=1.999\,511\,718$，$f(x^*)=-26.9999$，迭代次数为 $k=12$，迭代结果如表 3.3 所示。

表 3.3 例 3.4 的迭代结果

k	$[a, b]$
1	[0, 10]
2	[0, 5]
3	[0, 2.5]
⋮	⋮
10	[1.998, 2.001]
11	[1.999, 2.001]
12	[1.999, 2.000]

3.6 牛顿切线法

牛顿切线法是利用目标函数二阶泰勒多项式的最优解作为函数的近似最优解，如果新的近似最优解满足计算精度，如在新的近似最优解的一阶导数为零，则终止计算，否则再将函数在新点展开成二阶泰勒多项式，用新的泰勒多项式的最优解作为函数的近似最优解，如此迭代，直到导数为零或者其绝对值小于事先给定的精度 ε 为止。由于该方法可看成用切线法求导函数的零点，因此被称为牛顿切线法。其搜索原理如图 3－3 所示。

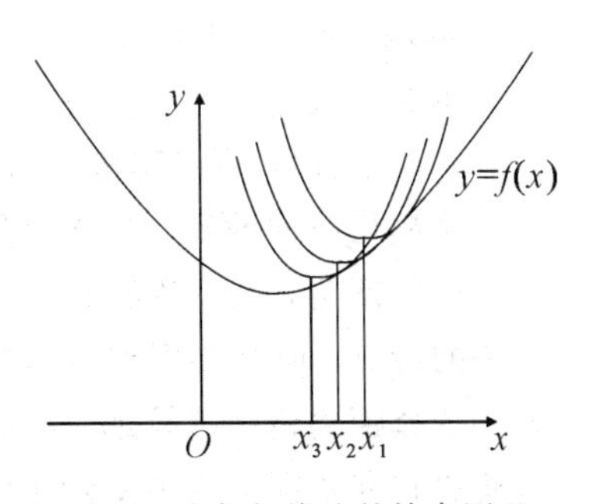

图 3－3 牛顿切线法的搜索原理

设函数 $f(x)$ 在区间 $[a, b]$ 上是严格下凸的，即二阶导数 $f''(x)>0$，并且存在点 $x^*\in(a, b)$ 使得 $f'(x^*)=0$。此时必有

$$f'(a)\cdot f'(b)<0$$

任取 $x_0 \in [a, b]$，将 $f(x)$ 在 x_0 处展开，有

$$f(x)=f(x_0)+f'(x_0)(x-x_0)+\frac{1}{2}f''(x_0)(x-x_0)^2+o[(x-x_0)^2]$$

令

$$p(x)=f(x_0)+f'(x_0)(x-x_0)+\frac{1}{2}f''(x_0)(x-x_0)^2$$

则 $f(x)\approx p(x)$，$p(x)$是二次函数，其最小值点位于 $\bar{x}=x_0-\dfrac{f'(x_0)}{f''(x_0)}$，用 $p(x)$的最小值点作为 $f(x)$最小值点 x_1 的近似值，然后再用 $f(x)$在 x_1 处的泰勒展开式的二次多项式的最小值点作为 $f(x)$的近似最小值点 x_2，如此迭代下去，得

$$x_n=x_{n-1}-\frac{f'(x_{n-1})}{f''(x_{n-1})} \quad (n=1, 2, \cdots)$$

于是，当 x_n 收敛时，设 $\lim\limits_{n\to\infty}x_n=x^*$，则有

$$x^*=x^*-\frac{f'(x^*)}{f''(x^*)}$$

即 $f'(x^*)=0$，从而得到 $f(x)$的最小值点 x^*。

设函数 $f(x)$在区间$[a, b]$上是严格下凸的，即二阶导数 $f''(x)>0$，并且 $f'(a)<0$，$f'(b)>0$，则有如下牛顿切线法。

牛顿切线法的算法如下：

step1：$\forall x_0 \in [a, b]$，$\varepsilon>0$，$k:=0$。

step2：计算 $f'(x_k)$和 $f''(x_k)$。

step3：如果$|f'(x_k)|<\varepsilon$，则转 step4；否则令 $x_{k+1}:=x_k-\dfrac{f'(x_k)}{f''(x_k)}$，$k:=k+1$，转 step2。

step4：停止，输出 x_k。

本算法仅适用于二阶导数 $f''(x)>0$ 的函数。对于二阶导数 $f''(x)<0$ 的函数，可令 $g(x)=-f(x)$，并将其转化为下凸函数处理。

牛顿切线法的算法框图如图 3-4 所示。

可以证明，在收敛的时候，牛顿切线法是二阶收敛的。牛顿切线法虽然具有收敛速度较快的特点，但是要用到函数的导数，特别是二阶导数，并且对初始点的选择要求较高，如果选择距离精确解较远，则算法有可能不收敛，为确保收敛，必须要求二阶导数大于零，这使得它在实际应用中受到很大的局限。

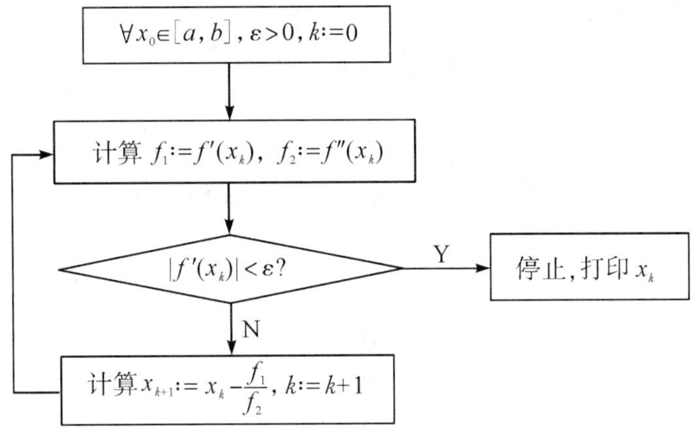

图 3-4　牛顿切线法的算法框图

【例 3.5】 用牛顿切线法求解 $f(x)=x^3-12x-11$ 在区间$[a,b]=[0, 10]$上的最小值，初始点取 $x_0=6$，$\varepsilon=0.01$。

解　用牛顿切线法计算的结果为 $x^*=2.000\,061\,0$，$f(x^*)=-26.999\,999\,9$，迭代次数为 $k=5$，迭代结果如表 3.4 所示。

表 3.4　例 3.5 的迭代结果

k	x_k	$f(x_k)$
1	6	133
2	3.333 33	13.9629
3	2.266 66	26.5542
4	2.015 68	26.9985
5	2.000 06	26.9999

3.7　插　值　法

黄金分割法在对最优解的整个搜索过程中只对函数值进行了比较，在删除“坏”区间的时候，已经计算出的函数值并没有得到充分的利用。下面介绍用低次多项式 $P(x)$在搜索区间上逼近目标函数，然后用近似多项式 $P(x)$的极小点作为新区间的分割点的方法。近似多项式 $P(x)$取二次多项式，则得二次插值法；取三次多项式，则得三次插值法。

3.7.1　二次插值

若 $f(x)$为区间$[a, b]$上的单峰函数，设 $a=x_1<x_2<x_3=b$，$f(x)$在 x_1、x_2、x_3 三点处满足

$$f(x_1)>f(x_2),\ f(x_2)<f(x_3)$$

则过这三点做插值多项式

$$P(x)=ax^2+bx+c$$

$P(x)$应满足

$$\begin{cases} f_1=f(x_1)=P(x_1)=ax_1^2+bx_1+c \\ f_2=f(x_2)=P(x_2)=ax_2^2+bx_2+c \\ f_3=f(x_3)=P(x_3)=ax_3^2+bx_3+c \end{cases}$$

即

$$\begin{cases} f_1=ax_1^2+bx_1+c \\ f_2=ax_2^2+bx_2+c \\ f_3=ax_3^2+bx_3+c \end{cases}$$

这里 $f_i=f(x_i)$，$i=1$，2，3。解之得

$$a=\frac{\begin{vmatrix} f_1 & x_1 & 1 \\ f_2 & x_2 & 1 \\ f_3 & x_3 & 1 \end{vmatrix}}{\begin{vmatrix} x_1^2 & x_1 & 1 \\ x_2^2 & x_2 & 1 \\ x_3^2 & x_3 & 1 \end{vmatrix}},\ b=\frac{\begin{vmatrix} x_1^2 & f_1 & 1 \\ x_2^2 & f_2 & 1 \\ x_3^2 & f_3 & 1 \end{vmatrix}}{\begin{vmatrix} x_1^2 & x_1 & 1 \\ x_2^2 & x_2 & 1 \\ x_3^2 & x_3 & 1 \end{vmatrix}},\ c=\frac{\begin{vmatrix} x_1^2 & x_1 & f_1 \\ x_2^2 & x_2 & f_2 \\ x_3^2 & x_3 & f_3 \end{vmatrix}}{\begin{vmatrix} x_1^2 & x_1 & 1 \\ x_2^2 & x_2 & 1 \\ x_3^2 & x_3 & 1 \end{vmatrix}}$$

$$x^*=-\frac{b}{2a}=-\frac{\begin{vmatrix} x_1^2 & f_1 & 1 \\ x_2^2 & f_2 & 1 \\ x_3^2 & f_3 & 1 \end{vmatrix}}{2\begin{vmatrix} f_1 & x_1 & 1 \\ f_2 & x_2 & 1 \\ f_3 & x_3 & 1 \end{vmatrix}}$$

$$\begin{aligned} x^* &= -\frac{1}{2}\frac{x_1^2f_2+x_3^2f_1+x_2^2f_3-x_3^2f_2-x_2^2f_1-x_1^2f_3}{f_1x_2+f_3x_1+f_2x_3-f_3x_2-f_1x_3-f_2x_1} \\ &= \frac{1}{2}\frac{(x_2^2-x_3^2)f_1+(x_3^2-x_1^2)f_2+(x_1^2-x_2^2)f_3}{(x_2-x_3)f_1+(x_3-x_1)f_2+(x_1-x_2)f_3} \end{aligned}$$

注意到

$$\begin{aligned} a &= \frac{f_1x_2+f_3x_1+f_2x_3-f_3x_2-f_1x_3-f_2x_1}{-(x_2-x_1)(x_3-x_1)(x_3-x_2)} \\ &= \frac{(f_1-f_3)x_2+(f_3-f_2)x_1-(f_1-f_2)x_3}{-(x_2-x_1)(x_3-x_1)(x_3-x_2)} \\ &= \frac{(f_1-f_2+f_2-f_3)x_2+(f_3-f_2)x_1-(f_1-f_2)x_3}{-(x_2-x_1)(x_3-x_1)(x_3-x_2)} \end{aligned}$$

$$=\frac{(f_1-f_2)(x_2-x_3)+(f_3-f_2)(x_1-x_2)}{-(x_2-x_1)(x_3-x_1)(x_3-x_2)}>0$$

即 $P''(x)=2a>0$，所以 x^* 必为极小值点。为计算简便，由上面的方程组知：

$$f_1-f_3=(x_1^2-x_3^2)a+(x_1-x_3)b$$

所以

$$b=\frac{f_1-f_3}{x_1-x_3}-(x_1+x_3)a=-a(x_1+x_3)+k_1$$

其中 $k_1=\dfrac{f_1-f_3}{x_1-x_3}$。因此

$$-\frac{b}{a}=x_1+x_3-\frac{k_1}{a}$$

令 $k_2=a$，则

$$x^*=-\frac{b}{2a}=0.5(x_1+x_3-\frac{k_1}{k_2})$$

其中

$$\begin{aligned}k_2&=a=\frac{(f_1-f_3)x_2+(f_3-f_2)x_1-(f_1-f_2)x_3}{-(x_2-x_1)(x_3-x_1)(x_3-x_2)}\\&=\frac{(f_1-f_3)x_2+(f_3-f_1+f_1-f_2)x_1-(f_1-f_2)x_3}{-(x_2-x_1)(x_3-x_1)(x_3-x_2)}\\&=\frac{(f_1-f_3)(x_2-x_1)+(f_1-f_2)(x_1-x_3)}{-(x_2-x_1)(x_3-x_1)(x_3-x_2)}\\&=\frac{k_1-\dfrac{f_2-f_1}{x_2-x_1}}{x_3-x_2}=\frac{\dfrac{f_2-f_1}{x_2-x_1}-k_1}{x_2-x_3}\end{aligned}$$

因此得 x^* 最后的计算公式为

$$x^*=0.5\left(x_1+x_3-\frac{k_1}{k_2}\right)$$

其中

$$k_1=\frac{f_1-f_3}{x_1-x_3},\quad k_2=\frac{\dfrac{f_2-f_1}{x_2-x_1}-k_1}{x_2-x_3}$$

这里之所以不直接用 a、b 的表达式计算 x^* 的值，是因为经过化简后只需进行 5 次乘法运算，而直接计算需要进行 14 次乘法运算。用多项式的极小点代替目标函数的近似最优点，如果精度不够，如 $x_3-x_1>\varepsilon$（这里 ε 是一个充分小的正数），则可将原区间中不含最优点的部分删除。具体删除方法如下：

如果 $x_2<x^*$，则当 $f(x_2)>f(x^*)$ 时，令 $x_1:=x_2$，$x_2:=x^*$，x_3 不变，然后重新开始；当 $f(x_2)\leqslant f(x^*)$ 时，令 $x_3:=x^*$，x_1、x_2 不变，然后重新开始。

如果 $x_2 > x^*$，则当 $f(x_2) > f(x^*)$ 时，令 $x_3 := x_2$，$x_2 := x^*$，x_1 不变，然后重新开始；当 $f(x_2) \leqslant f(x^*)$ 时，令 $x_1 := x^*$，x_2、x_3 不变，然后重新开始。

如果 $x_2 = x^*$，则令 $x_2 := x_2 + \varepsilon(x_3 - x_2)$，$x_1$、$x_3$ 不变，然后重新开始。

二次插值法的算法如下：

step1：给定 x_1、x_2、x_3，$\varepsilon > 0$。

step2：计算 $f_i := f(x_i)$，$i = 1, 2, 3$。

step3：计算 $k_1 := \dfrac{f_1 - f_3}{x_1 - x_3}$，$k_2 := \dfrac{\dfrac{f_2 - f_1}{x_2 - x_1} - k_1}{x_2 - x_3}$，$x^* := 0.5\left(x_1 + x_3 - \dfrac{k_1}{k_2}\right)$。如果 $|f'(x^*)| < \varepsilon$，则转 step6；否则当 $x^* < x_2$ 时，转 step4，否则转 step5。

step4：若 $f(x^*) < f(x_2)$，则令 $x_3 := x_2$，$x_2 := x^*$，转 step2；否则令 $x_1 := x^*$，转 step2。

step5：若 $f(x^*) < f(x_2)$，则令 $x_1 := x_2$，$x_2 := x^*$，转 step2；否则令 $x_3 := x^*$，转 step2。

step6：停止，输出 x^*。

在上述算法中，有时候为了避免使用函数的导数，我们采用区间长度 $|x_3 - x_1| < \varepsilon$ 作为终止条件。

【例 3.6】 用二次插值法求 $f(x) = x^3 - 12x - 11$ 在区间 $[a, b] = [0, 10]$ 上的最小值点，初始点取 $x_1 = a$，$x_2 = \dfrac{a+b}{2}$，$x_3 = b$，$\varepsilon = 0.01$。

解 用二次插值法计算的结果为 $x^* = 1.999\,999$，$f(x^*) = -27$，迭代次数为 $k = 11$，迭代结果如表 3.5 所示。

表 3.5 例 3.6 的迭代结果

k	$[a, b]$
1	[0, 5]
2	[0, 2.0666]
3	[1.580, 2.0666]
⋮	⋮
9	[1.998, 2.001]
10	[1.999, 2.001]
11	[1.9999, 1.9999]

在前面的讨论中，如果在

$$x^* = \frac{1}{2}\frac{(x_2^2 - x_3^2)f_1 + (x_3^2 - x_1^2)f_2 + (x_1^2 - x_2^2)f_3}{(x_2 - x_3)f_1 + (x_3 - x_1)f_2 + (x_1 - x_2)f_3} \tag{3-3}$$

中总选 $x_2=\frac{x_1+x_3}{2}$，则

$$x_2-x_1=x_3-x_2=\Delta x=\frac{x_3-x_1}{2}$$

从而式(3-3)化为

$$\begin{aligned}x^*&=\frac{1}{2}\frac{(x_3+x_2)f_1-2(x_1+x_3)f_2+(x_2+x_1)f_3}{f_1-2f_2+f_3}\\&=\frac{1}{2}\frac{(x_3+x_2)f_1-4x_2f_2+(x_2+x_1)f_3}{f_1-2f_2+f_3}\\&=\frac{1}{2}\frac{(x_3-x_2)f_1+2x_2(f_1-2f_2+f_3)+(x_1-x_2)f_3}{f_1-2f_2+f_3}\\&=x_2+\frac{(f_1-f_3)\Delta x}{2(f_1-2f_2+f_3)}\end{aligned}$$

于是前面的算法就被简化了，化简了的二次插值法的算法如下：

step1：给定 a、b，$\varepsilon>0$。

step2：令 $x_1:=a$，$x_2:=\frac{b+a}{2}$，$x_3:=b$，$\Delta x:=\frac{b-a}{2}$。

step3：计算 $x^*:=x_2+\frac{(f_1-f_3)\Delta x}{2(f_1-2f_2+f_3)}$。

step4：如果 $|f'(x^*)|<\varepsilon$，则转 step7；否则，$x^*<x_2$ 时，转 step5，否则转 step6。

step5：若 $f(x^*)<f(x_2)$，则令 $b:=x_2$，转 step2；否则令 $a:=x^*$，转 step2。

step6：若 $f(x^*)<f(x_2)$，则令 $a:=x_2$，转 step2；否则令 b $:=x^*$，转 step2。

step7：停止，输出 x^*。

可以证明，二次插值法是超线性收敛的。

3.7.2　三次插值

为取得更快的收敛速度，在目标函数 $f(x)$ 的性质比较好的时候，如 $f(x)$ 在给定区间 $[a, b]$ 上为凸函数，且满足 $f'(a)<0$，$f'(b)>0$，则可以构造一个三次多项式 $p(x)$，使其在区间 $[a, b]$ 上满足

$$p(a)=f(a), p(b)=f(b), p'(a)=f'(a), p'(b)=f'(b)$$

设 $p(x)=A(x-a)^3+B(x-a)^2+C(x-a)+D$，则有

$$A(b-a)^3+B(b-a)^2+C(b-a)+D=f(b) \tag{3-4}$$

$$3A(b-a)^2+2B(b-a)+C=f'(b) \tag{3-5}$$

$$D=f(a), C=f'(a) \tag{3-6}$$

式(3-5)×$(b-a)$－式(3-4)×2，再结合式(3-6)得

$$A=\frac{[f'(b)+f'(a)](b-a)-2[f(b)-f(a)]}{(b-a)^3}$$

式(3-4)×3－式(3-5)×$(b-a)$得

$$B=\frac{3[f(b)-f(a)]-[2f'(a)+f'(b)](b-a)}{(b-a)^2}$$

而 $p(x)$的极小值点应满足

$$p'(x)=3A(x-a)^2+2B(x-a)+C=0$$

由假设 $f'(a)<0$，$f'(b)>0$ 知，$p'(x)=0$ 必有实根，所以其判别式必满足

$$4B^2-12AC=4(B^2-3AC)\geqslant 0 \tag{3-7}$$

故有，当 $A\neq 0$ 时，

$$\bar{x}=a+\frac{-2B\pm\sqrt{4B^2-12AC}}{6A} \tag{3-8}$$

注意到 $p(x)$在 $\bar{x}$ 取得极小值，所以 $p''(\bar{x})\geqslant 0$，故有

$$p''(\bar{x})=6A(\bar{x}-a)+2B\geqslant 0$$

将式(3-8)代入上式即得$\pm\sqrt{4B^2-12AC}\geqslant 0$，所以有

$$\bar{x}=a+\frac{-2B+\sqrt{4B^2-12AC}}{6A} \tag{3-9}$$

即

$$\bar{x}=a+\frac{-B+\sqrt{B^2-3AC}}{3A}=a-\frac{C}{B+\sqrt{B^2-3AC}} \tag{3-10}$$

这里的分母不可能为零。如果 $B+\sqrt{B^2-3AC}=0$，则 $B=-\sqrt{B^2-3AC}<0$，且 $B^2=B^2-3AC$，于是 $AC=0$。由于 $A\neq 0$，所以必有 $C=0$。即 $f'(a)=0$，这与假设 $f'(a)<0$ 矛盾。

当 $A=0$ 时，

$$\bar{x}=a-\frac{C}{2B} \tag{3-11}$$

这里必有 $B>0$。这是因为，此时 $p''(\bar{x})=6A(\bar{x}-a)+2B=2B\geqslant 0$，如果 $B=0$，注意到 $A=0$，则 $p'(x)\equiv C$，而与假设 $f'(a)<0$，$f'(b)>0$ 矛盾，因此必有 $B>0$。

结合式(3-10)和式 (3-11)，无论是否有 $A=0$，都有

$$\bar{x}=a-\frac{C}{B+\sqrt{B^2-3AC}}$$

为计算方便，记 $u=f'(b)$，$v=f'(a)$，$s=3\,\frac{f(b)-f(a)}{b-a}$，$z=s-u-v$，$w=\sqrt{z^2-uv}$，则注意到式(3-4)和式(3-6)，得

$$\begin{aligned}s&=3\,\frac{f(b)-f(a)}{b-a}=3\,\frac{A(b-a)^3+B(b-a)^2+C(b-a)}{b-a}\\&=3[A(b-a)^2+B(b-a)+C]\end{aligned} \tag{3-12}$$

由式(3－5)、式(3－6)和式(3－12)得

$$\begin{aligned} z &= s-u-v \\ &=3[A(b-a)^2+B(b-a)+C]-[3A(b-a)^2+2B(b-a)+C]-C \\ &=B(b-a)+C \end{aligned} \tag{3-13}$$

所以

$$B=\frac{z-C}{b-a}=\frac{z-f'(a)}{b-a}=\frac{z-v}{b-a}$$

又由 w 的定义及式(3－5)、式(3－6)和式(3－13)得

$$\begin{aligned} w^2 &= z^2-uv=[B(b-a)+C]^2-[3A(b-a)^2+2B(b-a)+C]C \\ &=B^2(b-a)^2-3AC(b-a)^2 \\ &=(B^2-3AC)(b-a)^2\geqslant 0 \end{aligned}$$

于是

$$w=(b-a)\sqrt{B^2-3AC}\geqslant 0 \tag{3-14}$$

即

$$\sqrt{B^2-3AC}=\frac{w}{b-a}$$

又由式(3－10)有

$$\bar{x}=a-\frac{C}{B+\sqrt{B^2-3AC}}=a-\frac{v}{\dfrac{z-v}{b-a}+\dfrac{w}{b-a}}=a-(b-a)\frac{v}{z+w-v} \tag{3-15}$$

这里分母是不为零的。事实上由式(3－13)和式(3－14)及 v 的定义有

$$\begin{aligned} z+w-v &= B(b-a)+C+(b-a)\sqrt{B^2-3AC}-C \\ &=(b-a)(B+\sqrt{B^2-3AC})\neq 0 \end{aligned}$$

上式不为零可由式(3－10)和式(3－11)的推导得知。

$\bar{x}$ 的常见形式为

$$\bar{x}=a+(b-a)\left(1-\frac{u+w+z}{u-v+2w}\right) \tag{3-16}$$

式(3－15)和式(3－16)是相等的。事实上只需证明：

$$1-\frac{u+w+z}{u-v+2w}=-\frac{v}{z+w-v}$$

即

$$\frac{u+w+z}{u-v+2w}-1=\frac{v}{z+w-v}$$

亦即

$$\frac{z+v-w}{u-v+2w}=\frac{v}{z+w-v}$$

化简后即证$(z+v-w)(z+w-v)=(u-v+2w)v$，亦即$z^2-w^2=uv$，而这由前面的定义知是显然的。

当取定$x^*=\bar{x}=a-(b-a)\left(\frac{v}{z+w-v}\right)$时，若$f'(x^*)<0$，则令$a=x^*$，重新开始；若$f'(x^*)>0$，则令$b=x^*$，直到$f'(x^*)$的绝对值小于事先给定的精度$\varepsilon>0$，即$|f'(x^*)|<\varepsilon$或者$|b-a|<\varepsilon$。

三次插值法的算法框图如图 3-5 所示。

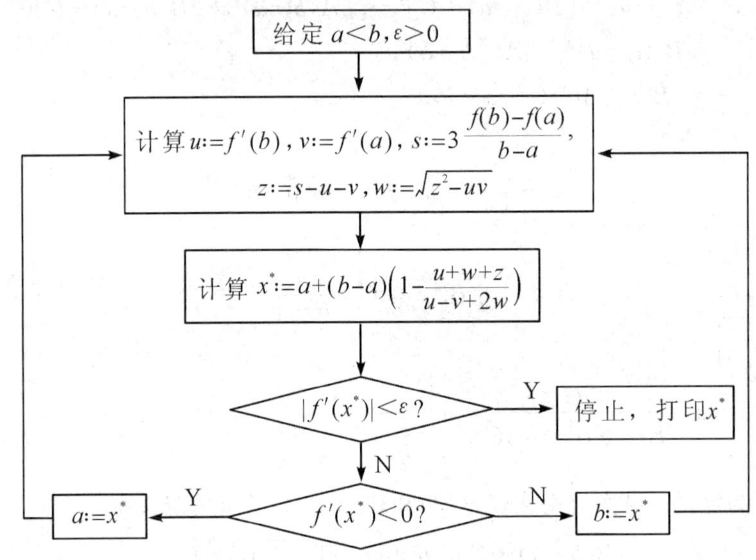

图 3-5 三次插值法的算法框图

三次插值法的算法如下：

step1：给定$a<b$，$\varepsilon>0$。

step2：计算$u:=f'(b)$，$v:=f'(a)$，$s:=3\dfrac{f(b)-f(a)}{b-a}$，$z:=s-u-v$，$w:=\sqrt{z^2-uv}$，$x^*:=a+(b-a)\left(1-\dfrac{u+w+z}{u-v+2w}\right)$。

step3：如果$|f'(x^*)|<\varepsilon$，则转 step4；否则若$f'(x^*)<0$，则令$a:=x^*$，转 step2，如果$f'(x^*)>0$，则令$b:=x^*$，转 step2。

step4：停止，输出x^*。

如果目标函数满足$f'(a)>0$，$f'(b)<0$，则令$g(x)=-f(x)$，对$g(x)$使用上述算法即可。

一般来说，三次插值比二次插值收敛的效果好，其收敛速度为二阶。

【例 3.7】 用三次插值法求 $f(x)=x^3-12x-11$ 在区间$[a, b]=[0, 10]$上的最小值点，初始点取 $x_0=6$，$\varepsilon=0.01$。

解　用三次插值法计算的结果为 $x^*=2$，$f(x^*)=-27$，迭代次数为 $k=1$。

从上面的例子不难看出：在一维搜索方法中，利用导数的算法一般优于不利用导数的直接法，比如两分法、牛顿切线法、三次插值法优于成功-失败法、黄金分割法和二次插值法；利用二阶导数的算法优于利用一阶导数的算法，比如牛顿切线法优于两分法。当然也不尽然，数值试验表明三次插值法对所讨论的例子只进行一次迭代就达到最优了。

习　题　三

3.1　编写成功-失败法的计算程序，并用成功-失败法确定函数 $f(x)=x^3-27x+10$ 的最小值的一个搜索区间，初始点取 $x_0=4.5$，初始步长取 $h=0.5$。

3.2　编写黄金分割法的计算程序，并用黄金分割法求函数 $f(x)=x^2-2x$ 在区间$[-1, 3]$上的最小值，精度取 0.001。

3.3　编写牛顿切线法的计算程序，并用牛顿切线法求函数 $f(x)=2x^3-12x+9$ 在区间$[-1, 3]$上的最小值，精度取 0.001。

3.4　编写二次插值法的计算程序，并用二次插值法求函数 $f(x)=x^2+2x-10$ 在区间$[-3, 4]$上的最小值，精度取 0.001。

3.5　编写三次插值法的计算程序，并用三次插值法求函数 $f(x)=x^3-12x-20$ 在区间$[1, 5]$上的最小值，精度取 0.001。

3.6　编写两分法的计算程序，并用两分法求函数 $f(x)=x^3-12x-20$ 在区间$[1, 5]$上的最小值，精度取 0.001。

第四章　无约束最优化方法

本章介绍利用目标函数解析性质求解无约束优化问题的解析法。称之为解析法是因为通常这些方法都要用到目标函数的导数，是相对于不用导数的求解无约束优化问题的直接解法而言的。这些方法是最优化方法中比较经典的方法。

4.1 最速下降法

考虑无约束优化问题：

$$\min f(\boldsymbol{x}), \boldsymbol{x} \in \mathbf{R}^n$$

其中 $f(\boldsymbol{x})$具有连续的一阶偏导数，且有唯一极小值点 $\boldsymbol{x}^*$。

由 2.4 节知，函数 $f(\boldsymbol{x})$在某点处下降最快的方向是该点负梯度方向。我们把函数在一点处的负梯度方向称为函数在该点的最速下降方向。基于这一点，法国著名数学家 Cauchy 早在 1847 年就提出了一种下降算法，称为**最速下降法**。

最速下降法的基本思想：从任意一点 $\boldsymbol{x}^k$出发，沿该点负梯度方向$\boldsymbol{p}^k=-\nabla f(\boldsymbol{x}^k)$进行一维搜索，设 $f(\boldsymbol{x}^k+\lambda_k \boldsymbol{p}^k)=\min\limits_{\lambda>0} f(\boldsymbol{x}^k+\lambda \boldsymbol{p}^k)$，令 $\boldsymbol{x}^{k+1}=\boldsymbol{x}^k+\lambda_k \boldsymbol{p}^k$ 为 $f(\boldsymbol{x})$新的近似最优解，再从新点 $\boldsymbol{x}^{k+1}$出发，沿该点负梯度方向$\boldsymbol{p}^{k+1}=-\nabla f(\boldsymbol{x}^{k+1})$进行一维搜索，进一步求出新的近似最优解$\boldsymbol{x}^{k+2}$，如此迭代，直到某点的梯度为零向量或梯度的范数小于事先给定的精度为止。

最速下降法的算法非常简单，并且通常对凸解析函数也有良好的收敛性。最速下降法的算法框图如图 4-1 所示。

最速下降法的算法如下：

step1：$\forall \boldsymbol{x}^0 \in \mathbf{R}^n$，精度 $\varepsilon>0$，$k:=0$。

step2：计算 $\boldsymbol{p}^k:=-\nabla f(\boldsymbol{x}^k)$。

step3：如果 $\|\nabla f(\boldsymbol{x}^k)\|<\varepsilon$，则转 step4；否则进行一维搜索 $f(\boldsymbol{x}^k+\lambda_k \boldsymbol{p}^k)=\min\limits_{\lambda>0} f(\boldsymbol{x}^k+\lambda \boldsymbol{p}^k)$，

令 $\boldsymbol{x}^{k+1}:=\boldsymbol{x}^k+\lambda_k \boldsymbol{p}^k$，$k:=k+1$，转 step2。

step4：停止，输出 $\boldsymbol{x}^*=\boldsymbol{x}^k$。

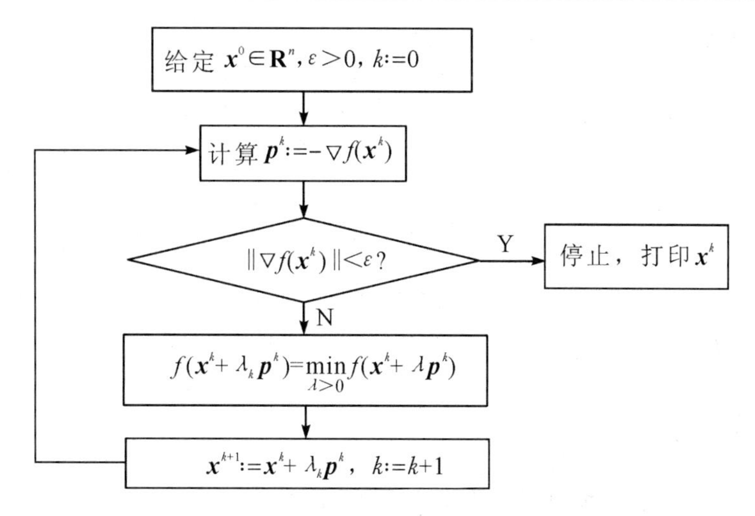

图 4-1　最速下降法的算法框图

值得注意的是：最速下降法中相邻两次一维搜索的搜索方向是正交的，即

$$(p^{k+1})^{\mathrm{T}}p^k=[-\nabla f(x^{k+1})^{\mathrm{T}}]p^k=\nabla f(x^{k+1})^{\mathrm{T}}\nabla f(x^k)=0$$

事实上，如果设 $x^k=(x_1^k, x_2^k, \cdots, x_n^k)$，$p^k=(p_1^k, p_2^k, \cdots, p_n^k)$，则

$$\varphi(\lambda)=f(x^k+\lambda p^k)=f(x_1^k+\lambda p_1^k, x_2^k+\lambda p_2^k, \cdots, x_n^k+\lambda p_n^k)$$

于是有

$$\begin{aligned}\frac{\mathrm{d}\varphi(\lambda)}{\mathrm{d}\lambda}=\frac{\mathrm{d}f(x^k+\lambda p^k)}{\mathrm{d}\lambda}&=f_1'(x_1^k+\lambda p_1^k)p_1^k+f_2'(x_2^k+\lambda p_2^k)p_2^k+\cdots+f_n'(x_n^k+\lambda p_n^k)p_n^k\\&=\nabla f(x^k+\lambda p^k)^{\mathrm{T}}p^k\end{aligned}$$

而 λ_k 是一元函数 $f(x^k+\lambda p^k)$ 的极值点，所以

$$\left.\frac{\mathrm{d}\varphi(\lambda)}{\mathrm{d}\lambda}\right|_{\lambda=\lambda_k}=\left.\frac{\mathrm{d}f(x^k+\lambda p^k)}{\mathrm{d}\lambda}\right|_{\lambda=\lambda_k}=0$$

即 $\nabla f(x^k+\lambda_k p^k)^{\mathrm{T}}p^k=0$。也就是说，由目标函数在一维搜索产生的新点 $x^{k+1}=x^k+\lambda_k p^k$ 处的梯度与产生该点时所用的搜索方向是正交的。注意到 $p^{k+1}=-\nabla f(x^{k+1})$，于是有 $(p^{k+1})^{\mathrm{T}}p^k=0$。

【例 4.1】　用最速下降法求 $f(x)$ 的最优解：$\min f(x)=2x_1^2+x_2^2$，取 $x^0=(1,1)^{\mathrm{T}}$，$\varepsilon=0.1$。

解　由题意知

$$-\nabla f(x)=(-4x_1, -2x_2)^{\mathrm{T}}$$
$$p^0=-\nabla f(x^0)=(-4, -2)^{\mathrm{T}}$$

由于 $\|p^0\|=\sqrt{20}>0.1$，故进行第一次迭代运算：

从 $x^0=(1,1)^{\mathrm{T}}$ 出发进行一维搜索，即构造

$$\varphi(\lambda)=f(x^0+\lambda p^0)=2(1-4\lambda)^2+(1-2\lambda)^2$$

令 $\varphi'(\lambda)=-16(1-4\lambda)-4(1-2\lambda)=0$，得

$$\lambda_0=\frac{5}{18}$$

从而得

$$\boldsymbol{x}^1=\boldsymbol{x}^0+\lambda_0\boldsymbol{p}^0=\left(-\frac{1}{9},\ \frac{4}{9}\right)^{\mathrm{T}}$$

$$\boldsymbol{p}^1=-\nabla f(\boldsymbol{x}^1)=\left(\frac{4}{9},\ -\frac{8}{9}\right)^{\mathrm{T}}$$

$$\|\boldsymbol{p}^1\|=\frac{4}{9}\sqrt{5}>0.1$$

故进行第二次迭代运算：

从 $\boldsymbol{x}^1=\left(-\frac{1}{9},\ \frac{4}{9}\right)^{\mathrm{T}}$ 出发进行一维搜索，即构造

$$\varphi(\lambda)=f(\boldsymbol{x}^1+\lambda\boldsymbol{p}^1)=2\left(-\frac{1}{9}+\frac{4}{9}\lambda\right)^2+\left(\frac{4}{9}-\frac{8}{9}\lambda\right)^2$$

令 $\varphi'(\lambda)=\frac{16}{9}\left(-\frac{1}{9}+\frac{4}{9}\lambda\right)-\frac{16}{9}\left(\frac{4}{9}-\frac{8}{9}\lambda\right)=0$，得

$$\lambda_1=\frac{5}{12}$$

从而得

$$\boldsymbol{x}^2=\boldsymbol{x}^1+\lambda_1\boldsymbol{p}^1=\left(\frac{2}{27},\ \frac{2}{27}\right)^{\mathrm{T}}$$

$$\boldsymbol{p}^2=-\nabla f(\boldsymbol{x}^2)=\frac{2}{27}(-4,\ -2)^{\mathrm{T}}=\frac{4}{27}(-2,\ -1)^{\mathrm{T}}$$

$$\|\boldsymbol{p}^2\|=\frac{4}{27}\sqrt{5}>0.1$$

故进行第三次迭代运算：

从 $\boldsymbol{x}^2=\left(\frac{2}{27},\ \frac{2}{27}\right)^{\mathrm{T}}$ 出发进行一维搜索，即构造

$$\varphi(\lambda)=f(\boldsymbol{x}^2+\lambda\boldsymbol{p}^2)=2\left(\frac{2}{27}-\frac{8}{27}\lambda\right)^2+\left(\frac{2}{27}-\frac{4}{27}\lambda\right)^2$$

令 $\varphi''(\lambda)=-\frac{32}{27}\left(\frac{2}{27}-\frac{8}{27}\lambda\right)-\frac{8}{27}\left(\frac{2}{27}-\frac{4}{27}\lambda\right)=0$，得

$$\lambda_2=\frac{5}{18}$$

从而得

$$x^3=x^2+\lambda_2 p^2=\frac{2}{27}\left(-\frac{1}{9},\ \frac{4}{9}\right)^{\mathrm{T}}=\frac{2}{243}(-1,\ 4)^{\mathrm{T}}$$

$$p^3=-\nabla f(x^3)=\frac{2}{243}(4,\ -8)^{\mathrm{T}}$$

$$\|p^3\|=\frac{2}{243}\sqrt{16+64}=\frac{8}{243}\sqrt{5}=0.0736<0.1$$

停止迭代。

故最优解为$x^*=x^3=\frac{2}{243}(-1,\ 4)^{\mathrm{T}}$。

【例 4.2】 设 $f(x)=\frac{1}{2}x^{\mathrm{T}}Ax+x^{\mathrm{T}}b+c$，这里 $A^{\mathrm{T}}=A>0$ 是 n 维实对称正定矩阵，$b\in\mathbf{R}^n$，$c\in\mathbf{R}^1$，如果记$g^k=\nabla f(x^k)$，则用最速下降法求 $f(x)$的最优解时，一维搜索的搜索步长必为

$$\lambda_k=-\frac{(g^k)^{\mathrm{T}}p^k}{(p^k)^{\mathrm{T}}Ap^k}$$

证　设第 k 次迭代得到的近似最优解为 x^k，构造一维搜索函数 $\varphi(\lambda)=f(x^k+\lambda p^k)$，注意到$\nabla f(x)=Ax+b$，而

$$\varphi'(\lambda)=\frac{\mathrm{d}f(x^k+\lambda p^k)}{\mathrm{d}\lambda}=\nabla f(x^k+\lambda p^k)^{\mathrm{T}}p^k$$

所以有 $\varphi'(\lambda)=[A(x^k+\lambda p^k)+b]^{\mathrm{T}}p^k$。因为 λ_k是 $\varphi(\lambda)=f(x^k+\lambda p^k)$的极小值点，所以必有 $\varphi'(\lambda_k)=0$，即

$$[A(x^k+\lambda_k p^k)+b]^{\mathrm{T}}p^k=0$$

亦即

$$\begin{aligned}(Ax^k+b+\lambda_k Ap^k)^{\mathrm{T}}p^k&=(Ax^k+b)^{\mathrm{T}}p^k+\lambda_k(p^k)^{\mathrm{T}}A^{\mathrm{T}}p^k\\&=(g^k)^{\mathrm{T}}p^k+\lambda_k(p^k)^{\mathrm{T}}Ap^k=0\end{aligned}$$

所以

$$\lambda_k=-\frac{(g^k)^{\mathrm{T}}p^k}{(p^k)^{\mathrm{T}}Ap^k}$$

例 4.2 告诉我们，在有些情况下，最速下降法中的一维搜索步长 λ_k可以直接通过函数本身来确定，而无需进行一维搜索。事实上在实际应用中，对于解析性质较好的目标函数可以直接通过函数的 Hesse 矩阵近似地确定搜索步长 λ_k，从而避免进行一维搜索。具体原理如下：

设函数 $f(x)$具有连续的二阶偏导数，将 $f(x)$在x^k进行二阶泰勒展开：

$$\begin{aligned}f(x^k+\lambda p^k)&=f(x^k)+\nabla f(x^k)^{\mathrm{T}}\lambda p^k+\frac{1}{2}(\lambda p^k)^{\mathrm{T}}\nabla^2 f(x^k)(\lambda p^k)+o(\|\lambda p^k\|^2)\\&\approx f(x^k)+\nabla f(x^k)^{\mathrm{T}}p^k\lambda+\frac{1}{2}(p^k)^{\mathrm{T}}\nabla^2 f(x^k)(p^k)\lambda^2\end{aligned}$$

记 $\varphi(\lambda)=f(\boldsymbol{x}^k)+\nabla f(\boldsymbol{x}^k)^{\mathrm{T}}\boldsymbol{p}^k\lambda+\frac{1}{2}(\boldsymbol{p}^k)^{\mathrm{T}}\nabla^2 f(\boldsymbol{x}^k)(\boldsymbol{p}^k)\lambda^2$，则 $\varphi(\lambda)$ 的极小点应满足

$$\varphi'(\lambda)=\nabla f(\boldsymbol{x}^k)^{\mathrm{T}}\boldsymbol{p}^k+(\boldsymbol{p}^k)^{\mathrm{T}}\nabla^2 f(\boldsymbol{x}^k)(\boldsymbol{p}^k)\lambda=0$$

即

$$\lambda_k=-\frac{\nabla f(\boldsymbol{x}^k)^{\mathrm{T}}\boldsymbol{p}^k}{(\boldsymbol{p}^k)^{\mathrm{T}}\nabla^2 f(\boldsymbol{x}^k)(\boldsymbol{p}^k)}=\frac{\nabla f(\boldsymbol{x}^k)^{\mathrm{T}}\nabla f(\boldsymbol{x}^k)}{\nabla f(\boldsymbol{x}^k)^{\mathrm{T}}\nabla^2 f(\boldsymbol{x}^k)\nabla f(\boldsymbol{x}^k)}$$

用 $\varphi(\lambda)$ 的极小点作为 $f(\boldsymbol{x}^k+\lambda\boldsymbol{p}^k)$ 的极小点的近似值，则该步长 λ_k 即可作为原函数 $f(\boldsymbol{x})$ 在确定第 $k+1$ 个近似解时的步长。当然这样做的代价是需要计算 Hesse 矩阵。

最速下降法采用负梯度方向进行一维搜索，总体上看搜索速度应该是比较快的，但当迭代进行到靠近精确最优点时，会出现如图 4-2 所示的锯齿形搜索路径，这样就会大大降低搜索效率，所以通常在搜索前期采用最速下降法，当接近精确最优解时，改用下面将要讲到的牛顿法等其他在最优解附近搜索效率更高的方法。

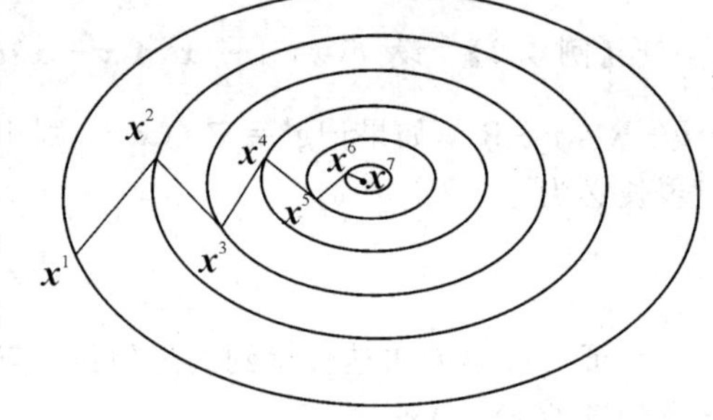

图 4-2　锯齿形搜索路径

最速下降法具有如下特点：

(1) 对初始点要求不高。

(2) 方法简单，占用计算机存储单元少。

(3) 收敛速度不够快。

最速下降法具有整体收敛性，收敛速度为线性收敛。

为了克服最速下降法的缺点，即锯齿形搜索路径，可以对其算法进行修改：在算法迭代一定步数之后，比如迭代 N 步后，沿方向 $\boldsymbol{s}^k=\boldsymbol{x}^k-\boldsymbol{x}^{k-2}$ 做一次一维搜索，即沿图 4-2 中 $\boldsymbol{s}^4=\boldsymbol{x}^4-\boldsymbol{x}^2$ 或者 $\boldsymbol{s}^5=\boldsymbol{x}^5-\boldsymbol{x}^3$ 等这样的方向做一次一维搜索，然后再继续用最速下降法迭代。从图 4-2 中不难看出，进行这样的特殊处理后，算法抵达最优解的速度被大大地提高了。

改进后的最速下降法的算法如下：

step1：$\forall \boldsymbol{x}^0\in\mathbf{R}^n$，精度 $\varepsilon>0$，自然数 $N\geqslant 2$，$k:=0$。

step2：计算 $\boldsymbol{p}^k:=-\nabla f(\boldsymbol{x}^k)$。

step3：如果 $\|\nabla f(\boldsymbol{x}^k)\|<\varepsilon$，则转 step5；否则进行一维搜索 $f(\boldsymbol{x}^k+\lambda_k\boldsymbol{p}^k)=\min\limits_{\lambda>0}f(\boldsymbol{x}^k+\lambda\boldsymbol{p}^k)$，令 $\boldsymbol{x}^{k+1}:=\boldsymbol{x}^k+\lambda_k\boldsymbol{p}^k$，$k:=k+1$，若 $k\geqslant N$ 且 $\frac{k}{3}-\left[\frac{k}{3}\right]=0$，则转 step4，否则转 step2。

step4：计算 $\boldsymbol{s}^k:=\boldsymbol{x}^k-\boldsymbol{x}^{k-2}$，进行一维搜索 $f(\boldsymbol{x}^k+\lambda_k\boldsymbol{s}^k)=\min\limits_{\lambda>0}f(\boldsymbol{x}^k+\lambda\boldsymbol{s}^k)$，令 $\boldsymbol{x}^{k+1}:=\boldsymbol{x}^k+\lambda_k\boldsymbol{s}^k$，$k:=k+1$，转 step2。

step5：停止，输出$\boldsymbol{x}^*=\boldsymbol{x}^k$。

这里$\left[\frac{k}{3}\right]$表示不超过$\frac{k}{3}$的最大整数。

4.2 牛　顿　法

由于最速下降法的搜索路径在靠近最优解附近呈锯齿状，所以搜索很慢，究其原因，应该与搜索方向由目标函数的线性近似函数来决定有关。事实上，由一阶泰勒公式，有

$$f(\boldsymbol{x}^k+\lambda_k\boldsymbol{p}^k)=f(\boldsymbol{x}^k)+\lambda_k\nabla f(\boldsymbol{x}^k)^{\mathrm{T}}\boldsymbol{p}^k+o(\|\lambda_k\boldsymbol{p}^k\|)\approx f(\boldsymbol{x}^k)+\lambda_k\nabla f(\boldsymbol{x}^k)^{\mathrm{T}}\boldsymbol{p}^k$$

由于 $\boldsymbol{p}^k=-\nabla f(\boldsymbol{x}^k)$，所以 $f(\boldsymbol{x}^k+\lambda_k\boldsymbol{p}^k)-f(\boldsymbol{x}^k)\approx-\lambda_k\|\nabla f(\boldsymbol{x}^k)\|^2<0$，这就是说在最速下降法中目标函数下降的幅度其实是由线性近似多项式函数的下降幅度来决定的，由此我们考虑，如果能利用函数的二次近似多项式来做目标函数的近似表达式，或许算法的收敛速度可以提高。因此，对于有较好的解析性质的目标函数，如具有二阶连续偏导数的目标函数，可以利用其二次近似函数的性质来决定新的搜索方向，或者以目标函数的二次近似函数的极小点作为新目标函数本身的近似解，如果不满足计算精度，则再求该点处目标函数的二次近似函数，进一步求新的近似函数的极小点，如此反复，直至近似点满足事先给定的精度为止，这就是牛顿法的基本思想。其搜索原理如图 4－3 所示。

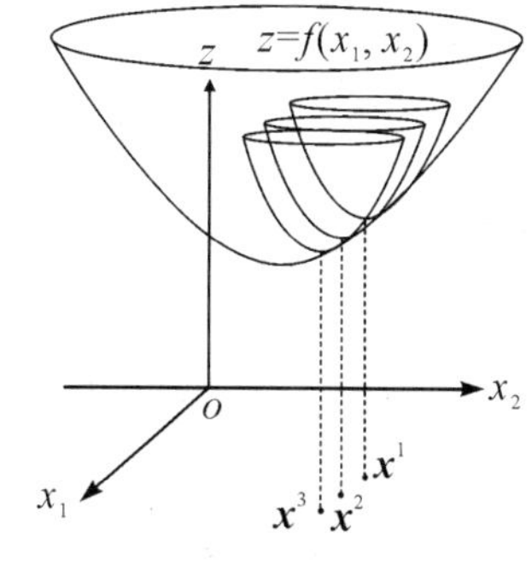

图 4－3　牛顿法的搜索原理

设 $\boldsymbol{x}^k$ 为函数 $f(\boldsymbol{x})$ 的一个当前近似最优点，$\nabla^2 f(\boldsymbol{x})>0$，则函数 $f(\boldsymbol{x})$ 在该点的泰勒展开式为

$$\begin{aligned}f(\boldsymbol{x})&=f(\boldsymbol{x}^k)+\nabla f(\boldsymbol{x}^k)^{\mathrm{T}}(\boldsymbol{x}-\boldsymbol{x}^k)+\frac{1}{2}(\boldsymbol{x}-\boldsymbol{x}^k)^{\mathrm{T}}\nabla^2 f(\boldsymbol{x}^k)(\boldsymbol{x}-\boldsymbol{x}^k)+o(\|\boldsymbol{x}-\boldsymbol{x}^k\|^2)\\&\approx f(\boldsymbol{x}^k)+\nabla f(\boldsymbol{x}^k)^{\mathrm{T}}(\boldsymbol{x}-\boldsymbol{x}^k)+\frac{1}{2}(\boldsymbol{x}-\boldsymbol{x}^k)^{\mathrm{T}}\nabla^2 f(\boldsymbol{x}^k)(\boldsymbol{x}-\boldsymbol{x}^k)=q(\boldsymbol{x})\end{aligned}$$

由于$\nabla^2 f(\boldsymbol{x})$正定，所以 $q(\boldsymbol{x})$有唯一极小点，设为$\bar{\boldsymbol{x}}$，则应有$\nabla q(\bar{\boldsymbol{x}})=\boldsymbol{0}$，注意到

$$\nabla q(\boldsymbol{x})=\nabla^2 f(\boldsymbol{x}^k)(\boldsymbol{x}-\boldsymbol{x}^k)+\nabla f(\boldsymbol{x}^k)$$

所以有

$$\nabla^2 f(\boldsymbol{x}^k)(\bar{\boldsymbol{x}}-\boldsymbol{x}^k)+\nabla f(\boldsymbol{x}^k)=\boldsymbol{0}$$

即

$$\bar{\boldsymbol{x}}=\boldsymbol{x}^k-\nabla^2 f(\boldsymbol{x}^k)^{-1}\nabla f(\boldsymbol{x}^k)=\boldsymbol{x}^k-\boldsymbol{H}(\boldsymbol{x}^k)^{-1}\boldsymbol{g}^k$$

将该点作为原目标函数的新的近似最优解 $\boldsymbol{x}^{k+1}$。如果精度不够，则可以进一步在此点将目标函数展开，重复以上步骤，以获得更优的近似解。

牛顿法的基本思想：从任意一点 $\boldsymbol{x}^k$ 出发，将目标函数在该点的二阶泰勒多项式的最优解作为目标函数新的近似最优解 $\boldsymbol{x}^{k+1}$，如果满足计算精度，如该点的梯度为零向量，则终

止计算，否则再将目标函数在 $\boldsymbol{x}^{k+1}$ 处的二阶泰勒多项式的最优解作为目标函数新的近似最优解 $\boldsymbol{x}^{k+2}$，如此迭代，直到目标函数在某点的梯度为零向量为止。

牛顿法的算法如下：

step1：$\forall \boldsymbol{x}^0 \in \mathbf{R}^n$，精度 $\varepsilon > 0$，$k := 0$。

step2：计算 $\boldsymbol{g}^k := \nabla f(\boldsymbol{x}^k)$。

step3：如果 $\| \boldsymbol{g}^k \| < \varepsilon$，则转 step4；否则令 $\boldsymbol{x}^{k+1} := \boldsymbol{x}^k - \nabla^2 f(\boldsymbol{x}^k)^{-1} \boldsymbol{g}^k$，$k := k+1$，转 setp2。

step4：停止，输出 $\boldsymbol{x}^* = \boldsymbol{x}^k$。

【例 4.3】 用牛顿法求 $f(\boldsymbol{x})$ 的最优解：$\min f(\boldsymbol{x}) = x_1^2 + 2x_2^2$，取 $\boldsymbol{x}^0 = (2, 2)^{\mathrm{T}}$，$\varepsilon = 0.001$。

解 由题意知

$$\nabla f(\boldsymbol{x}) = \begin{pmatrix} 2x_1 \\ 4x_2 \end{pmatrix}, \quad \nabla^2 f(\boldsymbol{x}) = \begin{pmatrix} 2 & 0 \\ 0 & 4 \end{pmatrix}, \quad \nabla^2 f(\boldsymbol{x})^{-1} = \begin{bmatrix} \frac{1}{2} & 0 \\ 0 & \frac{1}{4} \end{bmatrix}$$

从而得

$$\boldsymbol{g}^0 = \nabla f(\boldsymbol{x}^0) = \begin{pmatrix} 4 \\ 8 \end{pmatrix}$$

$$\| \boldsymbol{g}^0 \| = \sqrt{16+64} = \sqrt{80} > \varepsilon = 0.001$$

不满足计算精度，所以进行第一次迭代运算：

$$\nabla^2 f(\boldsymbol{x}^0) = \begin{pmatrix} 2 & 0 \\ 0 & 4 \end{pmatrix}$$

$$\nabla^2 f(\boldsymbol{x}^0)^{-1} = \begin{bmatrix} \frac{1}{2} & 0 \\ 0 & \frac{1}{4} \end{bmatrix}$$

从而得

$$\boldsymbol{x}^1 = \boldsymbol{x}^0 - \nabla^2 f(\boldsymbol{x}^0)^{-1} \nabla f(\boldsymbol{x}^0) = \begin{pmatrix} 2 \\ 2 \end{pmatrix} - \begin{bmatrix} \frac{1}{2} & 0 \\ 0 & \frac{1}{4} \end{bmatrix} \begin{pmatrix} 4 \\ 8 \end{pmatrix} = \begin{pmatrix} 2 \\ 2 \end{pmatrix} - \begin{pmatrix} 2 \\ 2 \end{pmatrix} = \begin{pmatrix} 0 \\ 0 \end{pmatrix}$$

$$\| \boldsymbol{g}^1 \| = 0 < \varepsilon = 0.001$$

已经满足计算精度，所以得最优解

$$\boldsymbol{x}^* = \boldsymbol{x}^1 = \begin{pmatrix} 0 \\ 0 \end{pmatrix}$$

例 4.3 表明牛顿法只经过一次迭代就达到了目标函数的最优解。其实这从牛顿法的产生过程不难知道，对凸二次函数，其近似二次函数就是目标函数本身，是一个精确表达式，而牛顿法正是用近似二次函数的精确最优解作为目标函数的近似解的，因而当近似二次函数成为目标函数本身时，这个近似最优解就是精确解了。也就是说，对凸二次函数，牛顿法经过一次迭代就可以达到精确最优解。

对同一问题，若用最速下降法，则由于锯齿搜索路径的原因，需要迭代 8 次才可以达到同样的精度。所以牛顿法相对最速下降法还是有其优势的。但是牛顿法也有缺点：一方面需要计算 Hesse 矩阵及其逆，因而计算量往往很大；另一方面要求 Hesse 矩阵正定，这一点也常常得不到满足。考虑到最速下降法在远离精确最优解时收敛较快，而牛顿法在接近精确最优解时收敛较快，所以通常在搜索的前期采用最速下降法，而在后期改用牛顿法，这样可以获得比较好的效果。

在牛顿法中没有进行一维搜索，而是直接用近似二次函数的极小点作为新的迭代点，即令 $\boldsymbol{x}^{k+1}=\boldsymbol{x}^k-\nabla^2 f(\boldsymbol{x}^k)^{-1}\nabla f(\boldsymbol{x}^k)$，如果令 $\boldsymbol{p}^k=-\nabla^2 f(\boldsymbol{x}^k)^{-1}\nabla f(\boldsymbol{x}^k)$（这一方向被称为**牛顿方向**），则 $\boldsymbol{x}^{k+1}=\boldsymbol{x}^k+\boldsymbol{p}^k$，比较最速下降法中的 $\boldsymbol{x}^{k+1}=\boldsymbol{x}^k+\lambda_k\boldsymbol{p}^k$，这里的做法相当于强迫取步长 $\lambda=1$ 而不是通过一维搜索得到 λ_k，为使牛顿法具有更高的收敛速度，在牛顿法中沿牛顿方向 $\boldsymbol{p}^k=-\nabla^2 f(\boldsymbol{x}^k)^{-1}\nabla f(\boldsymbol{x}^k)$ 做一次一维搜索 $f(\boldsymbol{x}^k+\lambda_k\boldsymbol{p}^k)=\min\limits_{\lambda>0} f(\boldsymbol{x}^k+\lambda\boldsymbol{p}^k)$，由搜索结果得到新的近似点 $\boldsymbol{x}^{k+1}=\boldsymbol{x}^k+\lambda_k\boldsymbol{p}^k$，这种方法称为**修正牛顿法**或者**阻尼牛顿法**，其算法框图见图 4-4。

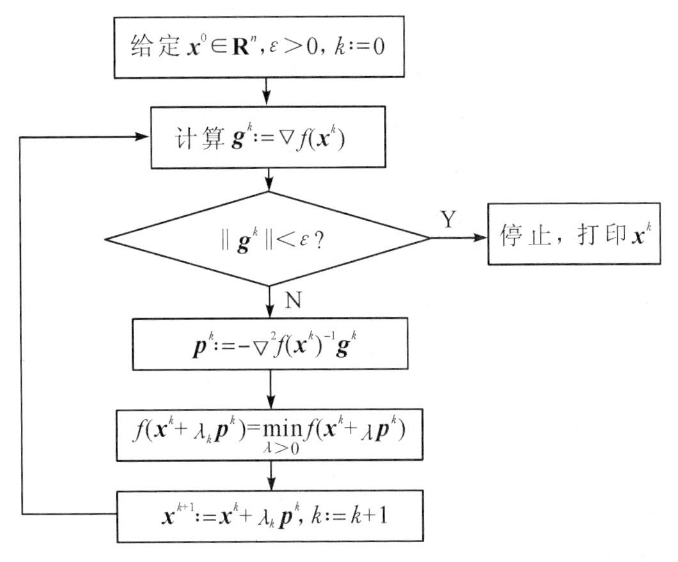

图 4-4　阻尼牛顿法的算法框图

阻尼牛顿法的算法如下：

step1：$\forall \boldsymbol{x}^0\in\mathbf{R}^n$，精度 $\varepsilon>0$，$k:=0$。

step2：计算$\boldsymbol{g}^k := \nabla f(\boldsymbol{x}^k)$。

step3：如果$\|\boldsymbol{g}^k\| < \varepsilon$，则转 step4；否则令 $\boldsymbol{p}^k := -\nabla^2 f(\boldsymbol{x}^k)^{-1}\boldsymbol{g}^k$，进行一维搜索，即

$$f(\boldsymbol{x}^k+\lambda_k \boldsymbol{p}^k)=\min_{\lambda>0} f(\boldsymbol{x}^k+\lambda \boldsymbol{p}^k)，令\boldsymbol{x}^{k+1} := \boldsymbol{x}^k+\lambda_k \boldsymbol{p}^k，k := k+1，转 \text{ step2}。$$

step4：停止，输出$\boldsymbol{x}^* = \boldsymbol{x}^k$。

这里应当指出的是：当 Hesse 矩阵正定，即 $\nabla^2 f(\boldsymbol{x}) > \boldsymbol{O}$ 时，牛顿方向 $\boldsymbol{p}^k = -\nabla^2 f(\boldsymbol{x}^k)^{-1}\nabla f(\boldsymbol{x}^k)$的确是下降方向。因为$\nabla^2 f(\boldsymbol{x})$正定，$\nabla f(\boldsymbol{x}^k)$为非零向量，所以

$$\nabla f(\boldsymbol{x}^k)^{\mathrm{T}}\boldsymbol{p}^k = \nabla f(\boldsymbol{x}^k)^{\mathrm{T}}[-\nabla^2 f(\boldsymbol{x}^k)^{-1}\nabla f(\boldsymbol{x}^k)] = -\nabla f(\boldsymbol{x}^k)^{\mathrm{T}}\nabla^2 f(\boldsymbol{x}^k)^{-1}\nabla f(\boldsymbol{x}^k) < 0$$

故 $\boldsymbol{p}^k$为下降方向。

【例 4.4】 用阻尼牛顿法求 $f(\boldsymbol{x})$的最优解：$\min f(\boldsymbol{x}) = 2x_1^2 + x_2^2$，取$\boldsymbol{x}^0 = (1, 1)^{\mathrm{T}}$，$\varepsilon = 0.1$。

解 由题意知

$$\boldsymbol{g} = \nabla f(\boldsymbol{x}) = (4x_1, 2x_2)^{\mathrm{T}}，\boldsymbol{g}^0 = \nabla f(\boldsymbol{x}^0) = (4, 2)^{\mathrm{T}}$$

由于$\|\boldsymbol{g}^0\| = \sqrt{20} > 0.1$，计算

$$\nabla^2 f(\boldsymbol{x}) = \begin{pmatrix} 4 & 0 \\ 0 & 2 \end{pmatrix}$$

$$\nabla^2 f(\boldsymbol{x})^{-1} = \begin{pmatrix} \frac{1}{4} & 0 \\ 0 & \frac{1}{2} \end{pmatrix}$$

$$\boldsymbol{p}^0 = -\nabla^2 f(\boldsymbol{x}^0)^{-1}\boldsymbol{g}^0 = -\begin{pmatrix} \frac{1}{4} & 0 \\ 0 & \frac{1}{2} \end{pmatrix}\begin{pmatrix} 4 \\ 2 \end{pmatrix} = \begin{pmatrix} -1 \\ -1 \end{pmatrix}$$

从$\boldsymbol{x}^0 = (1, 1)^{\mathrm{T}}$出发沿 $\boldsymbol{p}^0$进行一维搜索，即构造

$$\varphi(\lambda) = f(\boldsymbol{x}^0 + \lambda \boldsymbol{p}^0) = 2(1-\lambda)^2 + (1-\lambda)^2$$

令 $\varphi'(\lambda) = -6(1-\lambda) = 0$，解得 $\lambda_0 = 1$，所以

$$\boldsymbol{x}^1 = \boldsymbol{x}^0 + \lambda_0 \boldsymbol{p}^0 = (0, 0)^{\mathrm{T}}$$

由于

$$\boldsymbol{g}^1 = \nabla f(\boldsymbol{x}^1) = (0, 0)^{\mathrm{T}}$$

$$\|\boldsymbol{g}^1\| = 0 < 0.1$$

所以最优解为$\boldsymbol{x}^* = \boldsymbol{x}^1 = (0, 0)^{\mathrm{T}}$。

牛顿法的特点如下：

(1) 如果初始点选择恰当，则收敛速度较快，具有二阶收敛速度。

(2) 对正定二次型只要一次迭代就可达到最优点，因而具有二次终止性。

(3) 对初始点要求高，当初始点远离最优解时，可能不收敛。

(4) 需要计算 Hesse 矩阵及其逆矩阵，因此计算量大，占用计算机存储单元量大。

牛顿法的收敛速度：如果收敛，则牛顿法具有二阶收敛速度。这是它最大的优点。但是牛顿法只具有局部收敛性：只有当初始点靠近最优解时，牛顿法才是收敛的；当初始点远离最优解时，很可能收敛到鞍点，或者 Hesse 矩阵成为病态矩阵，使算法无法进行下去。

4.3 共轭梯度法

为了克服最速下降法在最优解附近收敛速度变慢和牛顿法不具有整体收敛性以及需要计算 Hesse 矩阵的缺点，一种介于两者之间的方法被提出了，这就是**共轭方向法**。这种方法除克服了上述缺点之外，还能保持上述两种方法各自的优点，即收敛性较好，并且可以在有限步内使二次函数达到最优，即具有二次终止性。

4.3.1 共轭方向及其性质

定义 4.1　设 $\boldsymbol{A}$ 为 n 阶实对称矩阵，若 $(\boldsymbol{p}^1)^{\mathrm{T}}\boldsymbol{A}\boldsymbol{p}^2=0$，则称向量 $\boldsymbol{p}^1$ 和 $\boldsymbol{p}^2$ 是 $\boldsymbol{A}$ **共轭**的或 $\boldsymbol{A}$ 正交的。

定义 4.2　设 $\boldsymbol{A}$ 为 n 阶实对称矩阵，若有一组向量 $\boldsymbol{p}^1,\boldsymbol{p}^2,\cdots,\boldsymbol{p}^m\in\mathbf{R}^n$，且满足 $(\boldsymbol{p}^i)^{\mathrm{T}}\boldsymbol{A}\boldsymbol{p}^j=0\ (i\neq j;i,j=1,2,\cdots,m)$，则称向量组 $\boldsymbol{p}^1,\boldsymbol{p}^2,\cdots,\boldsymbol{p}^m$ 为 $\boldsymbol{A}$ **共轭**的或 $\boldsymbol{A}$ **正交**的。

当 $\boldsymbol{A}$ 为单位矩阵 $\boldsymbol{E}$ 时，$\boldsymbol{A}$ 共轭就成为通常意义上的 $\boldsymbol{A}$ 正交，所以共轭是正交概念的推广。

定理 4.1　设 $\boldsymbol{A}$ 为 n 阶实对称正定矩阵，即 $\boldsymbol{A}^{\mathrm{T}}=\boldsymbol{A}>0$，若非零向量 $\boldsymbol{p}^1,\boldsymbol{p}^2,\cdots,\boldsymbol{p}^m\in\mathbf{R}^n$ $(m<n)$ 为 $\boldsymbol{A}$ 共轭的，则 $\boldsymbol{p}^1,\boldsymbol{p}^2,\cdots,\boldsymbol{p}^m$ 必为线性无关的。

证　如果有一组实数 $k_1,k_2,\cdots,k_m$ 使得 $k_1\boldsymbol{p}^1+k_2\boldsymbol{p}^2+\cdots+k_m\boldsymbol{p}^m=\boldsymbol{0}$，左乘 $(\boldsymbol{p}^j)^{\mathrm{T}}\boldsymbol{A}$ $(j=1,\ 2,\ \cdots,\ m)$ 可得 $\sum\limits_{i=1}^{m}k_i(\boldsymbol{p}^j)^{\mathrm{T}}\boldsymbol{A}\boldsymbol{p}^i=k_j(\boldsymbol{p}^j)^{\mathrm{T}}\boldsymbol{A}\boldsymbol{p}^j=0$，由于 $\boldsymbol{p}^j$ 为非零向量，$\boldsymbol{A}$ 正定，所以必有 $k_j=0$，$j=1,\ 2,\ \cdots,\ m$。命题得证。

定理 4.2　(n 维直交定理) 设 $\boldsymbol{p}^1,\boldsymbol{p}^2,\cdots,\boldsymbol{p}^n$ 为线性无关的 n 维列向量，n 维向量 $\boldsymbol{x}$ 与 $\boldsymbol{p}^1,\boldsymbol{p}^2,\cdots,\boldsymbol{p}^n$ 中的每一个都关于实对称正定矩阵 $\boldsymbol{A}$ 共轭，则 $\boldsymbol{x}=\boldsymbol{0}$。

证　由条件知 $(\boldsymbol{p}^k)^{\mathrm{T}}\boldsymbol{A}\boldsymbol{x}=0,k=1,\ 2,\ \cdots,\ n$，故

$$\begin{pmatrix}(\boldsymbol{p}^1)^{\mathrm{T}}\boldsymbol{A}\boldsymbol{x}\\(\boldsymbol{p}^2)^{\mathrm{T}}\boldsymbol{A}\boldsymbol{x}\\\vdots\\(\boldsymbol{p}^n)^{\mathrm{T}}\boldsymbol{A}\boldsymbol{x}\end{pmatrix}=\begin{pmatrix}(\boldsymbol{p}^1)^{\mathrm{T}}\boldsymbol{A}\\(\boldsymbol{p}^2)^{\mathrm{T}}\boldsymbol{A}\\\vdots\\(\boldsymbol{p}^n)^{\mathrm{T}}\boldsymbol{A}\end{pmatrix}\boldsymbol{x}=\begin{pmatrix}(\boldsymbol{p}^1)^{\mathrm{T}}\\(\boldsymbol{p}^2)^{\mathrm{T}}\\\vdots\\(\boldsymbol{p}^n)^{\mathrm{T}}\end{pmatrix}\boldsymbol{A}\boldsymbol{x}=\boldsymbol{0}$$

由于 $\boldsymbol{p}^1,\boldsymbol{p}^2,\cdots,\boldsymbol{p}^n$ 线性无关，而 $\boldsymbol{A}$ 正定，所以系数矩阵非奇异，方程组仅有零解，即 $\boldsymbol{x}=\boldsymbol{0}$。

定理 4.2 中当 $\boldsymbol{A}$ 为单位矩阵时，就是普通意义上的直交定理。

4.3.2 正定二次函数的共轭方向法

下面对正定二次函数 $f(\boldsymbol{x})=\frac{1}{2}\boldsymbol{x}^{\mathrm{T}}\boldsymbol{A}\boldsymbol{x}+\boldsymbol{b}^{\mathrm{T}}\boldsymbol{x}+c$ 进行讨论，其中 $\boldsymbol{A}$ 为 n 阶实对称正定矩阵，$\boldsymbol{b}$为 n 维向量，c 为常数。我们知道此时有$\nabla f(\boldsymbol{x})=\boldsymbol{A}\boldsymbol{x}+\boldsymbol{b}$，$\nabla^2 f(\boldsymbol{x})=\boldsymbol{A}$。

定理 4.3 设 $\boldsymbol{A}$ 为 n 阶实对称正定矩阵，即 $\boldsymbol{A}^{\mathrm{T}}=\boldsymbol{A}>0$，$f(\boldsymbol{x})=\frac{1}{2}\boldsymbol{x}^{\mathrm{T}}\boldsymbol{A}\boldsymbol{x}+\boldsymbol{b}^{\mathrm{T}}\boldsymbol{x}+c$，$\boldsymbol{p}^1,\boldsymbol{p}^2,\cdots,\boldsymbol{p}^n\in\mathbf{R}^n$为任意一组 $\boldsymbol{A}$ 共轭的非零向量组，则由任意初始点 $\boldsymbol{x}^1$出发，按照

$$\min f(\boldsymbol{x}^k+\lambda\boldsymbol{p}^k)=f(\boldsymbol{x}^k+\lambda_k\boldsymbol{p}^k),\ \boldsymbol{x}^{k+1}=\boldsymbol{x}^k+\lambda_k\boldsymbol{p}^k \qquad (k=1,2,\cdots,n)$$

迭代，则至多经过 n 次迭代，必可达到 $f(\boldsymbol{x})$的最优解。

证 记$\boldsymbol{g}^k=\nabla f(\boldsymbol{x}^k)=\boldsymbol{A}\boldsymbol{x}^k+\boldsymbol{b}$，则有

$$\begin{aligned}\boldsymbol{g}^{k+1}&=\nabla f(\boldsymbol{x}^{k+1})=\boldsymbol{A}\boldsymbol{x}^{k+1}+\boldsymbol{b}=\boldsymbol{A}(\boldsymbol{x}^k+\lambda_k\boldsymbol{p}^k)+\boldsymbol{b}\\&=\boldsymbol{A}\boldsymbol{x}^k+\boldsymbol{b}+\lambda_k\boldsymbol{A}\boldsymbol{p}^k=\boldsymbol{g}^k+\lambda_k\boldsymbol{A}\boldsymbol{p}^k \qquad (k=1,2,\cdots,n)\end{aligned}$$

如果当 $k\leqslant n$ 时已经得到 $\boldsymbol{g}^k=\boldsymbol{0}$，则迭代结束，最优解就是 $\boldsymbol{x}^k$，命题成立。

如果 $\boldsymbol{g}^i\neq\boldsymbol{0}$，$k=1,2,\cdots,n$，则反复利用上面的递推公式得到

$$\begin{aligned}\boldsymbol{g}^{n+1}&=\boldsymbol{g}^n+\lambda_n\boldsymbol{A}\boldsymbol{p}^n=\boldsymbol{g}^{n-1}+\lambda_{n-1}\boldsymbol{A}\boldsymbol{p}^{n-1}+\lambda_n\boldsymbol{A}\boldsymbol{p}^n\\&=\cdots\\&=\boldsymbol{g}^{k+1}+\lambda_{k+1}\boldsymbol{A}\boldsymbol{p}^{k+1}+\lambda_{k+2}\boldsymbol{A}\boldsymbol{p}^{k+2}+\cdots+\lambda_{n-1}\boldsymbol{A}\boldsymbol{p}^{n-1}+\lambda_n\boldsymbol{A}\boldsymbol{p}^n \qquad (k=1,2,\cdots,n-1)\end{aligned} \tag{4-1}$$

由式(4-1)得

$$\begin{aligned}(\boldsymbol{g}^{n+1})^{\mathrm{T}}\boldsymbol{p}^k&=(\boldsymbol{g}^{k+1})^{\mathrm{T}}\boldsymbol{p}^k+\lambda_{k+1}(\boldsymbol{A}\boldsymbol{p}^{k+1})^{\mathrm{T}}\boldsymbol{p}^k+\lambda_{k+2}(\boldsymbol{A}\boldsymbol{p}^{k+2})^{\mathrm{T}}\boldsymbol{p}^k+\cdots+\lambda_n(\boldsymbol{A}\boldsymbol{p}^n)^{\mathrm{T}}\boldsymbol{p}^k\\&=(\boldsymbol{g}^{k+1})^{\mathrm{T}}\boldsymbol{p}^k+\lambda_{k+1}(\boldsymbol{p}^{k+1})^{\mathrm{T}}\boldsymbol{A}\boldsymbol{p}^k+\lambda_{k+2}(\boldsymbol{p}^{k+2})^{\mathrm{T}}\boldsymbol{A}\boldsymbol{p}^k+\cdots+\lambda_n(\boldsymbol{p}^n)^{\mathrm{T}}\boldsymbol{A}\boldsymbol{p}^k\\&\qquad (k=1,2,\cdots,n-1)\end{aligned}$$

由于 $\boldsymbol{p}^1,\boldsymbol{p}^2,\cdots,\boldsymbol{p}^n$为 $\boldsymbol{A}$ 共轭的，所以上式等号右边除第一项外，其余各项均为零。

又由 λ_k满足$\min f(\boldsymbol{x}^k+\lambda\boldsymbol{p}^k)=f(\boldsymbol{x}^k+\lambda_k\boldsymbol{p}^k)$，$\boldsymbol{x}^{k+1}=\boldsymbol{x}^k+\lambda_k\boldsymbol{p}^k$知

$$\left.\frac{\mathrm{d}[f(\boldsymbol{x}^k+\lambda\boldsymbol{p}^k)]}{\mathrm{d}\lambda}\right|_{\lambda=\lambda_k}=0$$

即

$$\nabla f(\boldsymbol{x}^k+\lambda_k\boldsymbol{p}^k)^{\mathrm{T}}\boldsymbol{p}^k=\nabla f(\boldsymbol{x}^{k+1})^{\mathrm{T}}\boldsymbol{p}^k=(\boldsymbol{g}^{k+1})^{\mathrm{T}}\boldsymbol{p}^k=0 \qquad (k=1,2,\cdots,n) \tag{4-2}$$

故第一项$(\boldsymbol{g}^{k+1})^{\mathrm{T}}\boldsymbol{p}^k$ 也为零，所以有

$$(\boldsymbol{g}^{n+1})^{\mathrm{T}}\boldsymbol{p}^k=0 \qquad (k=1,2,\cdots,n-1) \tag{4-3}$$

又在式(4-2)中令 $k=n$，则有$(\boldsymbol{g}^{n+1})^{\mathrm{T}}\boldsymbol{p}^n=0$。所以有$(\boldsymbol{g}^{n+1})^{\mathrm{T}}\boldsymbol{p}^k=0(k=1,2,\cdots,n)$均成立，由定理 4.2 知$\boldsymbol{g}^{n+1}=\boldsymbol{0}$。

也就是说，$\boldsymbol{x}^{n+1}$是$f(\boldsymbol{x})$的稳定点，注意到$f(\boldsymbol{x})$是正定二次函数，有唯一稳定点，所以$\boldsymbol{x}^{n+1}$必为$f(\boldsymbol{x})$的最小值点。定理得证。

由定理4.3知，从任意一点$\boldsymbol{x}^1$出发，沿任意一组$\boldsymbol{A}$共轭方向$\boldsymbol{p}^1,\boldsymbol{p}^2,\cdots,\boldsymbol{p}^n$进行一维搜索，都可在$n$次迭代之内找到正定二次函数的最优解。这种沿共轭方向搜索最优解的方法称为**共轭方向法**。沿不同的共轭方向做一维搜索就可以得到相应的共轭方向法。

由定理4.3知，为得到可以在有限步内使二次函数$f(\boldsymbol{x})=\frac{1}{2}\boldsymbol{x}^{\mathrm{T}}\boldsymbol{A}\boldsymbol{x}+\boldsymbol{x}^{\mathrm{T}}\boldsymbol{b}+c$达到最优的迭代方法，关键在于找到一组$\boldsymbol{A}$共轭的向量。下面给出一种共轭向量组的生成方法。

设$f(\boldsymbol{x})=\frac{1}{2}\boldsymbol{x}^{\mathrm{T}}\boldsymbol{A}\boldsymbol{x}+\boldsymbol{x}^{\mathrm{T}}\boldsymbol{b}+c$，其中$\boldsymbol{A}$为实对称正定矩阵，$\boldsymbol{A}^{\mathrm{T}}=\boldsymbol{A}>0$，任取$\boldsymbol{x}^1$为初始点，若该点的梯度向量$\boldsymbol{p}^1=-\nabla f(\boldsymbol{x}^1)\neq\boldsymbol{0}$，则可据此逐步构造$\boldsymbol{p}^2,\cdots,\boldsymbol{p}^n$，使$\boldsymbol{p}^1,\boldsymbol{p}^2,\cdots,\boldsymbol{p}^n$为$\boldsymbol{A}$共轭的。

设$f(\boldsymbol{x}^1+\lambda_1\boldsymbol{p}^1)=\min\limits_{\lambda>0}f(\boldsymbol{x}^1+\lambda\boldsymbol{p}^1)$，令$\boldsymbol{x}^2=\boldsymbol{x}^1+\lambda_1\boldsymbol{p}^1$，则

$$\nabla f(\boldsymbol{x}^2)^{\mathrm{T}}\nabla f(\boldsymbol{x}^1)=-\nabla f(\boldsymbol{x}^2)^{\mathrm{T}}\boldsymbol{p}^1=0$$

故，若$\nabla f(\boldsymbol{x}^2)\neq\boldsymbol{0}$，可令$\boldsymbol{p}^2=-\nabla f(\boldsymbol{x}^2)+\alpha_1\boldsymbol{p}^1$，选择适当的$\alpha_1$，使得$\boldsymbol{p}^2,\boldsymbol{p}^1$为$\boldsymbol{A}$共轭的。注意到$\boldsymbol{A}$正定，$\boldsymbol{p}^1\neq\boldsymbol{0}$，所以$(\boldsymbol{p}^1)^{\mathrm{T}}\boldsymbol{A}\boldsymbol{p}^1\neq0$，于是令

$$(\boldsymbol{p}^2)^{\mathrm{T}}\boldsymbol{A}\boldsymbol{p}^1=-\nabla f(\boldsymbol{x}^2)^{\mathrm{T}}\boldsymbol{A}\boldsymbol{p}^1+\alpha_1(\boldsymbol{p}^1)^{\mathrm{T}}\boldsymbol{A}\boldsymbol{p}^1=0$$

由此知只要取$\alpha_1=\dfrac{[\nabla f(\boldsymbol{x}^2)]^{\mathrm{T}}\boldsymbol{A}\boldsymbol{p}^1}{(\boldsymbol{p}^1)^{\mathrm{T}}\boldsymbol{A}\boldsymbol{p}^1}$就可以保证$\boldsymbol{p}^2,\boldsymbol{p}^1$为$\boldsymbol{A}$共轭的。

一般地，若$\boldsymbol{p}^k\neq\boldsymbol{0}$，令$\boldsymbol{x}^{k+1}=\boldsymbol{x}^k+\lambda_k\boldsymbol{p}^k$，取$\boldsymbol{p}^{k+1}=-\nabla f(\boldsymbol{x}^{k+1})+\alpha_k\boldsymbol{p}^k$使

$$(\boldsymbol{p}^{k+1})^{\mathrm{T}}\boldsymbol{A}\boldsymbol{p}^k=-\nabla f(\boldsymbol{x}^{k+1})^{\mathrm{T}}\boldsymbol{A}\boldsymbol{p}^k+\alpha_k(\boldsymbol{p}^k)^{\mathrm{T}}\boldsymbol{A}\boldsymbol{p}^k=0$$

由此知，当$\alpha_k=\dfrac{[\nabla f(\boldsymbol{x}^{k+1})]^{\mathrm{T}}\boldsymbol{A}\boldsymbol{p}^k}{(\boldsymbol{p}^k)^{\mathrm{T}}\boldsymbol{A}\boldsymbol{p}^k}=\dfrac{(\boldsymbol{g}^{k+1})^{\mathrm{T}}\boldsymbol{A}\boldsymbol{p}^k}{(\boldsymbol{p}^k)^{\mathrm{T}}\boldsymbol{A}\boldsymbol{p}^k}$时，$\boldsymbol{p}^k,\boldsymbol{p}^{k+1}$必为$\boldsymbol{A}$共轭的。令$k=1,2,\cdots,n$，由此方法产生的向量组$\boldsymbol{p}^1,\boldsymbol{p}^2,\cdots,\boldsymbol{p}^n$，其相邻两个向量都是$\boldsymbol{A}$共轭的。下面的定理说明它们中的任意两个向量都是$\boldsymbol{A}$共轭的，即$\boldsymbol{p}^1,\boldsymbol{p}^2,\cdots,\boldsymbol{p}^n$必为$\boldsymbol{A}$共轭的向量组。

定理4.4　设$\boldsymbol{A}$为n阶实对称正定矩阵$\boldsymbol{A}^{\mathrm{T}}=\boldsymbol{A}>0$，$f(\boldsymbol{x})=\frac{1}{2}\boldsymbol{x}^{\mathrm{T}}\boldsymbol{A}\boldsymbol{x}+\boldsymbol{x}^{\mathrm{T}}\boldsymbol{b}+c$，令$\boldsymbol{x}^1,\boldsymbol{x}^2,\cdots,\boldsymbol{x}^n$是由上述算法产生的点列，$\boldsymbol{g}^k=\nabla f(\boldsymbol{x}^k)(k=1,2,\cdots,n)$，$\boldsymbol{p}^1,\boldsymbol{p}^2,\cdots,\boldsymbol{p}^n\in\mathbf{R}^n$为由上述算法产生的一组非零向量，则$\boldsymbol{p}^1,\boldsymbol{p}^2,\cdots,\boldsymbol{p}^n$是$\boldsymbol{A}$共轭的，并且$\boldsymbol{g}^1,\boldsymbol{g}^2,\cdots,\boldsymbol{g}^n$是两两正交的。这里

$$\boldsymbol{p}^k=-\nabla f(\boldsymbol{x}^k)+\alpha_{k-1}\boldsymbol{p}^{k-1},\ \alpha_k=\frac{(\boldsymbol{g}^{k+1})^{\mathrm{T}}\boldsymbol{A}\boldsymbol{p}^k}{(\boldsymbol{p}^k)^{\mathrm{T}}\boldsymbol{A}\boldsymbol{p}^k},\ \boldsymbol{g}^k=\nabla f(\boldsymbol{x}^k)$$

证　用数学归纳法证明。记$\boldsymbol{g}^i=\nabla f(\boldsymbol{x}^i)=\boldsymbol{A}\boldsymbol{x}^i+\boldsymbol{b}$，注意到$\boldsymbol{p}^1=-\boldsymbol{g}^1=-\nabla f(\boldsymbol{x}^1)$，由$\min\limits_{\lambda>0}f(\boldsymbol{x}^1+\lambda\boldsymbol{p}^1)=f(\boldsymbol{x}^1+\lambda_1\boldsymbol{p}^1)$得一维搜索的新点$\boldsymbol{x}^2=\boldsymbol{x}^1+\lambda_1\boldsymbol{p}^1$，如我们在最速下降法中讨论的那样，新点处的梯度和前次的搜索方向是正交的，令$\boldsymbol{g}^2=\nabla f(\boldsymbol{x}^2)$，则易知

$(\boldsymbol{g}^2)^{\mathrm{T}}\boldsymbol{p}^1=0$，即$(\boldsymbol{g}^2)^{\mathrm{T}}(-\boldsymbol{g}^1)=0$，所以$(\boldsymbol{g}^2)^{\mathrm{T}}\boldsymbol{g}^1=0$。又由上述算法中 $\boldsymbol{p}^k$ 的构造方法知

$$\boldsymbol{p}^2=-\boldsymbol{g}^2+\alpha_1\boldsymbol{p}^1=-\boldsymbol{g}^2+\frac{(\boldsymbol{g}^2)^{\mathrm{T}}\boldsymbol{A}\boldsymbol{p}^1}{(\boldsymbol{p}^1)^{\mathrm{T}}\boldsymbol{A}\boldsymbol{p}^1}\boldsymbol{p}^1$$

从而有

$$(\boldsymbol{p}^2)^{\mathrm{T}}\boldsymbol{A}\boldsymbol{p}^1=-(\boldsymbol{g}^2)^{\mathrm{T}}\boldsymbol{A}\boldsymbol{p}^1+\frac{(\boldsymbol{g}^2)^{\mathrm{T}}\boldsymbol{A}\boldsymbol{p}^1}{(\boldsymbol{p}^1)^{\mathrm{T}}\boldsymbol{A}\boldsymbol{p}^1}(\boldsymbol{p}^1)^{\mathrm{T}}\boldsymbol{A}\boldsymbol{p}^1=0$$

即当 $n=2$ 时，命题成立。

归纳假设当 $n=k-1$ 时，命题成立。即$\boldsymbol{g}^1,\boldsymbol{g}^2,\cdots,\boldsymbol{g}^{k-1}$是两两正交的，$\boldsymbol{p}^1,\boldsymbol{p}^2,\cdots,\boldsymbol{p}^{k-1}$是 $\boldsymbol{A}$ 共轭的。

下面证明当 $n=k$ 时，命题成立。

因为已经假设 $\boldsymbol{g}^1,\boldsymbol{g}^2,\cdots,\boldsymbol{g}^{k-1}$是两两正交的，$\boldsymbol{p}^1,\boldsymbol{p}^2,\cdots,\boldsymbol{p}^{k-1}$是 $\boldsymbol{A}$ 共轭的，所以我们只需证明 $\boldsymbol{g}^k$ 与 $\boldsymbol{g}^1,\boldsymbol{g}^2,\cdots,\boldsymbol{g}^{k-1}$均正交，$\boldsymbol{p}^k$ 与 $\boldsymbol{p}^1,\boldsymbol{p}^2,\cdots,\boldsymbol{p}^{k-1}$是 $\boldsymbol{A}$ 共轭的即可。

因为

$$\begin{aligned}\boldsymbol{g}^k&=\nabla f(\boldsymbol{x}^k)=\boldsymbol{A}\boldsymbol{x}^k+\boldsymbol{b}=\boldsymbol{A}(\boldsymbol{x}^{k-1}+\lambda_{k-1}\boldsymbol{p}^{k-1})+\boldsymbol{b}\\&=\boldsymbol{A}\boldsymbol{x}^{k-1}+\boldsymbol{b}+\lambda_{k-1}\boldsymbol{A}\boldsymbol{p}^{k-1}=\boldsymbol{g}^{k-1}+\lambda_{k-1}\boldsymbol{A}\boldsymbol{p}^{k-1}\end{aligned}$$

所以

$$\boldsymbol{g}^k-\boldsymbol{g}^{k-1}=\lambda_{k-1}\boldsymbol{A}\boldsymbol{p}^{k-1}\tag{4-4}$$

注意到

$$\boldsymbol{p}^k=-\nabla f(\boldsymbol{x}^k)+\alpha_{k-1}\boldsymbol{p}^{k-1}=-\boldsymbol{g}^k+\alpha_{k-1}\boldsymbol{p}^{k-1}$$

及由此得到的$\boldsymbol{g}^k=-\boldsymbol{p}^k+\alpha_{k-1}\boldsymbol{p}^{k-1}$，再考虑到已经多次提到的一维搜索中得到的后一点的梯度与前一次的搜索方向正交这一结论，即$\nabla f(\boldsymbol{x}^{k+1})^{\mathrm{T}}\boldsymbol{p}^k=(\boldsymbol{g}^{k+1})^{\mathrm{T}}\boldsymbol{p}^k=0$，从而有

$$\begin{aligned}0&=(\boldsymbol{g}^k)^{\mathrm{T}}\boldsymbol{p}^{k-1}\\&=(\boldsymbol{g}^k)^{\mathrm{T}}(-\boldsymbol{g}^{k-1}+\alpha_{k-2}\boldsymbol{p}^{k-2})\\&=-(\boldsymbol{g}^k)^{\mathrm{T}}\boldsymbol{g}^{k-1}+\alpha_{k-2}(\boldsymbol{g}^k)^{\mathrm{T}}\boldsymbol{p}^{k-2}\\&=-(\boldsymbol{g}^k)^{\mathrm{T}}\boldsymbol{g}^{k-1}+\alpha_{k-2}(\boldsymbol{g}^{k-1}+\lambda_{k-1}\boldsymbol{A}\boldsymbol{p}^{k-1})^{\mathrm{T}}\boldsymbol{p}^{k-2}\\&=-(\boldsymbol{g}^k)^{\mathrm{T}}\boldsymbol{g}^{k-1}+\alpha_{k-2}(\boldsymbol{g}^{k-1})^{\mathrm{T}}\boldsymbol{p}^{k-2}+\alpha_{k-2}\lambda_{k-1}(\boldsymbol{p}^{k-1})^{\mathrm{T}}\boldsymbol{A}\boldsymbol{p}^{k-2}\\&=-(\boldsymbol{g}^k)^{\mathrm{T}}\boldsymbol{g}^{k-1}\end{aligned}$$

所以$(\boldsymbol{g}^k)^{\mathrm{T}}\boldsymbol{g}^{k-1}=0(k=3,4,\cdots,n)$，而$(\boldsymbol{g}^2)^{\mathrm{T}}\boldsymbol{g}^1=0$已经成立，故有

$$(\boldsymbol{g}^i)^{\mathrm{T}}\boldsymbol{g}^{i-1}=0\qquad(i=2,3,\cdots,k)$$

下面据此来证明$(\boldsymbol{g}^k)^{\mathrm{T}}\boldsymbol{g}^i=0$，$i=1,2,\cdots,k-2$。再次注意到$\boldsymbol{g}^k=\boldsymbol{g}^{k-1}+\lambda_{k-1}\boldsymbol{A}\boldsymbol{p}^{k-1}$及$\boldsymbol{p}^k=-\boldsymbol{g}^k+\alpha_{k-1}\boldsymbol{p}^{k-1}$，即$\boldsymbol{g}^k=-\boldsymbol{p}^k+\alpha_{k-1}\boldsymbol{p}^{k-1}$，再考虑到归纳假设，即有

$$\begin{aligned}(\boldsymbol{g}^k)^{\mathrm{T}}\boldsymbol{g}^i&=(\boldsymbol{g}^{k-1}+\lambda_{k-1}\boldsymbol{A}\boldsymbol{p}^{k-1})^{\mathrm{T}}\boldsymbol{g}^i\\&=(\boldsymbol{g}^{k-1})^{\mathrm{T}}\boldsymbol{g}^i+\lambda_{k-1}(\boldsymbol{A}\boldsymbol{p}^{k-1})^{\mathrm{T}}\boldsymbol{g}^i\\&=\lambda_{k-1}(\boldsymbol{p}^{k-1})^{\mathrm{T}}\boldsymbol{A}(-\boldsymbol{p}^i+\alpha_{i-1}\boldsymbol{p}^{i-1})\end{aligned}$$

$$=-\lambda_{k-1}(\boldsymbol{p}^{k-1})^{\mathrm T}\boldsymbol{A}\boldsymbol{p}^{i}+\alpha_{i-1}\lambda_{k-1}(\boldsymbol{p}^{k-1})^{\mathrm T}\boldsymbol{A}\boldsymbol{p}^{i-1}=0 \qquad (i=2,3,\cdots,k-2)$$

而

$$\begin{aligned}(\boldsymbol{g}^{k})^{\mathrm T}\boldsymbol{g}^{1}&=(\boldsymbol{g}^{k-1}+\lambda_{k-1}\boldsymbol{A}\boldsymbol{p}^{k-1})^{\mathrm T}\boldsymbol{g}^{1}=(\boldsymbol{g}^{k-1})^{\mathrm T}\boldsymbol{g}^{1}+\lambda_{k-1}(\boldsymbol{p}^{k-1})^{\mathrm T}\boldsymbol{A}\,\boldsymbol{g}^{1}\\&=-\lambda_{k-1}(\boldsymbol{p}^{k-1})^{\mathrm T}\boldsymbol{A}\boldsymbol{p}^{1}=0\end{aligned}$$

从而$(\boldsymbol{g}^{k})^{\mathrm T}\boldsymbol{g}^{i}=0(i=1,2,\cdots,k)$，再结合归纳假设即知$\boldsymbol{g}^{1},\boldsymbol{g}^{2},\cdots,\boldsymbol{g}^{k}$是两两正交的。

由 $\boldsymbol{p}^{k}$的构造法知 $\boldsymbol{p}^{k}$与 $\boldsymbol{p}^{k-1}$为 $\boldsymbol{A}$ 共轭的。下面只需证明 $\boldsymbol{p}^{k}$与 $\boldsymbol{p}^{i}(i=1,2,\cdots,k-2)$为 $\boldsymbol{A}$ 共轭的。由归纳假设知 $\boldsymbol{p}^{k-1}$与 $\boldsymbol{p}^{i}(i=1,2,\cdots,k-2)$为 $\boldsymbol{A}$ 共轭的。注意到 $\lambda_{k-1}\neq0$（否则$\boldsymbol{x}^{k-1}$处二次函数的函数值在所有方向都增加，$\boldsymbol{g}^{k-1}=\boldsymbol{0}$，搜索结束）及$\boldsymbol{g}^{i+1}=\boldsymbol{g}^{i}+\lambda_{i}\boldsymbol{A}\boldsymbol{p}^{i}$，从而

$$\boldsymbol{A}\boldsymbol{p}^{i}=\frac{1}{\lambda_i}(\boldsymbol{g}^{i+1}-\boldsymbol{g}^{i}) \qquad (i=1,2,\cdots,k-2)$$

再结合已经证明了的$\boldsymbol{g}^{1},\boldsymbol{g}^{2},\cdots,\boldsymbol{g}^{k}$是两两正交的，于是有

$$\begin{aligned}(\boldsymbol{p}^{k})^{\mathrm T}\boldsymbol{A}\boldsymbol{p}^{i}&=(-\boldsymbol{g}^{k}+\alpha_{k-1}\boldsymbol{p}^{k-1})^{\mathrm T}\boldsymbol{A}\boldsymbol{p}^{i}=(-\boldsymbol{g}^{k})^{\mathrm T}\boldsymbol{A}\boldsymbol{p}^{i}+\alpha_{k-1}(\boldsymbol{p}^{k-1})^{\mathrm T}\boldsymbol{A}\boldsymbol{p}^{i}\\&=-\frac{1}{\lambda_i}(\boldsymbol{g}^{k})^{\mathrm T}(\boldsymbol{g}^{i+1}-\boldsymbol{g}^{i})=0 \qquad (i=1,2,\cdots,k-2)\end{aligned}$$

综合以上结果得 $\boldsymbol{p}^{k}$与 $\boldsymbol{p}^{i}(i=1,2,\cdots,k-1)$为 $\boldsymbol{A}$ 共轭的，从而 $\boldsymbol{p}^{1},\boldsymbol{p}^{2},\cdots,\boldsymbol{p}^{n}$是 $\boldsymbol{A}$ 共轭的。

在上述方法中，由于共轭方向是在迭代过程中根据当前近似点的梯度产生的，所以又称为**共轭梯度法** 。该方法对凸二次函数可在 n 步之内达到最优解，即具有二次终止性。共轭梯度法是针对二次函数而导出的，但是由于一般函数只要性能较好，就可以展开成一个近似的二次函数，所以该算法在一定条件下对一般函数也是整体收敛的。为避免误差、体现共轭梯度法的优越性，加之超过 n 次以后，由此方法产生的共轭方向就无法保证共轭性了，所以通常在每进行 n 次迭代之后，要以新的近似最优点作为初始点重新开始。

产生共轭方向的算法如下：

step1：取初始点$\boldsymbol{x}^{1}\in\mathbf{R}^{n}$，令 $k:=1$。

step2：计算 $\boldsymbol{p}^{k}:=-\nabla f(\boldsymbol{x}^{k})$。

step3：进行一维搜索，即$\min\limits_{\lambda>0}f(\boldsymbol{x}^{k}+\lambda\boldsymbol{p}^{k})=f(\boldsymbol{x}^{k}+\lambda_{k}\boldsymbol{p}^{k})$。

step4：令$\boldsymbol{x}^{k+1}:=\boldsymbol{x}^{k}+\lambda_{k}\boldsymbol{p}^{k}$，$\alpha_k:=\dfrac{[\nabla f(\boldsymbol{x}^{k+1})]^{\mathrm T}\boldsymbol{A}\boldsymbol{p}^{k}}{(\boldsymbol{p}^{k})^{\mathrm T}\boldsymbol{A}\boldsymbol{p}^{k}}$，$\boldsymbol{p}^{k+1}:=-\nabla f(\boldsymbol{x}^{k+1})+\alpha_{k}\boldsymbol{p}^{k}$。

step5：若 $k=n-1$，则停止；否则令 $k:=k+1$，转 step3。

设正定二次函数为 $f(\boldsymbol{x})=\dfrac{1}{2}\boldsymbol{x}^{\mathrm T}\boldsymbol{A}\,\boldsymbol{x}+\boldsymbol{x}^{\mathrm T}\boldsymbol{b}+c$，则正定二次函数的共轭梯度法的算法如下：

step1：取初始点$\boldsymbol{x}^{1}\in\mathbf{R}^{n}$，允许误差 $\varepsilon>0$。

step2：若 $\|\nabla f(\boldsymbol{x}^{1})\|<\varepsilon$，则停止，输出$\boldsymbol{x}^{*}\approx\boldsymbol{x}^{1}$；否则，转 step3。

step3：令 $p^1 := -\nabla f(x^1)$，$k := 1$。

step4：令 $\lambda_k := -\dfrac{[\nabla f(x^k)]^T p^k}{(p^k)^T A p^k}$。

step5：令 $x^{k+1} := x^k + \lambda_k p^k$，求 $g^{k+1} := \nabla f(x^{k+1})$。

step6：若 $\| g^{k+1} \| < \varepsilon$，则停止，输出 $x^* \approx x^{k+1}$；否则令 $\alpha_k := \dfrac{[\nabla f(x^{k+1})]^T A p^k}{(p^k)^T A p^k}$，

$p^{k+1} := -\nabla f(x^{k+1}) + \alpha_k p^k$，$k := k+1$，转step4。

4.3.3　非二次函数的共轭方向法

为将共轭梯度法推广到一般非二次函数，对定理4.4中用到的参数 α_k 给出不同的形式是有必要的。当 α_k 取不同形式时，我们就会得到不同的共轭梯度法。α_k 的取法通常有以下几种形式，下面的定理同时证明了这些 α_k 的等价性。

定理4.5　设 A 为 n 阶实对称正定矩阵 $A^T = A > 0$，$f(x) = \frac{1}{2} x^T A x + x^T b + c$，$x^1, x^2, \cdots, x^n$ 是由前述算法产生的点列，$p^1, p^2, \cdots, p^n \in \mathbf{R}^n$ 为由前述算法产生的一组 A 共轭的非零向量组，

$$g^k = \nabla f(x^k) = A x^k + b \quad (k=1,2,\cdots,n)$$

$$\alpha_k = \frac{[\nabla f(x^{k+1})]^T A p^k}{(p^k)^T A p^k}$$

$$p^{k+1} = -\nabla f(x^{k+1}) + \alpha_k p^k = -g^{k+1} + \alpha_k p^k$$

则以下各 α_k 的表达式是等价的：

(1)　$$\alpha_k = \frac{(g^{k+1})^T A p^k}{(p^k)^T A p^k} \quad (k=1,2,\cdots,n-1)$$　(Daniel，1967)

(2)　$$\alpha_k = \frac{(g^{k+1})^T (g^{k+1} - g^k)}{(p^k)^T (g^{k+1} - g^k)} \quad (k=1,2,\cdots,n-1)$$

(Sorenson-Wolfe，1972)

(3)　$$\alpha_k = -\frac{(g^{k+1})^T g^{k+1}}{(p^k)^T g^k} \quad (k=1,2,\cdots,n-1)$$　(Myers，1972)

(4)　$$\alpha_k = \frac{\| g^{k+1} \|^2}{\| g^k \|^2} \quad (k=1,2,\cdots,n-1)$$　(Fletcher-Reeves，1964)

(5)　$$\alpha_k = \frac{(g^{k+1})^T (g^{k+1} - g^k)}{(g^k)^T g^k} \quad (k=1,2,\cdots,n-1)$$

(Polyak-Ribiere-Polyak，1969)

证　(1)为已知，只需证明其他公式均可由(1)导出即可。

(2) 由(1)及式(4-4)得

$$\alpha_k = \frac{(g^{k+1})^T A p^k}{(p^k)^T A p^k} = \frac{(g^{k+1})^T \lambda_k A p^k}{(p^k)^T \lambda_k A p^k} = \frac{(g^{k+1})^T (g^{k+1} - g^k)}{(p^k)^T (g^{k+1} - g^k)}$$

所以(2)成立。

(3) 由定理 4.4 知$\boldsymbol{g}^1, \boldsymbol{g}^2, \cdots, \boldsymbol{g}^n$是两两正交的，又$\boldsymbol{g}^{k+1} = \nabla f(\boldsymbol{x}^{k+1})$，而$\boldsymbol{x}^{k+1} = \boldsymbol{x}^k + \lambda_k \boldsymbol{p}^k$，后一点的梯度与前次搜索方向正交，所以$(\boldsymbol{g}^{k+1})^{\mathrm{T}} \boldsymbol{p}^k = 0 (k=1,2,\cdots,n-1)$，于是由(2)得

$$\alpha_k = -\frac{(\boldsymbol{g}^{k+1})^{\mathrm{T}} \boldsymbol{g}^{k+1}}{(\boldsymbol{p}^k)^{\mathrm{T}} \boldsymbol{g}^k}$$

即(3)成立。

(4) 将 $\boldsymbol{p}^k = -\boldsymbol{g}^k + \alpha_{k-1} \boldsymbol{p}^{k-1} (k=2,3,\cdots,n-1)$代入(3)式，同时注意$(\boldsymbol{p}^{k-1})^{\mathrm{T}} \boldsymbol{g}^k = 0$，则当 $k=2,3,\cdots,n-1$ 时，

$$\alpha_k = \frac{\| \boldsymbol{g}^{k+1} \|^2}{\| \boldsymbol{g}^k \|^2}$$

而当 $k=1$ 时，由(2)得

$$\alpha_1 = \frac{\| \boldsymbol{g}^2 \|^2}{(\boldsymbol{p}^1)^{\mathrm{T}} (\boldsymbol{g}^2 - \boldsymbol{g}^1)} = \frac{\| \boldsymbol{g}^2 \|^2}{(-\boldsymbol{g}^1)^{\mathrm{T}} (-\boldsymbol{g}^1)} = \frac{\| \boldsymbol{g}^2 \|^2}{\| \boldsymbol{g}^1 \|^2}$$

所以对 $k=1,2,\cdots,n-1$，$\alpha_k = \dfrac{\| \boldsymbol{g}^{k+1} \|^2}{\| \boldsymbol{g}^k \|^2}$成立。

(5) 由(4)式 $\alpha_k = \dfrac{\| \boldsymbol{g}^{k+1} \|^2}{\| \boldsymbol{g}^k \|^2} (k=1,2,\cdots,n-1)$以及$(\boldsymbol{g}^{k+1})^{\mathrm{T}} \boldsymbol{g}^k = 0$ 得

$$\| \boldsymbol{g}^{k+1} \|^2 = (\boldsymbol{g}^{k+1})^{\mathrm{T}} (\boldsymbol{g}^{k+1} - \boldsymbol{g}^k)$$

又$\| \boldsymbol{g}^k \|^2 = (\boldsymbol{g}^k)^{\mathrm{T}} \boldsymbol{g}^k$，所以有

$$\alpha_k = \frac{(\boldsymbol{g}^{k+1})^{\mathrm{T}} (\boldsymbol{g}^{k+1} - \boldsymbol{g}^k)}{(\boldsymbol{g}^k)^{\mathrm{T}} \boldsymbol{g}^k} \qquad (k=1,2,\cdots,n-1)$$

由于上述各步骤都是可以反推的，所以(1)与(2)～(5)是等价的，定理证毕。

上述 α_k 的取法，对于正定二次函数来说是等价的，但是对于一般函数来说就有很大不同了，因为(2)～(5)中不含 Hesse 矩阵，所以大大降低了计算量。其中较为常用的是公式(4)——FR 法和公式(5)——PRP 法。

下面给出的是适用于一般函数的共轭梯度法的算法。

FR 算法如下：

step1：取初始点$\boldsymbol{x}^1 \in \mathbf{R}^n$，允许误差 $\varepsilon > 0$。

step2：若$\| \nabla f(\boldsymbol{x}^1) \| < \varepsilon$，则停止，输出$\boldsymbol{x}^* \approx \boldsymbol{x}^1$；否则，转 step3。

step3：令 $\boldsymbol{p}^1 := -\nabla f(\boldsymbol{x}^1)$，$k := 1$。

step4：求 λ_k：$f(\boldsymbol{x}^k + \lambda_k \boldsymbol{p}^k) = \min\limits_{\lambda > 0} f(\boldsymbol{x}^k + \lambda \boldsymbol{p}^k)$。

step5：令$\boldsymbol{x}^{k+1} := \boldsymbol{x}^k + \lambda_k \boldsymbol{p}^k$，求$\boldsymbol{g}^{k+1} := \nabla f(\boldsymbol{x}^{k+1})$。

step6：若$\| \boldsymbol{g}^{k+1} \| < \varepsilon$，则停止，输出$\boldsymbol{x}^* \approx \boldsymbol{x}^{k+1}$；否则，转 step7。

step7：若 $k=n$，则令$\boldsymbol{x}^1 := \boldsymbol{x}^{k+1}$，转 step3；否则，转 step8。

step8：计算 $\alpha_k := \dfrac{\| \boldsymbol{g}^{k+1} \|^2}{\| \boldsymbol{g}^k \|^2}$，$\boldsymbol{p}^{k+1} := -\boldsymbol{g}^{k+1} + \alpha_k \boldsymbol{p}^k$，令 $k := k+1$，转 step4。

上述算法中我们在迭代次数满 n 次仍未找到最优解时，以第 n 个近似最优解为初始点重新开始新一轮的迭代。这主要是为避免计算 λ_k、α_k 等带来的累计误差对算法的收敛性的影响。数值试验表明，对非二次函数来说，取 $\alpha_k=\dfrac{(\boldsymbol{g}^{k+1})^{\mathrm{T}}(\boldsymbol{g}^{k+1}-\boldsymbol{g}^k)}{(\boldsymbol{g}^k)^{\mathrm{T}}\boldsymbol{g}^k}$ 时计算效果会更好，此时的算法为 PRP 法。

【例 4.5】 用共轭梯度法求最优解：$\min f(x_1, x_2)=x_1^2+2x_2^2+4x_1+4$，取 $\boldsymbol{x}^0=(3, 5)^{\mathrm{T}}$，$\varepsilon=0.1$。

解　令 $f(\boldsymbol{x})=\dfrac{1}{2}\boldsymbol{x}^{\mathrm{T}}\begin{pmatrix}2 & 0\\0 & 4\end{pmatrix}\boldsymbol{x}+\begin{pmatrix}4\\0\end{pmatrix}^{\mathrm{T}}\boldsymbol{x}+4$，令 $\boldsymbol{b}=\begin{pmatrix}4\\0\end{pmatrix}$，则 $\boldsymbol{A}=\begin{pmatrix}2 & 0\\0 & 4\end{pmatrix}>0$，是凸二次函数，所以可以使用共轭梯度法。因为

$$\boldsymbol{g}=\nabla f(\boldsymbol{x})=\boldsymbol{A}\boldsymbol{x}+\boldsymbol{b}=\begin{pmatrix}2x_1+4\\4x_2\end{pmatrix}$$

所以

$$\boldsymbol{g}^0=\begin{pmatrix}10\\20\end{pmatrix},\ \boldsymbol{p}^0=-\boldsymbol{g}^0=10\begin{pmatrix}-1\\-2\end{pmatrix}$$

梯度不是零向量，开始迭代：从 $\boldsymbol{x}^0$ 出发，沿 $\boldsymbol{p}^0$ 进行一维搜索，搜索步长为

$$\lambda_0=-\frac{(\boldsymbol{g}^0)^{\mathrm{T}}\boldsymbol{p}^0}{(\boldsymbol{p}^0)^{\mathrm{T}}\boldsymbol{A}\boldsymbol{p}^0}=-\frac{10(1, 2)\begin{pmatrix}-10\\-20\end{pmatrix}}{10(-1, -2)\begin{pmatrix}2 & 0\\0 & 4\end{pmatrix}\begin{pmatrix}-10\\-20\end{pmatrix}}=-\frac{(1, 2)\begin{pmatrix}-1\\-2\end{pmatrix}}{(-1, -2)\begin{pmatrix}-2\\-8\end{pmatrix}}=\frac{5}{18}$$

从而得

$$\boldsymbol{x}^1=\boldsymbol{x}^0+\lambda_0\boldsymbol{p}^0=\begin{pmatrix}3\\5\end{pmatrix}+\frac{5}{18}\begin{pmatrix}-10\\-20\end{pmatrix}=\begin{pmatrix}3\\5\end{pmatrix}+\frac{25}{9}\begin{pmatrix}-1\\-2\end{pmatrix}=\begin{bmatrix}\dfrac{2}{9}\\-\dfrac{5}{9}\end{bmatrix}$$

$$\boldsymbol{g}^1=\nabla f(\boldsymbol{x}^1)=\begin{bmatrix}\dfrac{40}{9}\\-\dfrac{20}{9}\end{bmatrix}=10\begin{bmatrix}\dfrac{4}{9}\\-\dfrac{2}{9}\end{bmatrix}$$

梯度不为零向量，再次迭代。为产生第二次的搜索方向 $\boldsymbol{p}^1$，先求

$$\alpha_0=\frac{[\nabla f(\boldsymbol{x}^1)]^{\mathrm{T}}\boldsymbol{A}\boldsymbol{p}^0}{(\boldsymbol{p}^0)^{\mathrm{T}}\boldsymbol{A}\boldsymbol{p}^0}=\frac{10\left(\dfrac{4}{9}, -\dfrac{2}{9}\right)\begin{pmatrix}2 & 0\\0 & 4\end{pmatrix}10\begin{pmatrix}-1\\-2\end{pmatrix}}{10(-1, -2)\begin{pmatrix}2 & 0\\0 & 4\end{pmatrix}10\begin{pmatrix}-1\\-2\end{pmatrix}}=\frac{\left(\dfrac{4}{9}, -\dfrac{2}{9}\right)\begin{pmatrix}-2\\-8\end{pmatrix}}{(-1, -2)\begin{pmatrix}-2\\-8\end{pmatrix}}=\frac{4}{81}$$

构造

$$\boldsymbol{p}^1 = -\nabla f(\boldsymbol{x}^1) + \alpha_0 \boldsymbol{p}^0 = \begin{pmatrix} -\frac{40}{9} \\ \frac{20}{9} \end{pmatrix} + \frac{4}{81}\begin{pmatrix} -10 \\ -20 \end{pmatrix} = \frac{100}{81}\begin{pmatrix} -4 \\ 1 \end{pmatrix}$$

再从$\boldsymbol{x}^1$出发，步长为

$$\lambda_1 = -\frac{(\boldsymbol{g}^1)^{\mathrm{T}}\boldsymbol{p}^1}{(\boldsymbol{p}^1)^{\mathrm{T}}\boldsymbol{A}\boldsymbol{p}^1} = -\frac{\frac{10}{9}(4,\ -2)\frac{100}{81}\begin{pmatrix} -4 \\ 1 \end{pmatrix}}{\frac{100}{81}(-4,\ 1)\begin{pmatrix} 2 & 0 \\ 0 & 4 \end{pmatrix}\frac{100}{81}\begin{pmatrix} -4 \\ 1 \end{pmatrix}} = \frac{9}{20}$$

从而得

$$\boldsymbol{x}^2 = \boldsymbol{x}^1 + \lambda_1 \boldsymbol{p}^1 = \begin{pmatrix} \frac{2}{9} \\ -\frac{5}{9} \end{pmatrix} + \frac{9}{20}\frac{100}{81}\begin{pmatrix} -4 \\ 1 \end{pmatrix} = \begin{pmatrix} -2 \\ 0 \end{pmatrix}$$

$$\boldsymbol{g}^2 = \nabla f(\boldsymbol{x}^2) = \begin{pmatrix} 0 \\ 0 \end{pmatrix}$$

梯度为零向量，停止迭代，最优解为 $\boldsymbol{x}^* = \boldsymbol{x}^2 = (-2,\ 0)^{\mathrm{T}}$。

【例 4.6】 用 FR 法求最优解：$\min f(\boldsymbol{x}) = \frac{3}{2}x_1^2 + \frac{1}{2}x_2^2 - x_1x_2 - 5x_1 + x_2 + \frac{7}{2}$，取 $\boldsymbol{x}^0 = (1,\ 0)^{\mathrm{T}}$，$\varepsilon = 0.1$。

解　因为

$$\nabla f(\boldsymbol{x}) = \begin{pmatrix} 3x_1 - x_2 - 5 \\ x_2 - x_1 + 1 \end{pmatrix},\ \nabla^2 f(\boldsymbol{x}) = \begin{pmatrix} 3 & -1 \\ -1 & 1 \end{pmatrix} > 0$$

$$\boldsymbol{g}^0 = \nabla f(\boldsymbol{x}^0) = \begin{pmatrix} -2 \\ 0 \end{pmatrix}$$

所以

$$\boldsymbol{p}^0 = -\boldsymbol{g}^0 = \begin{pmatrix} 2 \\ 0 \end{pmatrix}$$

$$\boldsymbol{x}^0 + \lambda \boldsymbol{p}^0 = \begin{pmatrix} 1 + 2\lambda \\ 0 \end{pmatrix}$$

$$\varphi(\lambda) = f(\boldsymbol{x}^0 + \lambda \boldsymbol{p}^0) = 6\lambda^2 - 4\lambda$$

令 $\varphi'(\lambda) = 0$ 得 $\lambda_0 = \frac{1}{3}$，所以

$$\boldsymbol{x}^1 = \boldsymbol{x}^0 + \lambda_0 \boldsymbol{p}^0 = \begin{pmatrix} \frac{5}{3} \\ 0 \end{pmatrix}$$

$$g^1=\nabla f(x^1)=\begin{pmatrix}0\\-\frac{2}{3}\end{pmatrix}$$

$$\alpha_0=\frac{\|g^1\|^2}{\|g^0\|^2}=\frac{\frac{4}{9}}{4}=\frac{1}{9}$$

$$p^1=-g^1+\alpha_0 p^0=\begin{pmatrix}0\\\frac{2}{3}\end{pmatrix}+\frac{1}{9}\begin{pmatrix}2\\0\end{pmatrix}=\begin{pmatrix}\frac{2}{9}\\\frac{2}{3}\end{pmatrix}$$

$$x^1+\lambda p^1=\begin{pmatrix}\frac{5}{3}+\frac{2}{9}\lambda\\\frac{2}{3}\lambda\end{pmatrix}$$

令

$$\begin{aligned}\varphi(\lambda)&=f(x^1+\lambda p^1)\\&=\frac{3}{2}\left(\frac{5}{3}+\frac{2}{9}\lambda\right)^2+\frac{1}{2}\left(\frac{2}{3}\lambda\right)^2-\left(\frac{5}{3}+\frac{2}{9}\lambda\right)\left(\frac{2}{3}\lambda\right)-5\left(\frac{5}{3}+\frac{2}{9}\lambda\right)+\frac{2}{3}\lambda+\frac{7}{2}\\&=\frac{4}{27}\lambda^2-\frac{4}{9}\lambda-\frac{2}{3}\end{aligned}$$

则 $\varphi'(\lambda)=\frac{8}{27}\lambda-\frac{4}{9}$，令 $\varphi'(\lambda)=0$ 得 $\lambda_1=\frac{3}{2}$。所以

$$x^2=x^1+\lambda_1 p^1=\begin{pmatrix}\frac{5}{3}\\0\end{pmatrix}+\frac{3}{2}\begin{pmatrix}\frac{2}{9}\\\frac{2}{3}\end{pmatrix}=\begin{pmatrix}2\\1\end{pmatrix}$$

此时

$$g^2=\nabla f(x^2)=\begin{pmatrix}0\\0\end{pmatrix}$$

梯度为零向量，停止迭代，最优解为 $x^*=x^2=(2,\ 1)^T$。

共轭梯度法的特点如下：

(1) 对于正定二次函数可以在 n 步之内达到最优，具有二次终止性。

(2) 收敛速度较快，对于凸函数具有整体收敛性。

(3) 不需要计算 Hesse 矩阵，所以计算量较小，占用计算机存储单元相对较少。

共轭梯度法是超线性收敛的。

4.4 变尺度算法

从前面的讨论中我们知道，牛顿法具有收敛速度快的优点，但是也存在着明显的缺点，就是对初始点要求高，不具有整体收敛性，牛顿法中求第 $k+1$ 次搜索方向 $\boldsymbol{p}^{k+1}$ 时要计算 Hesse 矩阵 $\nabla^2 f(\boldsymbol{x}^{k+1})$ 及其逆矩阵 $\nabla^2 f(\boldsymbol{x}^{k+1})^{-1}$，另外计算量也比较大。改进的牛顿法虽然在一定程度上提高了牛顿法的收敛性，但仍无法克服牛顿法的其他缺点。因此考虑是否可以不进行 Hesse 矩阵的计算就可以达到同样的效果呢？比如，第 $k+1$ 次迭代时用一个矩阵 $\boldsymbol{H}_{k+1}$ 替代 $\nabla^2 f(\boldsymbol{x}^{k+1})^{-1}$，从而第 $k+1$ 次迭代可以通过 $\boldsymbol{p}^{k+1}=-\boldsymbol{H}_{k+1}\boldsymbol{g}^{k+1}$，$\boldsymbol{x}^{k+2}=\boldsymbol{x}^{k+1}+\lambda_{k+1}\boldsymbol{p}^{k+1}$ 来实现，其中 λ_{k+1} 由一维精确搜索获得。这里 $\boldsymbol{H}_{k+1}$ 至少应该满足 $\nabla^2 f(\boldsymbol{x}^{k+1})^{-1}$ 所满足的一些基本性质。

（1）拟牛顿方程：对于任意具有二阶连续偏导数的函数 $f(\boldsymbol{x})$，可以将其在第 k 次迭代得到的点 $\boldsymbol{x}^{k+1}$ 处展开为

$$f(\boldsymbol{x})=f(\boldsymbol{x}^{k+1})+\nabla f(\boldsymbol{x}^{k+1})^{\mathrm{T}}(\boldsymbol{x}-\boldsymbol{x}^{k+1})+\frac{1}{2}(\boldsymbol{x}-\boldsymbol{x}^{k+1})^{\mathrm{T}}\nabla^2 f(\boldsymbol{x}^{k+1})(\boldsymbol{x}-\boldsymbol{x}^{k+1})$$
$$+o(\|\boldsymbol{x}-\boldsymbol{x}^{k+1}\|^2)$$

从而近似地有

$$f(\boldsymbol{x})\approx f(\boldsymbol{x}^{k+1})+\nabla f(\boldsymbol{x}^{k+1})^{\mathrm{T}}(\boldsymbol{x}-\boldsymbol{x}^{k+1})+\frac{1}{2}(\boldsymbol{x}-\boldsymbol{x}^{k+1})^{\mathrm{T}}\nabla^2 f(\boldsymbol{x}^{k+1})(\boldsymbol{x}-\boldsymbol{x}^{k+1})$$

于是

$$\nabla f(\boldsymbol{x})\approx\nabla f(\boldsymbol{x}^{k+1})+\nabla^2 f(\boldsymbol{x}^{k+1})(\boldsymbol{x}-\boldsymbol{x}^{k+1})$$

令 $\boldsymbol{x}=\boldsymbol{x}^k$，则

$$\nabla f(\boldsymbol{x}^k)\approx\nabla f(\boldsymbol{x}^{k+1})+\nabla^2 f(\boldsymbol{x}^{k+1})(\boldsymbol{x}^k-\boldsymbol{x}^{k+1})$$

如果记

$$\boldsymbol{g}^k=\nabla f(\boldsymbol{x}^k)$$
$$\Delta\boldsymbol{g}^k=\boldsymbol{g}^{k+1}-\boldsymbol{g}^k=\nabla f(\boldsymbol{x}^{k+1})-\nabla f(\boldsymbol{x}^k)$$
$$\Delta\boldsymbol{x}^k=\boldsymbol{x}^{k+1}-\boldsymbol{x}^k$$

并忽略高阶无穷小量，则有

$$\Delta\boldsymbol{g}^k=\nabla^2 f(\boldsymbol{x}^{k+1})\Delta\boldsymbol{x}^k$$

即

$$\nabla^2 f(\boldsymbol{x}^{k+1})^{-1}\Delta\boldsymbol{g}^k=\Delta\boldsymbol{x}^k$$

这个等式称为**拟牛顿方程**。要让 $\boldsymbol{H}_{k+1}$ 逼近 $\nabla^2 f(\boldsymbol{x}^{k+1})^{-1}$，则 $\boldsymbol{H}_{k+1}$ 应满足 $\boldsymbol{H}_{k+1}\Delta\boldsymbol{g}^k=\Delta\boldsymbol{x}^k$。另外，$\nabla^2 f(\boldsymbol{x}^{k+1})$ 是对称矩阵，所以 $\nabla^2 f(\boldsymbol{x}^{k+1})^{-1}$ 也是对称矩阵，故 $\boldsymbol{H}_{k+1}$ 也应该是对称矩阵。

（2）二次终止性：所构造的迭代方法应像牛顿法一样具有二次终止性。对凸二次函数

$f(\boldsymbol{x})=\frac{1}{2}\boldsymbol{x}^{\mathrm{T}}\boldsymbol{A}\boldsymbol{x}+\boldsymbol{x}^{\mathrm{T}}\boldsymbol{b}+c$，如果 $\boldsymbol{p}^k=-\boldsymbol{H}_k\boldsymbol{g}^k$，$\boldsymbol{x}^{k+1}=\boldsymbol{x}^k+\lambda_k\boldsymbol{p}^k$，则应有 $\boldsymbol{p}^1,\boldsymbol{p}^2,\cdots,\boldsymbol{p}^n$ 为 $\boldsymbol{A}$ 共轭的，且 $\boldsymbol{H}_{n+1}=\boldsymbol{A}^{-1}$。

(3) 稳定性：要求用上述方法得到的算法可以保证对任何 k 有 $f(\boldsymbol{x}^{k+1})<f(\boldsymbol{x}^k)$。由于当 $\boldsymbol{H}_k$ 正定时，在点 $\boldsymbol{x}^k$ 有

$$\left.\frac{\partial f(\boldsymbol{x})}{\partial \boldsymbol{p}^k}\right|_{\boldsymbol{x}=\boldsymbol{x}^k}=\nabla f(\boldsymbol{x}^k)^{\mathrm{T}}\frac{\boldsymbol{p}^k}{\|\boldsymbol{p}^k\|}=-\frac{(\boldsymbol{g}^k)^{\mathrm{T}}\boldsymbol{H}_k\boldsymbol{g}^k}{\|\boldsymbol{p}^k\|}<0$$

所以当 $\boldsymbol{H}_k$ 正定时，每一步都至少可以找到一个充分小的正数 λ_k，使得 $f(\boldsymbol{x}^{k+1})<f(\boldsymbol{x}^k)$，即算法是稳定的。因此知 $\boldsymbol{H}_k$ 正定是算法稳定的充分条件。

综上所述，要构造的 $\boldsymbol{H}_k$ 应满足三点：① 拟牛顿方程；② 二次终止性；③ 是对称正定的。

4.4.1 $\boldsymbol{H}_{k+1}$ 的构造

$\boldsymbol{H}_{k+1}$ 的构造方法有许多种，不同的构造方法形成不同的变尺度算法。下面给出一个应用比较广泛的算法。首先，令 $\boldsymbol{H}_0=\boldsymbol{E}_n$，它是 n 阶单位矩阵，显然是实对称正定矩阵。由此出发，如果已经构造好了实对称正定的 $\boldsymbol{H}_k$，下面给出一种进一步构造 $\boldsymbol{H}_{k+1}$ 的方法。设 $\boldsymbol{H}_{k+1}=\boldsymbol{H}_k+\Delta\boldsymbol{H}_k$，这里 $\Delta\boldsymbol{H}_k$ 称为校正矩阵，要使 $\boldsymbol{H}_{k+1}$ 为实对称正定矩阵，$\Delta\boldsymbol{H}_k$ 也应该为实对称正定矩阵。由于要满足拟牛顿方程 $\boldsymbol{H}_{k+1}\Delta\boldsymbol{g}^k=\Delta\boldsymbol{x}^k$，所以应有

$$(\boldsymbol{H}_k+\Delta\boldsymbol{H}_k)\Delta\boldsymbol{g}^k=\Delta\boldsymbol{x}^k$$

即

$$\Delta\boldsymbol{H}_k\Delta\boldsymbol{g}^k=\Delta\boldsymbol{x}^k-\boldsymbol{H}_k\Delta\boldsymbol{g}^k \tag{4-5}$$

如果设 $\Delta\boldsymbol{H}_k$ 有如下形式：

$$\Delta\boldsymbol{H}_k=\alpha_k\boldsymbol{U}_k\boldsymbol{U}_k^{\mathrm{T}}+\beta_k\boldsymbol{V}_k\boldsymbol{V}_k^{\mathrm{T}}$$

其中 α_k、β_k 为待定实数，$\boldsymbol{U}_k$、$\boldsymbol{V}_k$ 为待定列向量。不难验证 $\Delta\boldsymbol{H}_k$ 为实对称矩阵。要使其满足拟牛顿方程，即要满足式(4-5)，于是应有

$$(\alpha_k\boldsymbol{U}_k\boldsymbol{U}_k^{\mathrm{T}}+\beta_k\boldsymbol{V}_k\boldsymbol{V}_k^{\mathrm{T}})\Delta\boldsymbol{g}^k=\Delta\boldsymbol{x}^k-\boldsymbol{H}_k\Delta\boldsymbol{g}^k$$

即

$$\alpha_k\boldsymbol{U}_k\boldsymbol{U}_k^{\mathrm{T}}\Delta\boldsymbol{g}^k+\beta_k\boldsymbol{V}_k\boldsymbol{V}_k^{\mathrm{T}}\Delta\boldsymbol{g}^k=\Delta\boldsymbol{x}^k-\boldsymbol{H}_k\Delta\boldsymbol{g}^k$$

令 $\alpha_k\boldsymbol{U}_k\boldsymbol{U}_k^{\mathrm{T}}\Delta\boldsymbol{g}^k=\Delta\boldsymbol{x}^k$，$\beta_k\boldsymbol{V}_k\boldsymbol{V}_k^{\mathrm{T}}\Delta\boldsymbol{g}^k=-\boldsymbol{H}_k\Delta\boldsymbol{g}^k$，则由于 $\boldsymbol{U}_k^{\mathrm{T}}\Delta\boldsymbol{g}^k$，$\boldsymbol{V}_k^{\mathrm{T}}\Delta\boldsymbol{g}^k$ 均为实数，所以取

$$\boldsymbol{U}_k=\Delta\boldsymbol{x}^k,\ \boldsymbol{V}_k=-\boldsymbol{H}_k\Delta\boldsymbol{g}^k,\ \alpha_k=\frac{1}{\boldsymbol{U}_k^{\mathrm{T}}\Delta\boldsymbol{g}^k},\ \beta_k=\frac{1}{\boldsymbol{V}_k^{\mathrm{T}}\Delta\boldsymbol{g}^k}$$

即可使等式成立。此时有

$$\Delta\boldsymbol{H}_k=\frac{1}{\boldsymbol{U}_k^{\mathrm{T}}\Delta\boldsymbol{g}^k}\Delta\boldsymbol{x}^k(\Delta\boldsymbol{x}^k)^{\mathrm{T}}+\frac{1}{\boldsymbol{V}_k^{\mathrm{T}}\Delta\boldsymbol{g}^k}(-\boldsymbol{H}_k\Delta\boldsymbol{g}^k)(-\boldsymbol{H}_k\Delta\boldsymbol{g}^k)^{\mathrm{T}}$$

注意到 $\boldsymbol{H}_k$ 对称，上式即可写为

$$\Delta \boldsymbol{H}_k=\frac{\Delta \boldsymbol{x}^k(\Delta \boldsymbol{x}^k)^{\mathrm{T}}}{(\Delta \boldsymbol{x}^k)^{\mathrm{T}}\Delta \boldsymbol{g}^k}+\frac{\boldsymbol{H}_k\Delta \boldsymbol{g}^k(\Delta \boldsymbol{g}^k)^{\mathrm{T}}\boldsymbol{H}_k}{(-\boldsymbol{H}_k\Delta \boldsymbol{g}^k)^{\mathrm{T}}\Delta \boldsymbol{g}^k}=\frac{\Delta \boldsymbol{x}^k(\Delta \boldsymbol{x}^k)^{\mathrm{T}}}{(\Delta \boldsymbol{x}^k)^{\mathrm{T}}\Delta \boldsymbol{g}^k}-\frac{\boldsymbol{H}_k\Delta \boldsymbol{g}^k(\Delta \boldsymbol{g}^k)^{\mathrm{T}}\boldsymbol{H}_k}{(\Delta \boldsymbol{g}^k)^{\mathrm{T}}\boldsymbol{H}_k\Delta \boldsymbol{g}^k}$$

所以

$$\boldsymbol{H}_{k+1}=\boldsymbol{H}_k+\Delta \boldsymbol{H}_k=\boldsymbol{H}_k+\frac{\Delta \boldsymbol{x}^k(\Delta \boldsymbol{x}^k)^{\mathrm{T}}}{(\Delta \boldsymbol{x}^k)^{\mathrm{T}}\Delta \boldsymbol{g}^k}-\frac{\boldsymbol{H}_k\Delta \boldsymbol{g}^k(\Delta \boldsymbol{g}^k)^{\mathrm{T}}\boldsymbol{H}_k}{(\Delta \boldsymbol{g}^k)^{\mathrm{T}}\boldsymbol{H}_k\Delta \boldsymbol{g}^k} \tag{4-6}$$

可以证明，用这种方法产生的 $\boldsymbol{H}_k$ 满足拟牛顿方程、二次终止性(即搜索方向是共轭向量组，且对正定二次函数可以在 n 步以内达到最优)及是对称正定的。也就是说，如果 $\boldsymbol{H}_k$ 是对称正定的，则可以保证由上面得到的 $\boldsymbol{H}_{k+1}$ 也是对称正定的。此法最早由 Davidon 于 1959 年提出，后来由 Fletcher 和 Powell 于 1963 年加以改进，因而被称为 **DFP 算法**。这种方法的实质是在广义尺度——范数意义下的最速下降法，$\boldsymbol{H}_{k+1}$ 称为**尺度矩阵**。由于尺度矩阵 $\boldsymbol{H}_{k+1}$ 在每次迭代时都是不同的，所以称为**变尺度算法**。其实前面的牛顿法也是广义尺度意义下的最速下降法。DFP 算法是目前使用最多的计算无约束最优化问题的算法之一。

4.4.2 DFP 算法

如前所述，由式(4-6)所给出的尺度矩阵迭代格式所产生的变尺度算法叫做 DFP 算法，它的计算框图如图 4-5 所示。

DFP 算法步骤如下：

step1：给定 $\boldsymbol{x}^0\in \mathbf{R}^n$，允许误差 $\varepsilon>0$。

step2：令 $\boldsymbol{H}_0:=\boldsymbol{E}_n$，计算 $\boldsymbol{g}^0:=\nabla f(\boldsymbol{x}^0)$，令 $k:=0$。

step3：令 $\boldsymbol{p}^k:=-\boldsymbol{H}_k\boldsymbol{g}^k$。

step4：求 λ_k：$f(\boldsymbol{x}^k+\lambda_k\boldsymbol{p}^k)=\min\limits_{\lambda>0}f(\boldsymbol{x}^k+\lambda\boldsymbol{p}^k)$，令 $\boldsymbol{x}^{k+1}:=\boldsymbol{x}^k+\lambda_k\boldsymbol{p}^k$，计算 $\boldsymbol{g}^{k+1}:=\nabla f(\boldsymbol{x}^{k+1})$。

step5：若 $\|\boldsymbol{g}^{k+1}\|<\varepsilon$，则停止，打印 $\boldsymbol{x}^{k+1}$；否则，转 step6。

step6：若 $k=n-1$，则令 $\boldsymbol{x}^0:=\boldsymbol{x}^{k+1}$，转 step2；否则，转 step7。

step7：计算

$$\Delta \boldsymbol{g}^k:=\boldsymbol{g}^{k+1}-\boldsymbol{g}^k,\ \Delta \boldsymbol{x}^k:=\boldsymbol{x}^{k+1}-\boldsymbol{x}^k$$

$$\boldsymbol{H}_{k+1}:=\boldsymbol{H}_k+\Delta \boldsymbol{H}_k=\boldsymbol{H}_k+\frac{\Delta \boldsymbol{x}^k(\Delta \boldsymbol{x}^k)^{\mathrm{T}}}{(\Delta \boldsymbol{x}^k)^{\mathrm{T}}\Delta \boldsymbol{g}^k}-\frac{\boldsymbol{H}_k\Delta \boldsymbol{g}^k(\Delta \boldsymbol{g}^k)^{\mathrm{T}}\boldsymbol{H}_k}{(\Delta \boldsymbol{g}^k)^{\mathrm{T}}\boldsymbol{H}_k\Delta \boldsymbol{g}^k}$$

令 $k:=k+1$，转 step3。

可以证明，在变尺度算法中，如果 $\boldsymbol{H}_k$ 能保持为对称正定矩阵，且梯度不为零向量，则算法总是有意义的。而上述 DFP 算法就正好具有这种性质。

DFP 算法的特点如下：

(1) 如果 $\boldsymbol{H}_k$ 能保持为对称正定矩阵，则 DFP 算法具有二次终止性，即对凸二次函数可在 n 步之内达到最优解。

(2) 对严格凸函数而言，DFP 算法是全局收敛的。

(3) DFP 算法中的变尺度矩阵具有对称、正定继承性。

(4) 占用计算机存储单元量大。

(5) 稳定性不够好。

对于一般函数，DFP 算法是超线性收敛的。

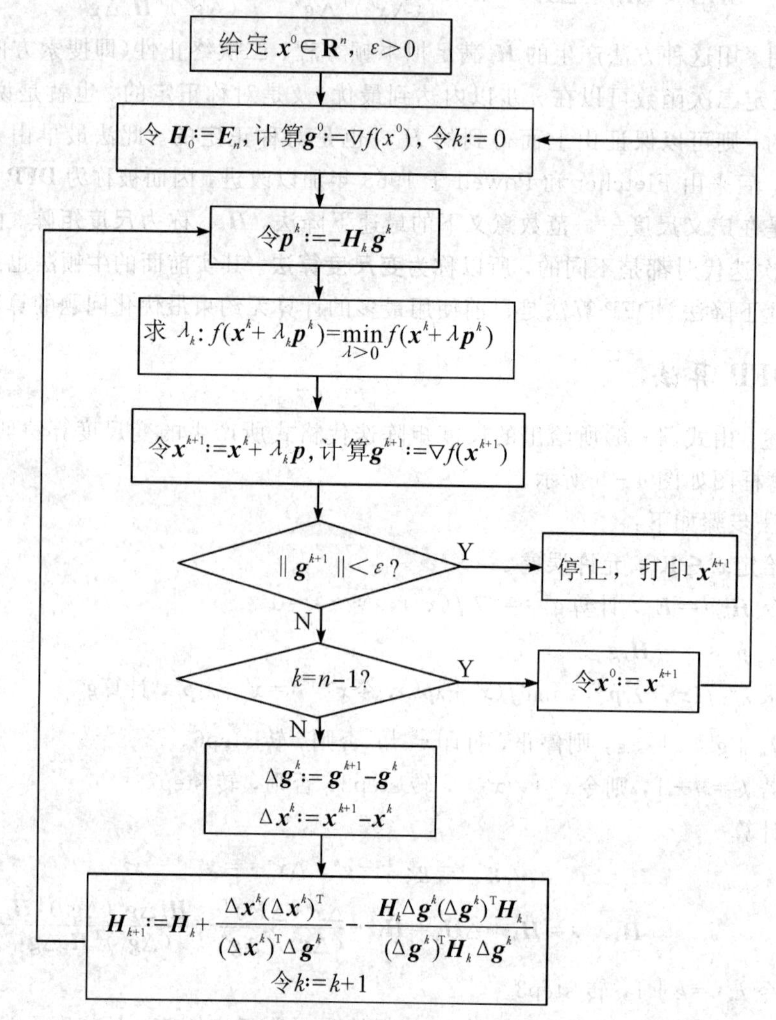

图 4-5　DFP 算法的计算框图

【例 4.7】　用 DFP 法求最优解：$\min f(x_1, x_2)=x_1^2+2x_2^2+4x_1+4$，取 $\boldsymbol{x}^0=(3, 5)^{\mathrm{T}}$，$\varepsilon=0.1$。

解　因为 $\nabla f(\boldsymbol{x})=\begin{pmatrix}2x_1+4\\4x_2\end{pmatrix}$，所以 $\boldsymbol{g}^0=\begin{pmatrix}10\\20\end{pmatrix}$。令 $\boldsymbol{H}_0=\boldsymbol{E}_n$ 为 n 阶单位矩阵，则

$$p^0=-H_0 g^0=\begin{pmatrix}-10\\-20\end{pmatrix}$$

$$x^0+\lambda p^0=\begin{pmatrix}3\\5\end{pmatrix}+\lambda\begin{pmatrix}-10\\-20\end{pmatrix}=\begin{pmatrix}3-10\lambda\\5-20\lambda\end{pmatrix}$$

首次迭代：令

$$\begin{aligned}\varphi(\lambda)&=f(x^0+\lambda p^0)=(3-10\lambda)^2+2(5-20\lambda)^2+4(3-10\lambda)+4\\&=900\lambda^2-500\lambda+75\end{aligned}$$

由 $\varphi'(\lambda)=1800\lambda-500=0$ 解得

$$\lambda_0=\frac{5}{18}$$

所以

$$x^1=x^0+\lambda_0 p^0=\begin{pmatrix}3\\5\end{pmatrix}+\frac{5}{18}\begin{pmatrix}-10\\-20\end{pmatrix}=\begin{pmatrix}\frac{2}{9}\\-\frac{5}{9}\end{pmatrix}=\frac{1}{9}\begin{pmatrix}2\\-5\end{pmatrix}$$

$$g^1=\nabla f(x^1)=\begin{pmatrix}\frac{40}{9}\\-\frac{20}{9}\end{pmatrix}=\frac{20}{9}\begin{pmatrix}2\\-1\end{pmatrix}$$

$$\Delta x^0=x^1-x^0=\begin{pmatrix}\frac{2}{9}\\-\frac{5}{9}\end{pmatrix}-\begin{pmatrix}3\\5\end{pmatrix}=\begin{pmatrix}-\frac{25}{9}\\-\frac{50}{9}\end{pmatrix}=\left(-\frac{25}{9}\right)\begin{pmatrix}1\\2\end{pmatrix}$$

$$\Delta g^0=g^1-g^0=\begin{pmatrix}\frac{40}{9}\\-\frac{20}{9}\end{pmatrix}-\begin{pmatrix}10\\20\end{pmatrix}=\begin{pmatrix}-\frac{50}{9}\\-\frac{200}{9}\end{pmatrix}=\left(-\frac{50}{9}\right)\begin{pmatrix}1\\4\end{pmatrix}$$

$$\Delta x^0(\Delta x^0)^{\mathrm{T}}=\left(-\frac{25}{9}\right)\begin{pmatrix}1\\2\end{pmatrix}\left(-\frac{25}{9}\right)(1,\ 2)=\left(\frac{25}{9}\right)^2\begin{pmatrix}1&2\\2&4\end{pmatrix}$$

$$(\Delta x^0)^{\mathrm{T}}\Delta g^0=\left(-\frac{25}{9}\right)(1,\ 2)\left(-\frac{50}{9}\right)\begin{pmatrix}1\\4\end{pmatrix}=2\left(\frac{25}{9}\right)^2\times 9=\frac{1250}{9}$$

$$H_0\Delta g^0(H_0\Delta g^0)^{\mathrm{T}}=\left(-\frac{50}{9}\right)\begin{pmatrix}1\\4\end{pmatrix}\left(-\frac{50}{9}\right)(1,\ 4)=\left(\frac{50}{9}\right)^2\begin{pmatrix}1&4\\4&16\end{pmatrix}$$

$$(\Delta g^0)^{\mathrm{T}}H_0\Delta g^0=\left(-\frac{50}{9}\right)(1,\ 4)\left(-\frac{50}{9}\right)\begin{pmatrix}1\\4\end{pmatrix}=17\left(\frac{50}{9}\right)^2$$

所以

$$H_1 = H_0 + \frac{\Delta x^0 (\Delta x^0)^T}{(\Delta x^0)^T \Delta g^0} - \frac{H_0 \Delta g^0 (\Delta g^0)^T H_0}{(\Delta g^0)^T H_0 \Delta g^0}$$

$$= \begin{pmatrix} 1 & 0 \\ 0 & 1 \end{pmatrix} + \frac{9}{1250}\left(\frac{25}{9}\right)^2 \begin{pmatrix} 1 & 2 \\ 2 & 4 \end{pmatrix} - \frac{1}{17}\left(\frac{9}{50}\right)^2\left(\frac{50}{9}\right)^2 \begin{pmatrix} 1 & 4 \\ 4 & 16 \end{pmatrix}$$

$$= \begin{pmatrix} 1 & 0 \\ 0 & 1 \end{pmatrix} + \frac{1}{18}\begin{pmatrix} 1 & 2 \\ 2 & 4 \end{pmatrix} - \frac{1}{17}\begin{pmatrix} 1 & 4 \\ 4 & 16 \end{pmatrix} = \begin{pmatrix} 1 & 0 \\ 0 & 1 \end{pmatrix} + \begin{bmatrix} \frac{1}{18} & \frac{2}{18} \\ \frac{2}{18} & \frac{4}{18} \end{bmatrix} - \begin{bmatrix} \frac{1}{17} & \frac{4}{17} \\ \frac{4}{17} & \frac{16}{17} \end{bmatrix}$$

$$= \begin{bmatrix} 1+\frac{1}{18}-\frac{1}{17} & \frac{2}{18}-\frac{4}{17} \\ \frac{2}{18}-\frac{4}{17} & 1+\frac{4}{18}-\frac{16}{17} \end{bmatrix} = \begin{bmatrix} \frac{305}{306} & -\frac{38}{306} \\ -\frac{38}{306} & \frac{86}{306} \end{bmatrix} = \frac{1}{306}\begin{pmatrix} 305 & -38 \\ -38 & 86 \end{pmatrix}$$

$$p^1 = -H_1 g^1 = -\frac{1}{306}\begin{pmatrix} 305 & -38 \\ -38 & 86 \end{pmatrix}\frac{20}{9}\begin{pmatrix} 2 \\ -1 \end{pmatrix} = \frac{10}{1377}\begin{pmatrix} -648 \\ 162 \end{pmatrix}$$

$$x^1 + \lambda p^1 = \frac{1}{9}\begin{pmatrix} 2 \\ -5 \end{pmatrix} + \lambda \frac{10}{1377}\begin{pmatrix} -648 \\ 162 \end{pmatrix} = \begin{bmatrix} \frac{2}{9} - \frac{6480}{1377}\lambda \\ -\frac{5}{9} + \frac{1620}{1377}\lambda \end{bmatrix}$$

$$\varphi(\lambda) = f(x^1 + \lambda p^1) = \left(\frac{2}{9} - \frac{6480}{1377}\lambda\right)^2 + 2\left(-\frac{5}{9} + \frac{1620}{1377}\lambda\right)^2 + 4\left(\frac{2}{9} - \frac{6480}{1377}\lambda\right) + 4$$

令

$$\varphi'(\lambda) = 2\left(-\frac{6480}{1377}\right)\left(\frac{2}{9} - \frac{6480}{1377}\lambda\right) + 4\,\frac{1620}{1377}\left(-\frac{5}{9} + \frac{1620}{1377}\lambda\right) - 4\,\frac{6480}{1377} = 0$$

解之得

$$\lambda_1 = \frac{17}{36}$$

从而

$$x^2 = x^1 + \lambda_1 p^1 = \begin{bmatrix} \frac{2}{9} - \frac{6480}{1377}\times\frac{17}{36} \\ -\frac{5}{9} + \frac{1620}{1377}\times\frac{17}{36} \end{bmatrix} = \begin{pmatrix} -2 \\ 0 \end{pmatrix}$$

于是

$$g^2 = \nabla f(x^2) = \begin{pmatrix} 0 \\ 0 \end{pmatrix}$$

$$\| g^2 \| = 0 < \varepsilon = 0.01$$

迭代终止，最优解为

$$\boldsymbol{x}^*=\boldsymbol{x}^2=\begin{pmatrix}-2\\0\end{pmatrix}$$

实际上，对于凸二次函数 $\min f(\boldsymbol{x})=\frac{1}{2}\boldsymbol{x}^{\mathrm{T}}\boldsymbol{A}\boldsymbol{x}+\boldsymbol{b}^{\mathrm{T}}\boldsymbol{x}+c$，由于

$$f(\boldsymbol{x}^k+\lambda_k\boldsymbol{p}^k)=\min_{\lambda>0}f(\boldsymbol{x}^k+\lambda\boldsymbol{p}^k)$$

所以应有

$$\nabla f(\boldsymbol{x}^k+\lambda_k\boldsymbol{p}^k)^{\mathrm{T}}\boldsymbol{p}^k=0$$

即

$$[\boldsymbol{A}(\boldsymbol{x}^k+\lambda_k\boldsymbol{p}^k)+\boldsymbol{b}]^{\mathrm{T}}\boldsymbol{p}^k=0$$

亦即

$$[\nabla f(\boldsymbol{x}^k)+\lambda_k\boldsymbol{A}\boldsymbol{p}^k]^{\mathrm{T}}\boldsymbol{p}^k=0$$

即

$$\nabla f(\boldsymbol{x}^k)^{\mathrm{T}}\boldsymbol{p}^k+\lambda_k(\boldsymbol{p}^k)^{\mathrm{T}}\boldsymbol{A}\boldsymbol{p}^k=0$$

从而

$$\lambda_k=-\frac{\nabla f(\boldsymbol{x}^k)^{\mathrm{T}}\boldsymbol{p}^k}{(\boldsymbol{p}^k)^{\mathrm{T}}\boldsymbol{A}\boldsymbol{p}^k}$$

也就是说，在 DFP 算法中对于凸二次函数，一维搜索的步长也可以直接计算出来，而无需进行一维搜索。当然，在一般的拟牛顿法中也是如此。

4.4.3　BFGS 算法

BFGS 算法是由 Broyden、Fletcher、Goldfarb 和 Shanno 于 1970 年提出来的变尺度算法。BFGS 算法是将 DFP 算法中的尺度矩阵 $\boldsymbol{H}_{k+1}$ 用下列格式替代，即

(1)
$$\boldsymbol{H}_{k+1}=\boldsymbol{H}_k+\beta_k\frac{\Delta\boldsymbol{x}^k(\Delta\boldsymbol{x}^k)^{\mathrm{T}}}{(\Delta\boldsymbol{x}^k)^{\mathrm{T}}\Delta\boldsymbol{g}^k}-\frac{\Delta\boldsymbol{x}^k(\Delta\boldsymbol{g}^k)^{\mathrm{T}}\boldsymbol{H}_k+\boldsymbol{H}_k\Delta\boldsymbol{g}^k(\Delta\boldsymbol{x}^k)^{\mathrm{T}}}{(\Delta\boldsymbol{x}^k)^{\mathrm{T}}\Delta\boldsymbol{g}^k}$$

其中

$$\beta_k=1+\frac{(\Delta\boldsymbol{g}^k)^{\mathrm{T}}\boldsymbol{H}_k\Delta\boldsymbol{g}^k}{(\Delta\boldsymbol{x}^k)^{\mathrm{T}}\Delta\boldsymbol{g}^k}$$

(2)
$$\boldsymbol{H}_{k+1}=\left(\boldsymbol{E}-\frac{\Delta\boldsymbol{x}^k(\Delta\boldsymbol{g}^k)^{\mathrm{T}}}{(\Delta\boldsymbol{x}^k)^{\mathrm{T}}\Delta\boldsymbol{g}^k}\right)\boldsymbol{H}_k\left(\boldsymbol{E}-\frac{\Delta\boldsymbol{g}^k(\Delta\boldsymbol{x}^k)^{\mathrm{T}}}{(\Delta\boldsymbol{x}^k)^{\mathrm{T}}\Delta\boldsymbol{g}^k}\right)+\frac{\Delta\boldsymbol{x}^k(\Delta\boldsymbol{x}^k)^{\mathrm{T}}}{(\Delta\boldsymbol{x}^k)^{\mathrm{T}}\Delta\boldsymbol{g}^k}$$

其中 $\boldsymbol{E}$ 是 n 阶单位矩阵。

(3)
$$\boldsymbol{H}_{k+1}=\boldsymbol{H}_k+\frac{\Delta\boldsymbol{x}^k(\Delta\boldsymbol{x}^k)^{\mathrm{T}}}{(\Delta\boldsymbol{x}^k)^{\mathrm{T}}\Delta\boldsymbol{g}^k}-\frac{\boldsymbol{H}_k\Delta\boldsymbol{g}^k(\Delta\boldsymbol{g}^k)^{\mathrm{T}}\boldsymbol{H}_k}{(\Delta\boldsymbol{g}^k)^{\mathrm{T}}\boldsymbol{H}_k\Delta\boldsymbol{g}^k}+\boldsymbol{w}^k(\boldsymbol{w}^k)^{\mathrm{T}}$$

其中

$$\boldsymbol{w}^k=((\Delta\boldsymbol{g}^k)^{\mathrm{T}}\boldsymbol{H}_k\Delta\boldsymbol{g}^k)^{\frac{1}{2}}\left(\frac{\Delta\boldsymbol{x}^k}{(\Delta\boldsymbol{g}^k)^{\mathrm{T}}\Delta\boldsymbol{x}^k}-\frac{\boldsymbol{H}_k\Delta\boldsymbol{g}^k}{(\Delta\boldsymbol{g}^k)^{\mathrm{T}}\boldsymbol{H}_k\Delta\boldsymbol{g}^k}\right)$$

BFGS 算法是目前公认的最有效的拟牛顿算法。一方面，BFGS 算法具有和 DFP 算法相同的特点——二次终止性，尺度矩阵 $\boldsymbol{H}_{k+1}$ 具有对称、正定继承性，是超线性收敛的(对于凸函数是整体收敛的)；另一方面，它在计算效率上比 DFP 算法要更有效(关于这方面的相关证明，有兴趣的读者可查阅参考文献[16])。

DFP 算法和 BFGS 算法是目前使用最多的计算无约束最优化问题的算法。

【例 4.8】 用 BFGS 法求最优解：$\min f(x_1, x_2)=\frac{5}{2}x_1^2+x_2^2-3x_1x_2-x_2+40$，取 $\boldsymbol{H}_0=\boldsymbol{E}_2$，$\boldsymbol{x}^0=(0, 0)^{\mathrm{T}}$，$\varepsilon=0.1$。

解 令

$$\boldsymbol{A}=\begin{pmatrix}5 & -3\\ -3 & 2\end{pmatrix},\ \boldsymbol{b}=\begin{pmatrix}0\\ -1\end{pmatrix},\ c=40$$

则可将目标函数写成矩阵形式：

$$f(\boldsymbol{x})=\frac{1}{2}\boldsymbol{x}^{\mathrm{T}}\boldsymbol{A}\boldsymbol{x}+\boldsymbol{b}^{\mathrm{T}}\boldsymbol{x}+c=\frac{1}{2}\boldsymbol{x}^{\mathrm{T}}\begin{pmatrix}5 & -3\\ -3 & 2\end{pmatrix}\boldsymbol{x}+\begin{pmatrix}0\\ -1\end{pmatrix}^{\mathrm{T}}\boldsymbol{x}+40$$

因为

$$\nabla f(\boldsymbol{x})=\begin{bmatrix}5x_1-3x_2\\ 2x_2-3x_1-1\end{bmatrix}$$

$$\nabla^2 f(\boldsymbol{x})=\begin{pmatrix}5 & -3\\ -3 & 2\end{pmatrix}$$

所以

$$\boldsymbol{g}^0=\begin{pmatrix}0\\ -1\end{pmatrix}$$

令 $\boldsymbol{H}_0=\boldsymbol{E}_2$ 为 2 阶单位矩阵，$\boldsymbol{p}^0=-\boldsymbol{H}_0\boldsymbol{g}^0=\begin{pmatrix}0\\ 1\end{pmatrix}$，由于目标函数是凸二次函数，所以我们可以通过公式直接计算 λ_0，即

$$\lambda_0=-\frac{(\boldsymbol{g}^0)^{\mathrm{T}}\boldsymbol{p}^0}{(\boldsymbol{p}^0)^{\mathrm{T}}\boldsymbol{A}\boldsymbol{p}^0}=\frac{1}{2}$$

于是

$$\boldsymbol{x}^1=\boldsymbol{x}^0+\lambda_0\boldsymbol{p}^0=\begin{pmatrix}0\\ 0\end{pmatrix}+\frac{1}{2}\begin{pmatrix}0\\ 1\end{pmatrix}=\begin{bmatrix}0\\ \frac{1}{2}\end{bmatrix}$$

$$\Delta\boldsymbol{x}^0=\boldsymbol{x}^1-\boldsymbol{x}^0=\begin{bmatrix}0\\ \frac{1}{2}\end{bmatrix}-\begin{pmatrix}0\\ 0\end{pmatrix}=\begin{bmatrix}0\\ \frac{1}{2}\end{bmatrix}$$

$$\Delta \boldsymbol{x}^0(\Delta \boldsymbol{x}^0)^{\mathrm{T}}=\begin{pmatrix}0\\ \frac{1}{2}\end{pmatrix}\left(0,\ \frac{1}{2}\right)=\begin{pmatrix}0 & 0\\ 0 & \frac{1}{4}\end{pmatrix}$$

$$\boldsymbol{g}^1=\nabla f(\boldsymbol{x}^1)=\begin{pmatrix}-\frac{3}{2}\\ 0\end{pmatrix}$$

$$\Delta \boldsymbol{g}^0=\boldsymbol{g}^1-\boldsymbol{g}^0=\begin{pmatrix}-\frac{3}{2}\\ 0\end{pmatrix}-\begin{pmatrix}0\\ -1\end{pmatrix}=\begin{pmatrix}-\frac{3}{2}\\ 1\end{pmatrix}$$

$$(\Delta \boldsymbol{g}^0)^{\mathrm{T}}\Delta \boldsymbol{x}^0=(\Delta \boldsymbol{x}^0)^{\mathrm{T}}\Delta \boldsymbol{g}^0=\left(0,\ \frac{1}{2}\right)\begin{pmatrix}-\frac{3}{2}\\ 1\end{pmatrix}=\frac{1}{2}$$

$$\Delta \boldsymbol{x}^0(\Delta \boldsymbol{g}^0)^{\mathrm{T}}=\begin{pmatrix}0\\ \frac{1}{2}\end{pmatrix}\left(-\frac{3}{2},\ 1\right)=\begin{pmatrix}0 & 0\\ -\frac{3}{4} & \frac{1}{2}\end{pmatrix}$$

$$\Delta \boldsymbol{g}^0(\Delta \boldsymbol{x}^0)^{\mathrm{T}}=\begin{pmatrix}-\frac{3}{2}\\ 1\end{pmatrix}\left(0,\ \frac{1}{2}\right)=\begin{pmatrix}0 & -\frac{3}{4}\\ 0 & \frac{1}{2}\end{pmatrix}$$

$$(\Delta \boldsymbol{g}^0)^{\mathrm{T}}\Delta \boldsymbol{g}^0=\left(-\frac{3}{2},\ 1\right)\begin{pmatrix}-\frac{3}{2}\\ 1\end{pmatrix}=\frac{13}{4}$$

$$\beta_0=1+\frac{(\Delta \boldsymbol{g}^0)^{\mathrm{T}}\boldsymbol{H}_0\Delta \boldsymbol{g}^0}{(\Delta \boldsymbol{x}^0)^{\mathrm{T}}\Delta \boldsymbol{g}^0}=1+\frac{\frac{13}{4}}{\frac{1}{2}}=\frac{15}{2}$$

$$\boldsymbol{H}_1=\boldsymbol{H}_0+\beta_0\frac{\Delta \boldsymbol{x}^0(\Delta \boldsymbol{x}^0)^{\mathrm{T}}}{(\Delta \boldsymbol{x}^0)^{\mathrm{T}}\Delta \boldsymbol{g}^0}-\frac{\Delta \boldsymbol{x}^0(\Delta \boldsymbol{g}^0)^{\mathrm{T}}\boldsymbol{H}_0+\boldsymbol{H}_0\Delta \boldsymbol{g}^0(\Delta \boldsymbol{x}^0)^{\mathrm{T}}}{(\Delta \boldsymbol{x}^0)^{\mathrm{T}}\Delta \boldsymbol{g}^0}$$

$$=\begin{pmatrix}1 & 0\\ 0 & 1\end{pmatrix}+\frac{15}{2}2\begin{pmatrix}0 & 0\\ 0 & \frac{1}{4}\end{pmatrix}-2\left[\begin{pmatrix}0 & 0\\ -\frac{3}{4} & \frac{1}{2}\end{pmatrix}+\begin{pmatrix}0 & -\frac{3}{4}\\ 0 & \frac{1}{2}\end{pmatrix}\right]$$

$$=\begin{pmatrix}1 & \frac{3}{2}\\ \frac{3}{2} & \frac{11}{4}\end{pmatrix}$$

$$p^1=-H_1 g^1=-\begin{pmatrix}1 & \frac{3}{2}\\ \frac{3}{2} & \frac{11}{4}\end{pmatrix}\begin{pmatrix}-\frac{3}{2}\\ 0\end{pmatrix}=\begin{pmatrix}\frac{3}{2}\\ \frac{9}{4}\end{pmatrix}$$

$$\lambda_1=-\frac{\nabla f(x^1)^{\mathrm{T}}p^1}{(p^1)^{\mathrm{T}}Ap^1}=-\frac{\left(-\frac{3}{2},\ 0\right)\begin{pmatrix}\frac{3}{2}\\ \frac{9}{4}\end{pmatrix}}{\left(\frac{3}{2},\ \frac{9}{4}\right)\begin{pmatrix}5 & -3\\ -3 & 2\end{pmatrix}\begin{pmatrix}\frac{3}{2}\\ \frac{9}{4}\end{pmatrix}}=\frac{\frac{9}{4}}{\left(\frac{3}{4},\ 0\right)\begin{pmatrix}\frac{3}{2}\\ \frac{9}{4}\end{pmatrix}}=2$$

$$x^2=x^1+\lambda_1 p^1=\begin{pmatrix}0\\ \frac{1}{2}\end{pmatrix}+2\begin{pmatrix}\frac{3}{2}\\ \frac{9}{4}\end{pmatrix}=\begin{pmatrix}3\\ 5\end{pmatrix}$$

$$\nabla f(x^2)=\begin{pmatrix}0\\ 0\end{pmatrix},\ \|\nabla f(x^2)\|=0<\varepsilon=0.1$$

所以最优解为

$$x^*=x^2=\begin{pmatrix}3\\ 5\end{pmatrix}$$

4.5 随机搜索法

前几节主要介绍了利用函数的偏导数来求多元函数的无约束最优解，也就是所谓的解析法。但是有时候目标函数的偏导数无法求得或者求起来很复杂，这时，就如同一维搜索时的情形一样，我们需要不利用偏导数的无约束最优化问题的求解方法——**直接法**。随机搜索法就是一种这样的方法。简单地说，它是一种“暴力”搜索方法，这需要我们首先大致确定最优解的一个范围，然后随机地对这个范围内的所有点进行比较，直到找到最优解为止。通常我们设定一个适当大的迭代次数的上限，在这个范围内进行迭代，如果目标函数值趋于稳定，则终止迭代；如果在设定的迭代次数内目标函数值还是不稳定，则加大该上限，重新开始。

例如，设已经确定 $f(x,y)$ 的最优解落在区域 $D=\{x_l\leqslant x\leqslant x_u,\ y_l\leqslant y\leqslant y_u\}$ 内，通过计算机的伪随机数产生器 rnd 产生(0,1)内的伪随机数，从而得到区域 D 内的随机点 $x=\begin{pmatrix}x_l+(x_u-x_l)\mathrm{rnd}\\ y_l+(y_u-y_l)\mathrm{rnd}\end{pmatrix}$，计算该点，并将该点存入一个当前近似最优解中，而将该点的函数

值存入一个当前近似最优值中。如果新产生的随机点的函数值更优，则用新点替代当前近似最优解，而用新点的函数值替代当前近似最优值。如此迭代，直到近似最优解趋于稳定，或者近似最优值趋于稳定为止。

随机搜索法的算法如下：

step1：给定目标函数值充分大的初始近似最优解$\boldsymbol{x}^*$，初始最优值 $f_{\min}:=f(\boldsymbol{x}^*)$，迭代上限 K，计算精度$\varepsilon>0$，令 $k:=1$。

step2：计算$\boldsymbol{x}:=\boldsymbol{x}^l+(\boldsymbol{x}^u-\boldsymbol{x}^l)\text{rnd}$。

step3：如果 $f(\boldsymbol{x})\geqslant f_{\min}$，则转 step4，否则转 step5。

step4：令 $k:=k+1$，若$k\leqslant K$，则转 step2，否则转 step6。

step5：若 $f_{\min}=f(\boldsymbol{x})$，$\boldsymbol{x}^*=\boldsymbol{x}$，打印 k、$f_{\min}$及 $\boldsymbol{x}^*$。令 $k:=k+1$，若 $k>K$，则转 step6，否则转 step2。

step6：停止，输出 k，$\boldsymbol{x}^*$，$f_{\min}$。

程序结束后可通过输出的近似最优值的稳定性来判断迭代的次数是否足够。如果最优值没有达到稳定，或者稳定度不够，则可加大迭代上限 K，重新计算。

【例 4.9】 用随机搜索法求最优解：$\min f(\boldsymbol{x})=2x_1^2+x_2^2-2x_2+3$，假定已知最优解位于区域 $D=\{(x_1, x_2)\mid -2\leqslant x_1\leqslant 4, -2\leqslant x_2\leqslant 4\}$内，取 $\varepsilon=0.01$，$K=15\ 000$。

解 利用随机搜索法编程计算得迭代结果如表 4.1 所示。

表 4.1　例 4.9 的迭代结果

k	(x_1, x_2)	$f(x_1, x_2)$	k	(x_1, x_2)	$f(x_1, x_2)$
1	(−0.2866,3.4106)	7.9755	210	(−0.0287,1.0262)	2.0023
2	(−1.1043,1.3353)	4.5516	2036	(−0.0267,1.0042)	2.0014
6	(0.1223,−0.1504)	3.3535	3640	(−0.0087,1.0205)	2.0005
18	(−0.3615,0.9466)	2.2642	13 409	(0.0125,0.9896)	2.0004
45	(0.2305,1.3639)	2.2387			

这种简单的“暴力”搜索方法可以使用于不方便求导的函数，甚至是离散函数，并且它求到的总是全局最优解而非局部最优解。其不足之处在于它完全没有利用函数本身的特性，因而收敛速度比较慢，特别是当变量增加时，其效率极低，但对低维数的问题还是很奏效的。现在为克服这种算法效率低的缺点，人们已经提出了一些新的随机搜索法，比如模拟退火算法、人工神经网络算法、遗传算法等。其中由 Holland 于 1975 年提出的遗传算法就是一种很好的随机搜索法，当然由于其添加了一些技术，使得其效率远优于这个随机搜索法，但其本质仍含有随机搜索的要素。

4.6　坐标轮换法

坐标轮换法是一种简单易行的直接法。该方法将多变量优化问题化为一系列一维优化问题进行求解，其基本思想是：从任意一点出发，先沿第一个坐标的坐标轴方向进行一维搜索，搜到一点后，再从该点出发，沿第二个坐标的坐标轴方向进行一维搜索，如此进行，直到沿最后一个坐标的坐标轴方向进行一维搜索结束为止，这样就完成了一次迭代。如果所得最后一点依然不满足终止条件，则再开始新一轮的搜索，直到满足终止条件为止。这个终止条件可以是相邻两个近似最优解间的距离小于事先给定的精度，也可以是梯度的范数小于事先给定的精度，还可以是目标函数值的相对误差小于事先给定的精度等。

设优化问题为 $\min f(\boldsymbol{x})$。记 n 维单位向量为

$$\boldsymbol{\varepsilon}^1=\begin{pmatrix}1\\0\\\vdots\\0\end{pmatrix},\ \boldsymbol{\varepsilon}^2=\begin{pmatrix}0\\1\\\vdots\\0\end{pmatrix},\ \cdots,\ \boldsymbol{\varepsilon}^n=\begin{pmatrix}0\\0\\\vdots\\1\end{pmatrix}$$

选择任意初始点

$$\boldsymbol{x}^1=\begin{pmatrix}c_1\\c_2\\\vdots\\c_n\end{pmatrix}$$

进行一维搜索 $f(\boldsymbol{x}^1+\lambda_1\boldsymbol{\varepsilon}^1)=\min f(\boldsymbol{x}^1+\lambda\boldsymbol{\varepsilon}^1)$，得

$$\boldsymbol{x}^2=\boldsymbol{x}^1+\lambda_1\boldsymbol{\varepsilon}^1=\begin{pmatrix}c_1+\lambda_1\\c_2\\\vdots\\c_n\end{pmatrix}$$

再进行一维搜索 $f(\boldsymbol{x}^2+\lambda_2\boldsymbol{\varepsilon}^2)=\min f(\boldsymbol{x}^2+\lambda\boldsymbol{\varepsilon}^2)$，得

$$\boldsymbol{x}^3=\boldsymbol{x}^2+\lambda_2\boldsymbol{\varepsilon}^2=\begin{pmatrix}c_1+\lambda_1\\c_2+\lambda_2\\\vdots\\c_n\end{pmatrix}$$

如此进行下去，直到进行一维搜索 $f(\boldsymbol{x}^n+\lambda_n\boldsymbol{\varepsilon}^n)=\min f(\boldsymbol{x}^n+\lambda\boldsymbol{\varepsilon}^n)$，得

$$\boldsymbol{x}^{n+1}=\boldsymbol{x}^n+\lambda_n\boldsymbol{\varepsilon}^n=\begin{pmatrix}c_1+\lambda_1\\c_2+\lambda_2\\\vdots\\c_n+\lambda_n\end{pmatrix}$$

如果$\boldsymbol{x}^{n+1}$满足终止条件，则停止迭代；否则令$\boldsymbol{x}^1=\boldsymbol{x}^{n+1}$，再开始新一轮搜索。

这里为体现算法的效率，我们依然选择梯度的范数小于事先给定的精度作为终止条件。

【例 4.10】 用坐标轮换法求最优解：$\min f(\boldsymbol{x})=2x_1^2+x_2^2-2x_2+3$，取初始点 $\boldsymbol{x}^1=\begin{pmatrix}1\\2\end{pmatrix}$，$\varepsilon=0.1$。

解 因为$\boldsymbol{x}^1+\lambda\boldsymbol{\varepsilon}^1=\begin{pmatrix}1+\lambda\\2\end{pmatrix}$，构造

$$\varphi(\lambda)=f(\boldsymbol{x}^1+\lambda\boldsymbol{\varepsilon}^1)=2(1+\lambda)^2+3$$

令 $\varphi'(\lambda)=4(1+\lambda)=0$，得 $\lambda_1=-1$，所以有

$$\boldsymbol{x}^2=\boldsymbol{x}^1+\lambda_1\boldsymbol{\varepsilon}^1=\begin{pmatrix}0\\2\end{pmatrix}$$

$$\boldsymbol{x}^2+\lambda\boldsymbol{\varepsilon}^2=\begin{pmatrix}0\\2+\lambda\end{pmatrix}$$

再构造

$$\varphi(\lambda)=f(\boldsymbol{x}^2+\lambda\boldsymbol{\varepsilon}^2)=(2+\lambda)^2-2(2+\lambda)+3$$

令 $\varphi'(\lambda)=2(2+\lambda)-2=0$，得 $\lambda_2=-1$，所以有

$$\boldsymbol{x}^3=\boldsymbol{x}^2+\lambda_2\boldsymbol{\varepsilon}^2=\begin{pmatrix}0\\1\end{pmatrix}$$

由于$\nabla f(\boldsymbol{x}^3)=\begin{pmatrix}0\\0\end{pmatrix}$，所以 $\|\nabla f(\boldsymbol{x}^3)\|<\varepsilon$，故最优解为$\boldsymbol{x}^*=\boldsymbol{x}^3=\begin{pmatrix}0\\1\end{pmatrix}$，最优值为 $f(\boldsymbol{x}^*)=2$。

坐标轮换法是一种非常简单的算法，很容易实现，但是其缺点是收敛速度比较慢，通常用于求解维数比较低的优化问题。

4.7 Powell 方向加速法

Powell 方向加速法是由 Powell 于 1964 年提出的一种有效的直接法，其本质是一种不用计算偏导数的共轭方向法（和共轭梯度法一样，也是在迭代过程中逐步产生共轭方向，但无需计算导数）。

定理 4.6 设(1) $f(\boldsymbol{x})=\frac{1}{2}\boldsymbol{x}^{\mathrm{T}}\boldsymbol{A}\boldsymbol{x}+\boldsymbol{b}^{\mathrm{T}}\boldsymbol{x}+c$，其中 $\boldsymbol{A}^{\mathrm{T}}=\boldsymbol{A}>0$；

(2) $\boldsymbol{p}^1,\boldsymbol{p}^2,\cdots,\boldsymbol{p}^m$是 $\boldsymbol{A}$ 共轭向量组，且 $m<n$；

(3) 分别从不相同的两点 $\boldsymbol{a}$ 和 $\boldsymbol{b}$ 出发，依次沿 $\boldsymbol{p}^1,\boldsymbol{p}^2,\cdots,\boldsymbol{p}^m$进行一维搜索，设经过 m 次搜索后，最后达到的极小点分别为 $\boldsymbol{a}^*$ 和 $\boldsymbol{b}^*$，令 $\boldsymbol{p}^{m+1}=\boldsymbol{b}^*-\boldsymbol{a}^*$，则 $\boldsymbol{p}^1,\boldsymbol{p}^2,\cdots,\boldsymbol{p}^m,\boldsymbol{p}^{m+1}$必为 $\boldsymbol{A}$ 共轭向量组。

证 设

$$\boldsymbol{g}^k=\nabla f(\boldsymbol{x}^k)=\boldsymbol{A}\boldsymbol{x}^k+\boldsymbol{b}$$
$$f(\boldsymbol{x}^k+\lambda_k\boldsymbol{p}^k)=\min f(\boldsymbol{x}^k+\lambda\boldsymbol{p}^k)$$
$$\boldsymbol{x}^{k+1}=\boldsymbol{x}^k+\lambda_k\boldsymbol{p}^k$$

则

$$\begin{aligned}\boldsymbol{g}^{k+1}&=\boldsymbol{A}\boldsymbol{x}^{k+1}+\boldsymbol{b}=\boldsymbol{A}(\boldsymbol{x}^k+\lambda_k\boldsymbol{p}^k)+\boldsymbol{b}=\boldsymbol{A}\boldsymbol{x}^k+\boldsymbol{b}+\lambda_k\boldsymbol{A}\boldsymbol{p}^k\\&=\boldsymbol{g}^k+\lambda_k\boldsymbol{A}\boldsymbol{p}^k\qquad(k=1,2,\cdots,m)\end{aligned}$$

从而

$$\begin{aligned}\boldsymbol{g}^{m+1}&=\boldsymbol{g}^m+\lambda_m\boldsymbol{A}\boldsymbol{p}^m=\boldsymbol{g}^{m-1}+\lambda_{m-1}\boldsymbol{A}\boldsymbol{p}^{m-1}+\lambda_m\boldsymbol{A}\boldsymbol{p}^m=\cdots\\&=\boldsymbol{g}^{k+1}+\lambda_{k+1}\boldsymbol{A}\boldsymbol{p}^{k+1}+\lambda_{k+2}\boldsymbol{A}\boldsymbol{p}^{k+2}+\lambda_m\boldsymbol{A}\boldsymbol{p}^m\qquad(k=1,2,\cdots,m-1)\end{aligned}$$

所以

$$\begin{aligned}(\boldsymbol{g}^{m+1})^{\mathrm{T}}\boldsymbol{p}^k&=(\boldsymbol{g}^{k+1}+\lambda_{k+1}\boldsymbol{A}\boldsymbol{p}^{k+1}+\lambda_{k+2}\boldsymbol{A}\boldsymbol{p}^{k+2}+\lambda_m\boldsymbol{A}\boldsymbol{p}^m)^{\mathrm{T}}\boldsymbol{p}^k\\&=(\boldsymbol{g}^{k+1})^{\mathrm{T}}\boldsymbol{p}^k+\lambda_{k+1}(\boldsymbol{p}^{k+1})^{\mathrm{T}}\boldsymbol{A}\boldsymbol{p}^k+\lambda_{k+2}(\boldsymbol{p}^{k+2})^{\mathrm{T}}\boldsymbol{A}\boldsymbol{p}^k+\lambda_m(\boldsymbol{p}^m)^{\mathrm{T}}\boldsymbol{A}\boldsymbol{p}^k\\&\qquad(k=1,2,\cdots,m-1)\end{aligned}$$

由于 $\boldsymbol{p}^1,\boldsymbol{p}^2,\cdots,\boldsymbol{p}^m$ 是 $\boldsymbol{A}$ 共轭向量组，所以上式化为

$$(\boldsymbol{g}^{m+1})^{\mathrm{T}}\boldsymbol{p}^k=(\boldsymbol{g}^{k+1})^{\mathrm{T}}\boldsymbol{p}^k\qquad(k=1,2,\cdots,m-1)$$

注意到 $f(\boldsymbol{x}^k+\lambda_k\boldsymbol{p}^k)=\min f(\boldsymbol{x}^k+\lambda\boldsymbol{p}^k)$，$\boldsymbol{x}^{k+1}=\boldsymbol{x}^k+\lambda_k\boldsymbol{p}^k$，所以后点的梯度和前一次的搜索方向正交，即

$$(\boldsymbol{g}^{m+1})^{\mathrm{T}}\boldsymbol{p}^k=(\boldsymbol{g}^{k+1})^{\mathrm{T}}\boldsymbol{p}^k=0\qquad(k=1,2,\cdots,m-1)$$

而对于 m，显然有$(\boldsymbol{g}^{m+1})^{\mathrm{T}}\boldsymbol{p}^m=0$。所以有

$$(\boldsymbol{g}^{m+1})^{\mathrm{T}}\boldsymbol{p}^k=0\qquad(k=1,2,\cdots,m)$$

即

$$\nabla f(\boldsymbol{x}^{m+1})^{\mathrm{T}}\boldsymbol{p}^k=0\qquad(k=1,2,\cdots,m)$$

而 $\boldsymbol{a}^*$ 和 $\boldsymbol{b}^*$ 都是 m 次搜索的结果，从而必有

$$\nabla f(\boldsymbol{a}^*)^{\mathrm{T}}\boldsymbol{p}^k=0\qquad(k=1,2,\cdots,m)$$
$$\nabla f(\boldsymbol{b}^*)^{\mathrm{T}}\boldsymbol{p}^k=0\qquad(k=1,2,\cdots,m)$$

故有

$$[\nabla f(\boldsymbol{b}^*)-\nabla f(\boldsymbol{a}^*)]^{\mathrm{T}}\boldsymbol{p}^k=0\qquad(k=1,2,\cdots,m)$$

而$\nabla f(\boldsymbol{b}^*)-\nabla f(\boldsymbol{a}^*)=(\boldsymbol{A}\boldsymbol{b}^*+\boldsymbol{b})-(\boldsymbol{A}\boldsymbol{a}^*+\boldsymbol{b})=\boldsymbol{A}(\boldsymbol{b}^*-\boldsymbol{a}^*)$，所以有

$$(\boldsymbol{b}^*-\boldsymbol{a}^*)^{\mathrm{T}}\boldsymbol{A}\boldsymbol{p}^k=0\qquad(k=1,2,\cdots,m)$$

即 $\boldsymbol{p}^{m+1}$与 $\boldsymbol{p}^1,\boldsymbol{p}^2,\cdots,\boldsymbol{p}^m$ 为 $\boldsymbol{A}$ 共轭的。定理证毕。

从定理 4.6 的证明不难发现，对于凸二次函数，如果我们从任意两个不相同的点 $\boldsymbol{a}$ 和 $\boldsymbol{b}$ 出发，分别沿方向 $\boldsymbol{p}^1$ 进行一维搜索，得到的两个点为 $\boldsymbol{a}^*$ 和 $\boldsymbol{b}^*$，则方向 $\boldsymbol{p}^2=\boldsymbol{b}^*-\boldsymbol{a}^*$ 将与 $\boldsymbol{p}^1$ 为 $\boldsymbol{A}$ 共轭的。根据定理 4.6 的结论，我们再从任意两个不同的点 $\boldsymbol{a}$和 $\boldsymbol{b}$ 出发，依次沿 $\boldsymbol{p}^1$ 和 $\boldsymbol{p}^2$ 进行一维搜索，又可得到两个新的点 $\boldsymbol{a}^*$ 和 $\boldsymbol{b}^*$，进一步构造新的共轭方向 $\boldsymbol{p}^3=\boldsymbol{b}^*-\boldsymbol{a}^*$，

这样不断地进行下去，就可以得到一组 $\boldsymbol{A}$ 共轭向量组 $\boldsymbol{p}^1,\boldsymbol{p}^2,\cdots,\boldsymbol{p}^n$，从而产生了一种新的共轭方向法。

具体做法是：任取一个点$\boldsymbol{x}^1$，然后进行一维搜索：

$$\boldsymbol{x}^1 \xrightarrow{\boldsymbol{\varepsilon}^1} \boldsymbol{x}^2 \xrightarrow{\boldsymbol{\varepsilon}^2} \cdots \boldsymbol{x}^n \xrightarrow{\boldsymbol{\varepsilon}^n} \boldsymbol{x}^{n+1} \xrightarrow{\boldsymbol{p}^1} \boldsymbol{x}^{1,1}$$

其中 $\boldsymbol{p}^1=\boldsymbol{x}^{n+1}-\boldsymbol{x}^1$，然后再进行一维搜索：

$$\boldsymbol{x}^{1,1} \xrightarrow{\boldsymbol{\varepsilon}^2} \boldsymbol{x}^{1,2} \xrightarrow{\boldsymbol{\varepsilon}^3} \cdots \boldsymbol{x}^{1,n} \xrightarrow{\boldsymbol{p}^1} \boldsymbol{x}^{1,n+1} \xrightarrow{\boldsymbol{p}^2} \boldsymbol{x}^{2,1}$$

其中 $\boldsymbol{p}^2=\boldsymbol{x}^{1,n+1}-\boldsymbol{x}^{1,1}$，然后再进行一维搜索：

$$\boldsymbol{x}^{2,1} \xrightarrow{\boldsymbol{\varepsilon}^3} \boldsymbol{x}^{2,2} \xrightarrow{\boldsymbol{\varepsilon}^4} \cdots \boldsymbol{x}^{2,n} \xrightarrow{\boldsymbol{p}^2} \boldsymbol{x}^{2,n+1} \xrightarrow{\boldsymbol{p}^3} \boldsymbol{x}^{3,1}$$

其中 $\boldsymbol{p}^3=\boldsymbol{x}^{2,n+1}-\boldsymbol{x}^{2,1}$，然后再进行一维搜索，如此继续，这样每次都去掉一个老方向，增加一个新方向，一直到

$$\boldsymbol{x}^{n-1,1} \xrightarrow{\boldsymbol{p}^1} \boldsymbol{x}^{n-1,2} \xrightarrow{\boldsymbol{p}^2} \cdots \boldsymbol{x}^{n-1,n} \xrightarrow{\boldsymbol{p}^{n-1}} \boldsymbol{x}^{n-1,n+1} \xrightarrow{\boldsymbol{p}^n} \boldsymbol{x}^{n,1}$$

这样我们就得到了一个含有 n 个向量的 $\boldsymbol{A}$ 共轭向量组。因此 Powell 方向加速法具有二次终止性。

Powell 方向加速法的算法如下：

step1：$\forall \boldsymbol{x}^0\in\mathbf{R}^n$，$n$ 个线性无关的向量 $\boldsymbol{p}^{1,1},\boldsymbol{p}^{1,2},\cdots,\boldsymbol{p}^{1,n}$，计算精度 $\varepsilon>0$，令 $k:=1$。

step2：令$\boldsymbol{x}^{k,0}:=\boldsymbol{x}^{k-1}$，从$\boldsymbol{x}^{k,0}$出发，依次沿方向 $\boldsymbol{p}^{k,1},\boldsymbol{p}^{k,2},\cdots,\boldsymbol{p}^{k,n}$进行一维搜索，即

$$f(\boldsymbol{x}^{k,i}+\lambda_i\boldsymbol{p}^{k,i})=\min f(\boldsymbol{x}^{k,i}+\lambda\boldsymbol{p}^{k,i}),\ \boldsymbol{x}^{k,i+1}=\boldsymbol{x}^{k,i}+\lambda_i\boldsymbol{p}^{k,i}\qquad (i=0,1,\cdots,n-1)$$

得到点$\boldsymbol{x}^{k,1},\boldsymbol{x}^{k,2},\cdots,\boldsymbol{x}^{k,n}$。

step3：从$\boldsymbol{x}^{k,n}$出发，沿方向 $\boldsymbol{p}^{k,n+1}=\boldsymbol{x}^{k,n}-\boldsymbol{x}^{k,0}$进行一维搜索，即

$$f(\boldsymbol{x}^{k,n}+\lambda_n\boldsymbol{p}^{k,n+1})=\min f(\boldsymbol{x}^{k,n}+\lambda\boldsymbol{p}^{k,n+1}),\ \boldsymbol{x}^k=\boldsymbol{x}^{k,n}+\lambda_n\boldsymbol{p}^{k,n+1}$$

step4：如果 $\|\boldsymbol{x}^k-\boldsymbol{x}^{k-1}\|<\varepsilon$，则停止，输出$\boldsymbol{x}^k$；否则令 $\boldsymbol{p}^{k+1,j}:=\boldsymbol{p}^{k,j+1}(j=1,2,\cdots n)$，$k:=k+1$，转 step2。

通常取 $\boldsymbol{p}^{1,1},\boldsymbol{p}^{1,2},\cdots,\boldsymbol{p}^{1,n}$为基本单位向量$\boldsymbol{\varepsilon}^1,\boldsymbol{\varepsilon}^2,\cdots,\boldsymbol{\varepsilon}^n$。

不过应当注意到这样做的过程中我们并不能保证每个 $\boldsymbol{p}^i$都非零，所以该方法是有缺陷的。关于这一点，Powell 本人也注意到了，因此很快提出了改进的方法，叫做改进的 Powell 法。其做法是加入一个判断条件，以排除某个 $\boldsymbol{p}^i$为零向量的情形。该方法较为复杂，有兴趣的读者可以查阅参考文献[1]、[11]、[16]。

习　题　四

4.1　在一维搜索中设 $f(\boldsymbol{x}^k+\lambda_k\boldsymbol{p}^k)=\min\limits_{\lambda>0}f(\boldsymbol{x}^k+\lambda\boldsymbol{p}^k)$，$\boldsymbol{x}^{k+1}=\boldsymbol{x}^k+\lambda_k\boldsymbol{p}^k$，证明 $\nabla f(\boldsymbol{x}^{k+1})^{\mathrm{T}}\boldsymbol{p}^k=0$。

4.2　用最速下降法求最优解：$\max f(x_1, x_2) = -(x_1-3)^2-(x_2-2)^2$，取 $\boldsymbol{x}^0=(1, 1)^T$，$\varepsilon=0.1$。

4.3　证明在 $\nabla^2 f(\boldsymbol{x})$ 正定的时候，牛顿法中的牛顿方向 $\boldsymbol{p}^k=-\nabla^2 f(\boldsymbol{x}^k)^{-1}\nabla f(\boldsymbol{x}^k)$ 是下降方向。

4.4　设 $\boldsymbol{A}$ 为实对称矩阵，证明 $\boldsymbol{A}$ 的属于两个不同特征值的特征向量是 $\boldsymbol{A}$ 共轭的。

4.5　设 $\boldsymbol{A}=\begin{pmatrix}2 & 1\\ 1 & 4\end{pmatrix}$，$\boldsymbol{p}^1=\begin{pmatrix}1\\ -1\end{pmatrix}$，$\boldsymbol{p}^2=\begin{pmatrix}3\\ 1\end{pmatrix}$，证明 $\boldsymbol{p}^1,\boldsymbol{p}^2$ 是 $\boldsymbol{A}$ 共轭的。

4.6　设 $f(\boldsymbol{x})=\boldsymbol{x}^T\boldsymbol{A}\boldsymbol{x}-\boldsymbol{b}^T\boldsymbol{x}$，$\boldsymbol{A}=\begin{pmatrix}2 & 1\\ 1 & 2\end{pmatrix}$，$\boldsymbol{b}=\begin{pmatrix}3\\ 3\end{pmatrix}$，$\boldsymbol{p}^1=\begin{pmatrix}1\\ 0\end{pmatrix}$，$\boldsymbol{p}^2=\begin{pmatrix}1\\ -2\end{pmatrix}$，用共轭梯度法求解 $\min f(\boldsymbol{x})$。

4.7　设 $\boldsymbol{A}$ 为 n 阶实对称正定矩阵，$\boldsymbol{p}^1,\boldsymbol{p}^2,\cdots,\boldsymbol{p}^n$ 为非零的 $\boldsymbol{A}$ 共轭向量组，求一个 n 阶方阵 $\boldsymbol{P}$，使得 $\boldsymbol{P}^T\boldsymbol{A}\boldsymbol{P}$ 为对角阵。

4.8　设 $\boldsymbol{A}$ 为 n 阶实对称正定矩阵，$\boldsymbol{\alpha}^1,\boldsymbol{\alpha}^2,\cdots,\boldsymbol{\alpha}^n$ 为 n 维线性无关的向量组，则由此产生的向量组

$$\boldsymbol{p}^1=\boldsymbol{\alpha}^1$$

$$\boldsymbol{p}^k=\boldsymbol{\alpha}^k-\sum_{i=1}^{k-1}\frac{(\boldsymbol{\alpha}^k)^T\boldsymbol{A}\boldsymbol{p}^i}{(\boldsymbol{p}^i)^T\boldsymbol{A}\boldsymbol{p}^i}\boldsymbol{p}^i \quad (k=2,3,\cdots,n)$$

为一组 $\boldsymbol{A}$ 共轭向量组。

4.9　设 $f(\boldsymbol{x})=\frac{1}{2}\boldsymbol{x}^T\boldsymbol{A}\boldsymbol{x}+\boldsymbol{b}^T\boldsymbol{x}+c$，其中 $\boldsymbol{A}$ 为实对称正定矩阵，$\boldsymbol{A}^T=\boldsymbol{A}>0$，$\boldsymbol{p}^1,\boldsymbol{p}^2,\cdots,\boldsymbol{p}^n$ 为 $\boldsymbol{A}$ 共轭向量组。证明：$f(\boldsymbol{x})$ 的最小值点为

$$\boldsymbol{x}^*=\sum_{k=1}^{n}\frac{-(\boldsymbol{p}^k)^T\boldsymbol{b}}{(\boldsymbol{p}^k)^T\boldsymbol{A}\boldsymbol{p}^k}\boldsymbol{p}^k$$

4.10　设 $f(\boldsymbol{x})$ 为连续可微的严格凸函数，$\boldsymbol{p}^1,\boldsymbol{p}^2,\cdots,\boldsymbol{p}^k$ 为一组线性无关的 n 维向量，$\boldsymbol{x}^1\in\mathbf{R}^n$，

$$\boldsymbol{x}^{k+1}=\boldsymbol{x}^1+t_1^0\boldsymbol{p}^1+t_2^0\boldsymbol{p}^2+\cdots+t_k^0\boldsymbol{p}^k \quad (t_i^0\in\mathbf{R}^1,\ i=1,2,\cdots,k)$$

则 $\boldsymbol{x}^{k+1}$ 为 $f(\boldsymbol{x})$ 在 $\boldsymbol{x}^1$ 与 $\boldsymbol{p}^1,\boldsymbol{p}^2,\cdots,\boldsymbol{p}^k$ 张成的超平面

$$M_k=\{\boldsymbol{x}\mid\boldsymbol{x}=\boldsymbol{x}^1+c_1\boldsymbol{p}^1+c_2\boldsymbol{p}^2+\cdots+c_k\boldsymbol{p}^k,\ c_i\in\mathbf{R}^1,\ i=1,2,\cdots,k\}$$

上的唯一极小值点的充分必要条件是

$$\nabla f(\boldsymbol{x}^{k+1})^T\boldsymbol{p}^i=0 \quad (i=1,2,\cdots,k)$$

4.11　设 $f(\boldsymbol{x})$ 为凸二次函数，则共轭梯度法中产生的共轭向量组 $\boldsymbol{p}^1,\boldsymbol{p}^2,\cdots,\boldsymbol{p}^n$ 中的向量都是相应搜索点处的下降方向，即当 $\boldsymbol{g}^k\neq\boldsymbol{0}$，$k=1,2,\cdots,n$ 时，必有

$$\left.\frac{\partial f(\boldsymbol{x})}{\partial\boldsymbol{p}^k}\right|_{\boldsymbol{x}=\boldsymbol{x}^k}<0 \quad (k=1,2,\cdots,n)$$

4.12　用牛顿法求最优解：$\min f(x_1, x_2)=x_1^2+8x_2^2-2x_1x_2+4x_1+5$，取

$\boldsymbol{x}^0=(0,\ 2)^{\mathrm{T}}$，$\varepsilon=0.1$。

4.13　用阻尼牛顿法求最优解：$\min f(x_1, x_2)=(x_1-x_2)^2+x_2^2-4x_1$，取 $\boldsymbol{x}^0=(1,\ 1)^{\mathrm{T}}$，$\varepsilon=0.1$。

4.14　用共轭梯度法求最优解：$\min f(x_1, x_2)=x_1^2+2x_2^2-2x_1x_2-4x_1$，取 $\boldsymbol{x}^0=(1,\ 1)^{\mathrm{T}}$，$\varepsilon=0.1$。

4.15　用 DFP 法求最优解：$\min f(x_1,\ x_2)=\frac{1}{2}\boldsymbol{x}^{\mathrm{T}}\boldsymbol{A}\boldsymbol{x}+\boldsymbol{b}^{\mathrm{T}}\boldsymbol{x}+c$，其中 $\boldsymbol{A}=\begin{pmatrix}4 & 2\\ 2 & 2\end{pmatrix}$，$\boldsymbol{b}=\begin{pmatrix}1\\ -1\end{pmatrix}$，$c=0$，取 $\boldsymbol{H}_0=\boldsymbol{E}_2$，$\boldsymbol{x}^0=(0,\ 0)^{\mathrm{T}}$，$\varepsilon=0.1$。

4.16　用 BFGS 法求最优解：$\min f(x_1, x_2)=x_1^2+\frac{1}{2}x_2^2-3$，取 $\boldsymbol{H}_0=\boldsymbol{E}_2$，$\boldsymbol{x}^0=(1,\ 2)^{\mathrm{T}}$，$\varepsilon=0.1$。

4.17　用坐标轮换法求最优解：$\min f(\boldsymbol{x})=x_1^2+x_2^2+2x_3^2$，取 $\boldsymbol{x}^1=(1,\ 1,\ 1)^{\mathrm{T}}$，$\varepsilon=0.1$。

第五章 约束非线性最优化方法

第四章介绍了无约束优化问题的计算方法，而实际问题中更多的是带约束的最优化问题，求解这类问题要比求无解约束的优化问题困难得多，主要在于每次迭代的时候不仅要使目标函数下降，还要使新的近似点落在可行域内。多数情况下求解约束优化问题采用的方法是将约束问题转化为无约束问题来求解。

5.1 约束优化问题的最优性条件

约束优化问题的一般模型为

$$\begin{cases} \min \quad f(\boldsymbol{x}) & (\boldsymbol{x} \in \mathbf{R}^n) \\ \text{s.t.} \quad g_i(\boldsymbol{x}) \geqslant 0 & (i = 1,2,\cdots,m) \\ \qquad h_j(\boldsymbol{x}) = 0 & (j = 1,2,\cdots,l) \end{cases} \tag{5-1}$$

其中，f、g_i、h_j均为实值连续函数，且具有二阶连续偏导数。其可行域记为

$$D=\{\boldsymbol{x}|g_i(\boldsymbol{x})\geqslant 0,\ i=1,2,\cdots,m;\ h_j(\boldsymbol{x})=0,\ j=1,2,\cdots,l\}$$

只含有等式约束的约束优化问题为

$$\begin{cases} \min \quad f(\boldsymbol{x}) & (\boldsymbol{x} \in \mathbf{R}^n) \\ \text{s.t.} \quad h_j(\boldsymbol{x}) = 0 & (j = 1,2,\cdots,l) \end{cases} \tag{5-2}$$

其中，f、h_j均为实值连续函数，且具有二阶连续偏导数。其可行域记为

$$D=\{\boldsymbol{x}|h_j(\boldsymbol{x})=0,\ j=1,2,\cdots,l\}$$

只含有不等式约束的约束优化问题为

$$\begin{cases} \min \quad f(\boldsymbol{x}) & (\boldsymbol{x} \in \mathbf{R}^n) \\ \text{s.t.} \quad g_i(\boldsymbol{x}) \geqslant 0 & (i = 1,2,\cdots,m) \end{cases} \tag{5-3}$$

其中，f、g_i均为实值连续函数，且具有二阶连续偏导数。其可行域记为

$$D=\{\boldsymbol{x}|g_i(\boldsymbol{x})\geqslant 0,\ i=1,2,\cdots,m\}$$

下面先介绍常用的概念。

定义 5.1 在约束优化问题(5-1)中，如果有可行解$\boldsymbol{x}^*\in D$，使得某个$g_i(\boldsymbol{x}^*)=0$，则称约束$g_i(\boldsymbol{x})\geqslant 0$是对点$\boldsymbol{x}^*$的起作用的约束。而称下标集

$$I(\boldsymbol{x}^*)=\{i|g_i(\boldsymbol{x}^*)=0,\ i=1,2,\cdots,m\}$$

为点$\boldsymbol{x}^*$的起作用的约束下标集。

根据上述定义不难看出，不等式约束关于可行域的内点都是不起作用的。也就是说，对于可行域的内点，所有的约束都是不起作用的。只有可行域的边界点才有可能使某个或某些约束成为起作用的约束。

优化问题的最优性条件指的是优化问题取得最优解的必要条件、充分条件、充分必要条件。本节仅对三维情形作以解释，并给出结论。有关结论严格的证明，读者可查阅参考文献[3]。

5.1.1　等式约束非线性规划的最优性条件

下面对三维问题且仅含两个等式约束的情形进行讨论。设优化问题为

$$\begin{cases} \min & f(x_1, x_2, x_3) \\ \text{s.t.} & h_1(x_1, x_2, x_3)=0 \\ & h_2(x_1, x_2, x_3)=0 \end{cases}$$

其中，f、h_1、h_2均具有二阶连续偏导数。从几何意义上讲，原问题就是求 $f(x_1, x_2, x_3)$在两曲面：

$$\Sigma_1: h_1(x_1, x_2, x_3)=0$$

$$\Sigma_2: h_2(x_1, x_2, x_3)=0$$

的交线上的最小值点。

设其最优解为$\boldsymbol{x}^*=(x_1^*, x_2^*, x_3^*)^{\mathrm{T}}$，设两曲面 Σ_1、Σ_2交线的方程为 $l: x_1=x_1(t)$，$x_2=x_2(t)$，$x_3=x_3(t)$，则 l 必通过 $\boldsymbol{x}^*$，且 $h_1(x_1(t), x_2(t), x_3(t))=0$。存在 t^*，使得 $x_1^*=x_1(t^*)$，$x_2^*=x_2(t^*)$，$x_3^*=x_3(t^*)$。令 $F(t)=f(x_1(t), x_2(t), x_3(t))$，则当 t 变化时点$(x_1(t), x_2(t), x_3(t))$只在交线 l 上移动，从而可知 t^* 必是 $F(t)$的最小值点，即

$$\left.\frac{\mathrm{d}F}{\mathrm{d}t}\right|_{t=t^*}=0$$

亦即

$$\left.\left(\frac{\partial f}{\partial x_1}\cdot x_1'(t)+\frac{\partial f}{\partial x_2}\cdot x_2'(t)+\frac{\partial f}{\partial x_3}\cdot x_3'(t)\right)\right|_{t=t^*}=0$$

或

$$\left(\frac{\partial f(\boldsymbol{x}^*)}{\partial x_1}, \frac{\partial f(\boldsymbol{x}^*)}{\partial x_2}, \frac{\partial f(\boldsymbol{x}^*)}{\partial x_3}\right)\begin{pmatrix} x_1'(t^*) \\ x_2'(t^*) \\ x_3'(t^*) \end{pmatrix}=0$$

也就是说，梯度向量$\nabla f(\boldsymbol{x}^*)$与两曲面的交线 l 的切线正交，即与两曲面的交线 l 正交。而梯度$\nabla h_1(\boldsymbol{x}^*)$作为曲面 Σ_1 的法向量，当然与位于曲面上的曲线——两曲面的交线 l 正交。因此，$\nabla f(\boldsymbol{x}^*)$与$\nabla h_1(\boldsymbol{x}^*)$共面。同理，可以证明$\nabla f(\boldsymbol{x}^*)$与$\nabla h_2(\boldsymbol{x}^*)$也共面。也就是说，三向量$\nabla f(\boldsymbol{x}^*)$、$\nabla h_1(\boldsymbol{x}^*)$、$\nabla h_2(\boldsymbol{x}^*)$是共面的。所以，当$\nabla h_1(\boldsymbol{x}^*)$、$\nabla h_2(\boldsymbol{x}^*)$线性无关

时，$\nabla f(\boldsymbol{x}^*)$可由$\nabla h_1(\boldsymbol{x}^*)$、$\nabla h_2(\boldsymbol{x}^*)$线性表示，即存在实数$\mu_1$、$\mu_2$使得

$$\nabla f(\boldsymbol{x}^*)=\mu_1\nabla h_1(\boldsymbol{x}^*)+\mu_2\nabla h_2(\boldsymbol{x}^*)$$

可以证明，对于一般的等式约束问题

$$\begin{cases}\min\ f(\boldsymbol{x})\\ \text{s. t.}\ \ h_j(\boldsymbol{x})=0 \quad (j=1,2,\cdots,l)\end{cases}$$

如果$\boldsymbol{x}^*$为其最优解，则必有$\mu_1^*,\mu_2^*,\cdots,\mu_l^*$，使得

$$\nabla f(\boldsymbol{x}^*)=\sum_{j=1}^{l}\mu_j^*\nabla h_j(\boldsymbol{x}^*)$$

即

$$\nabla f(\boldsymbol{x}^*)-\sum_{j=1}^{l}\mu_j^*\nabla h_j(\boldsymbol{x}^*)=\boldsymbol{0}$$

注意到$\boldsymbol{x}^*$首先应在可行域内，所以$\boldsymbol{x}^*$还应满足

$$h_1(\boldsymbol{x}^*)=0,\ h_2(\boldsymbol{x}^*)=0,\ \cdots,\ h_l(\boldsymbol{x}^*)=0$$

如果记$\boldsymbol{\mu}=(\mu_1,\mu_2,\cdots,\mu_l)^{\mathrm{T}}$(称为拉格朗日乘子)，$\boldsymbol{h}(\boldsymbol{x})=(h_1(\boldsymbol{x}),\ h_2(\boldsymbol{x}),\ \cdots,\ h_l(\boldsymbol{x}))^{\mathrm{T}}$，并构造拉格朗日函数：

$$L(\boldsymbol{x},\boldsymbol{\mu})=f(\boldsymbol{x})-\boldsymbol{\mu}^{\mathrm{T}}\boldsymbol{h}(\boldsymbol{x})=f(\boldsymbol{x})-\sum_{j=1}^{l}\mu_j h_j(\boldsymbol{x})$$

则$\boldsymbol{x}^*$所应满足的条件可以统一地表示为$\nabla L(\boldsymbol{x}^*,\boldsymbol{\mu}^*)=\boldsymbol{0}$。不难看出，这就是高等数学中的拉格朗日乘数法中的表达式。通过这些等式确定出满足约束问题最优解的必要条件的点$\boldsymbol{x}^*$，然后再依据其他条件确定$\boldsymbol{x}^*$是否是真正的最优解。

定理 5.1 （等式约束问题最优解的一阶必要条件）对于等式约束问题

$$\begin{cases}\min\ f(\boldsymbol{x})\\ \text{s. t.}\ \ h_j(\boldsymbol{x})=0 \quad (j=1,2,\cdots,l)\end{cases}$$

若f、$h_j(j=1,2,\cdots,l)$均为连续可微函数，且$\nabla h_1(\boldsymbol{x}^*)$，$\nabla h_2(\boldsymbol{x}^*)$，$\cdots$，$\nabla h_l(\boldsymbol{x}^*)$线性无关，则可行解$\boldsymbol{x}^*$是最优解的必要条件是:存在拉格朗日乘子$\boldsymbol{\mu}^*=(\mu_1^*,\ \mu_2^*,\ \cdots,\ \mu_l^*)^{\mathrm{T}}$使得

$$\nabla f(\boldsymbol{x}^*)-\sum_{j=1}^{l}\mu_j^*\nabla h_j(\boldsymbol{x}^*)=\boldsymbol{0}$$

$$h_j(\boldsymbol{x}^*)=0 \quad (j=1,\ 2,\ \cdots,\ l)$$

5.1.2 一般非线性规划的最优性条件

考虑三个变量的情形：

$$\begin{cases}\min\ f(x_1,\ x_2,\ x_3)\\ \text{s. t.}\ \ g_1(x_1,\ x_2,\ x_3)\geqslant 0\\ \qquad g_2(x_1,\ x_2,\ x_3)\geqslant 0\end{cases} \tag{5-4}$$

其中，f、g_1、g_2均具有连续偏导数。其可行域为

$$D=\{(x_1, x_2, x_3)\mid g_1(x_1, x_2, x_3)\geqslant 0, g_2(x_1, x_2, x_3)\geqslant 0\}$$

需要注意的是，如果目标函数 $f(x_1, x_2, x_3)$的无约束极值点落在可行域 D 内，则无约束问题的最优解和约束问题的最优解就是相同的，此时约束没有起到作用。而在实际应用中，一般问题的约束中总会有起作用的约束。约束起作用实际上就意味着相应的无约束问题的最优解不在可行域内，而在可行域以外，从而由于目标函数的连续性所致，约束问题的最优解一定落在可行域的边界上。也就是说，约束问题的最优解至少会使一个约束条件的等式成立。出于这个考虑，我们做如下假设，设$\boldsymbol{x}^*=(x_1^*, x_2^*, x_3^*)^{\mathrm{T}}$是约束优化问题(5-4)的最优解，且 $g_1(x_1^*, x_2^*, x_3^*)=0, g_2(x_1^*, x_2^*, x_3^*)>0$。由于$\boldsymbol{x}^*$为区域 $S=\{(x_1, x_2, x_3)\mid g_2(x_1, x_2, x_3)\geqslant 0\}$的内点，所以对 $\boldsymbol{x}^*$来说，$g_2(x_1, x_2, x_3)\geqslant 0$ 没有起作用，只有约束$g_1(x_1, x_2, x_3)\geqslant 0$ 为其有效约束，于是 $\boldsymbol{x}^*$ 实际上也是问题

$$\begin{cases}\min\ \ f(x_1, x_2, x_3)\\ \text{s. t.}\ \ g_1(x_1, x_2, x_3)=0\end{cases}$$

的最优解。由定理 5.1 知，必有 μ_1^* 使得$\nabla f(\boldsymbol{x}^*)-\mu_1^*\nabla g_1(\boldsymbol{x}^*)=0$。为统一起见，也可将这一等式写为

$$\begin{cases}\nabla f(\boldsymbol{x}^*)-\mu_1^*\nabla g_1(\boldsymbol{x}^*)-\mu_2^*\nabla g_2(\boldsymbol{x}^*)=0\\ \mu_i^* g_i(\boldsymbol{x}^*)=0\qquad (i=1,2)\end{cases}$$

下面来说明 μ_i^* 一定满足非负。事实上，由于 $g_2(x_1^*, x_2^*, x_3^*)>0$，必有 $\mu_2^*=0$，所以只需考察 μ_1^*。

首先由于$\nabla f(\boldsymbol{x}^*)-\mu_1^*\nabla g_1(\boldsymbol{x}^*)=0$，所以$\nabla f(\boldsymbol{x}^*)$、$\nabla g_1(\boldsymbol{x}^*)$必共线。又由于 $g_1(\boldsymbol{x}^*)=0$，所以当 $\boldsymbol{x}$ 从 $\boldsymbol{x}^*$ 出发向 $g_1(\boldsymbol{x})\geqslant 0$ 所界定的内部移动时，$g_1(\boldsymbol{x})$的函数值大于等于 0，即是增加的。因此$\nabla g_1(\boldsymbol{x}^*)$在 $\boldsymbol{x}^*$ 处应与曲面 $g_1(\boldsymbol{x})=0$ 正交而指向可行域的内侧。又由于 $\boldsymbol{x}^*$ 是约束问题的最优解(这里也就是最小值点)，所以当动点 $\boldsymbol{x}$ 从 $\boldsymbol{x}^*$ 出发向 $g_1(\boldsymbol{x})\geqslant 0$所界定的内部移动时，$f(\boldsymbol{x})$也增加。因此$\nabla f(\boldsymbol{x}^*)$在 $\boldsymbol{x}^*$ 处也指向可行域的内侧。所以必有$\nabla f(\boldsymbol{x}^*)$和$\nabla g_1(\boldsymbol{x}^*)$同向，从而 $\mu_1^*\geqslant 0$。事实上，若$\nabla f(\boldsymbol{x})$与$\nabla g_1(\boldsymbol{x})$反向，则$-\nabla f(\boldsymbol{x})$与$\nabla g_1(\boldsymbol{x})$同向，指向 $g_1(\boldsymbol{x})\geqslant 0$ 所界定的内部，应为函数 $f(\boldsymbol{x})$减少的方向，这与前面的结果——$\boldsymbol{x}^*$ 为最优解矛盾。

综上所述，若 $\boldsymbol{x}^*$ 是约束优化问题(5-4)的最优解，则必有

$$\begin{cases}\nabla f(\boldsymbol{x}^*)-\mu_1^*\nabla g_1(\boldsymbol{x}^*)-\mu_2^*\nabla g_2(\boldsymbol{x}^*)=0\\ \mu_i^* g_i(\boldsymbol{x}^*)=0\qquad (i=1,2)\\ \mu_i^*\geqslant 0\qquad (i=1,2)\end{cases}$$

将这一结论推广到一般情形有如下结论。

定理 5.2　(Kuhn-Tucker 条件) 对于非线性规划：

$$\begin{cases}\min \quad f(\boldsymbol{x}) & (\boldsymbol{x}\in\mathbf{R}^n)\\ \text{s.t.} \quad g_i(\boldsymbol{x})\geqslant 0 & (i=1,2,\cdots,m)\\ \qquad h_j(\boldsymbol{x})=0 & (j=1,2,\cdots,l)\end{cases}$$

若可行解 $\boldsymbol{x}^*$ 是其最优解，$I(\boldsymbol{x}^*)=\{i|g_i(\boldsymbol{x}^*)=0,1\leqslant i\leqslant m\}$ 为其起作用的约束下标集。其中 $f(\boldsymbol{x})$、$g_i(\boldsymbol{x})$、$i\in I(\boldsymbol{x}^*)$ 及 $h_j(\boldsymbol{x})(j=1,2,\cdots,l)$ 在点 $\boldsymbol{x}^*$ 连续可微，$g_i(\boldsymbol{x})$，$i\notin I(\boldsymbol{x}^*)$ 为连续函数，且向量组 $\nabla g_i(\boldsymbol{x}^*)$，$i\in I(\boldsymbol{x}^*)$，$\nabla h_j(\boldsymbol{x}^*)(j=1,2,\cdots,l)$ 线性无关，则必存在拉格朗日乘子 $\boldsymbol{\lambda}^*=(\lambda_1^*,\lambda_2^*,\cdots,\lambda_m^*)^{\mathrm{T}}\geqslant 0$ 及 $\boldsymbol{\mu}^*=(\mu_1^*,\mu_2^*,\cdots,\mu_l^*)^{\mathrm{T}}$，使得

$$\begin{cases}\nabla_x L(\boldsymbol{x}^*,\boldsymbol{\lambda}^*,\boldsymbol{\mu}^*)=\nabla f(\boldsymbol{x}^*)-\sum\limits_{i=1}^{m}\lambda_i^*\nabla g_i(\boldsymbol{x}^*)-\sum\limits_{j=1}^{l}\mu_j^*\nabla h_j(\boldsymbol{x}^*)=0\\ \lambda_i^* g_i(\boldsymbol{x}^*)=0 \qquad (i=1,2,\cdots,m)\\ \lambda_i^*\geqslant 0\end{cases} \tag{5-5}$$

这里 $L(\boldsymbol{x},\boldsymbol{\lambda},\boldsymbol{\mu})=f(\boldsymbol{x})-\sum\limits_{i=1}^{m}\lambda_i g_i(\boldsymbol{x})-\sum\limits_{j=1}^{l}\mu_j h_j(\boldsymbol{x})$ 也被称为拉格朗日函数。称式(5-5)为 **K-T 条件**。

把满足 K-T 条件的点称为 **K-T 点**。在梯度线性无关的条件下，连续可微优化问题的最优解必是 K-T 点，但是 K-T 点未必是最优解。

【例 5.1】 求约束优化问题：

$$\begin{cases}\min \quad f(\boldsymbol{x})=(x_1-2)^2+(x_2-3)^2\\ \text{s.t.} \quad x_1+x_2+7=0\end{cases}$$

的 K-T 点。

解 构造拉格朗日函数

$$L(x_1,x_2,\mu)=(x_1-2)^2+(x_2-3)^2-\mu(x_1+x_2+7)$$

由最优性条件得

$$\begin{cases}2(x_1-2)-\mu=0\\ 2(x_2-3)-\mu=0\end{cases}$$

由此得 $x_1+1=x_2$，结合约束方程得 $x_1=-4$，$x_2=-3$，即原问题的 K-T 点为 $\boldsymbol{x}^*=\begin{pmatrix}-4\\-3\end{pmatrix}$，相应的目标函数值为 72。不难验证本例是凸规划，所以 $\boldsymbol{x}^*$ 实际上就是最优解。

【例 5.2】 求最优化问题：

$$\begin{cases}\min \quad f(\boldsymbol{x})=(x_1-1)^2+(x_2-1)^2\\ \text{s.t.} \quad g_1(\boldsymbol{x})=x_1+2x_2-6\geqslant 0\\ \qquad g_2(\boldsymbol{x})=2x_1+x_2-6\geqslant 0\end{cases}$$

的 K-T 点。

解　因为$\nabla f(\boldsymbol{x})=\begin{pmatrix}2(x_1-1)\\2(x_2-1)\end{pmatrix}$，$\nabla g_1(\boldsymbol{x})=\begin{pmatrix}1\\2\end{pmatrix}$，$\nabla g_2(\boldsymbol{x})=\begin{pmatrix}2\\1\end{pmatrix}$，则 K-T 点应满足方程组：

$$\begin{cases}2(x_1-1)-\lambda_1-2\lambda_2=0 & ①\\2(x_2-1)-2\lambda_1-\lambda_2=0 & ②\\\lambda_1(x_1+2x_2-6)=0 & ③\\\lambda_2(2x_1+x_2-6)=0 & ④\\\lambda_1\geqslant 0 & ⑤\\\lambda_2\geqslant 0 & ⑥\\x_1+2x_2-6\geqslant 0 & ⑦\\2x_1+x_2-6\geqslant 0 & ⑧\end{cases}$$

下面分四种情形来讨论。

第一种情形：$\lambda_1=\lambda_2=0$。此时，由式①和式②得 $x_1=x_2=1$，不满足式⑦和式⑧，所以$(1,1)^{\mathrm{T}}$不是 K-T 点。

第二种情形：$\lambda_1=0$，$\lambda_2\neq 0$。此时，由式①、式②和式④得

$$\begin{cases}x_1-1=\lambda_2\\2(x_2-1)=\lambda_2\\2x_1+x_2-6=0\end{cases}$$

解之得

$$\begin{cases}x_1=\dfrac{11}{5}\\x_2=\dfrac{8}{5}\\\lambda_2=\dfrac{6}{5}\end{cases}$$

不满足式⑦和式⑧，所以不是 K-T 点。

第三种情形：$\lambda_1\neq 0$，$\lambda_2=0$。此时，由式①、式②和式③得

$$\begin{cases}2(x_1-1)=\lambda_1\\x_2-1=\lambda_1\\x_1+2x_2-6=0\end{cases}$$

解之得

$$\begin{cases}x_1=\dfrac{8}{5}\\x_2=\dfrac{11}{5}\\\lambda_1=\dfrac{6}{5}\end{cases}$$

不满足式⑦和式⑧，所以不是 K-T 点。

第四种情形：$\lambda_1 \neq 0$，$\lambda_2 \neq 0$。此时，由式③和式④得

$$\begin{cases} x_1 + 2x_2 - 6 = 0 \\ 2x_1 + x_2 - 6 = 0 \end{cases}$$

解之得

$$\begin{cases} x_1 = 2 \\ x_2 = 2 \end{cases}$$

再由式①和式②得

$$\lambda_1 = \lambda_2 = \frac{2}{3}$$

所以$\boldsymbol{x}^* = \begin{pmatrix} 2 \\ 2 \end{pmatrix}$是 K-T 点。又由于该规划显然是凸规划，所以$\boldsymbol{x}^* = \begin{pmatrix} 2 \\ 2 \end{pmatrix}$必为最优解。

上面给出了约束优化问题的最优解所应该满足的必要条件，并且知道，对于凸规划，其 K-T 点就是最优解。但是一个约束优化问题的 K-T 点往往本身是很难求解的，事实上常常是 K-T 点的求解甚至难于优化问题本身的求解，所以仅通过 K-T 点来求约束优化问题的最优解是远远不够的，还需要其他求解方法。对于一般的约束优化问题(5-1)，通常采用的方法是将其化为一系列无约束优化问题，这一系列无约束优化问题的最优解可以逐渐逼近约束优化问题的最优解。这样的方法通常称为**序列无约束极小化方法**，简单记为**SUMT**(Sequential Unconstrained Minimization Technique)。这类方法常用的有三种：一种是**外罚函数法**(也叫**外点法**)，一种是**障碍函数法**(也叫**内罚函数法**或者**内点法**)，内、外罚函数法统称为**罚函数法**，另一种是为克服罚函数法缺点而提出的**增广拉格朗日乘子法**。

5.2 外罚函数法

5.2.1 外罚函数法的概念

外罚函数法的基本思想是构造一个辅助函数：

$$P(\boldsymbol{x}, M) = f(\boldsymbol{x}) + M\widetilde{P}(\boldsymbol{x})$$

它由约束优化问题的目标函数 $f(\boldsymbol{x})$和一个根据约束问题的约束函数的特点而构造的、被称为罚项的非负函数 $M\widetilde{P}(\boldsymbol{x})$构成，其中 $\widetilde{P}(\boldsymbol{x})$称为罚函数。该罚项在可行域内函数值为零，而在可行域外函数值充分大。也就是说，当点$\boldsymbol{x}$离开可行域时，给以惩罚，并且离开越远，惩罚越大。于是辅助函数在可行域内与目标函数相等，而在可行域外罚函数在每一点处的函数值不但远远大于目标函数在同一点的函数值，并且同时全都大于目标函数在可行域内的最优值，这样约束问题的最优解就等同于辅助函数的无约束问题的最优解。于是问题就

由求目标函数的约束问题的最优解转化为求辅助函数的无约束问题的最优解。这种方法被称为**外罚函数法**。

由于我们事先无法知道到底构造多大的罚项，可以使辅助函数在可行域外远远大于目标函数的约束最优值，所以采取反推的方法，也就是先给一个适当大的罚项，这一点用非负参数 M 来实现，M 被称为**罚因子**，即先取一个适当大的 M，然后求辅助函数的无约束问题的最优解，如果最优解落在了可行域内，则它就是约束问题的最优解，否则说明罚项不够大，应加大罚项，也就是加大罚因子 M，再求辅助函数的无约束问题的最优解，如此反复，直至辅助函数的无约束问题的最优解落入可行域为止。这样逐次加大罚因子的目的主要是为了避免辅助函数的解析性质变坏，从而使得我们在用无约束优化方法求解辅助函数的最优解时出现迭代不收敛的情形。

由于这种方法初始点的取法可以取在可行域以外，而且通常无约束问题的序列优化解往往在区域之外，所以外罚函数法又称为**外点法**。

下面分别给出等式约束问题和不等式约束问题的辅助函数的构造方法。图 5-1 所示为外罚函数法的原理示意图，其中假设的约束优化问题为

$$\begin{cases}\min \quad f(x) \\ \text{s.t.} \quad a \leqslant x \leqslant b\end{cases}$$

图中实线是原约束优化问题的目标函数，虚线则是逐渐加大罚项后所产生的辅助函数的图形。从中不难看出，当我们把罚项加大到一定程度时，辅助函数的无约束问题的最优解近似等于约束问题的最优解。

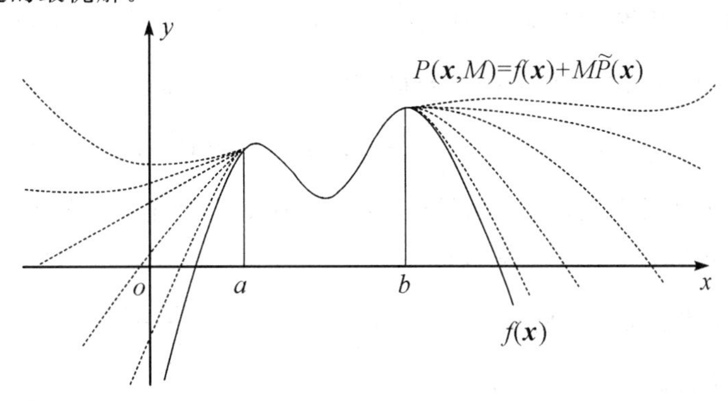

图 5-1　外罚函数法的原理示意图

对于等式约束问题：

$$\begin{cases}\min \quad f(\boldsymbol{x}) \qquad (\boldsymbol{x} \in \mathbf{R}^n) \\ \text{s.t.} \quad h_j(\boldsymbol{x})=0 \qquad (j=1,2,\cdots,l)\end{cases}$$

其可行域为

$$D=\{\boldsymbol{x} \mid h_j(\boldsymbol{x})=0,\ j=1,2,\cdots,l\}$$

构造辅助函数：

$$P(\boldsymbol{x}, M_k) = f(\boldsymbol{x}) + M_k\widetilde{P}(\boldsymbol{x}) = f(\boldsymbol{x}) + M_k\sum_{j=1}^{l} |h_j(\boldsymbol{x})|^{\beta} \qquad (\beta \geqslant 1)$$

其中，罚因子 M_k 是一个适当大的参数，函数 $M_k\widetilde{P}(\boldsymbol{x}) = M_k\sum_{j=1}^{l}|h_j(\boldsymbol{x})|^{\beta}$ 为罚项。于是当求得无约束问题 $P(\boldsymbol{x}, M_k)$ 的最优解 $\boldsymbol{x}^k$ 时，若 $\boldsymbol{x}^k \in D$，则对 $\forall \boldsymbol{x} \in D$，有

$$f(\boldsymbol{x}) = f(\boldsymbol{x}) + M_k\sum_{j=1}^{l} |h_j(\boldsymbol{x})|^{\beta} = P(\boldsymbol{x}, M_k) \geqslant P(\boldsymbol{x}^k, M_k) = f(\boldsymbol{x}^k) + 0 = f(\boldsymbol{x}^k)$$

所以 $\boldsymbol{x}^k$ 必同时是原约束问题的解。如果 $\boldsymbol{x}^k \notin D$，则加大 M_k 的值，如令 $M_{k+1} = 10M_k$，再求 $P(\boldsymbol{x}, M_{k+1})$ 的最优解，直至 $\boldsymbol{x}^k \in D$ 为止。这里通常取参数 $\beta=2$。不一次取太大的 β 和太大的罚因子 M_k，主要是为了防止辅助函数出现狭长深谷等不利于无约束问题求解的现象。

对于不等式约束问题：

$$\begin{cases} \min \quad f(\boldsymbol{x}) \qquad (\boldsymbol{x} \in \mathbf{R}^n) \\ \text{s. t.} \quad g_i(\boldsymbol{x}) \geqslant 0 \qquad (i=1,2,\cdots,m) \end{cases}$$

其可行域为

$$D = \{\boldsymbol{x} \mid g_i(\boldsymbol{x}) \geqslant 0, i=1,2,\cdots,m\}$$

类似地，构造辅助函数：

$$P(\boldsymbol{x}, M_k) = f(\boldsymbol{x}) + M_k\widetilde{P}(\boldsymbol{x}) = f(\boldsymbol{x}) + M_k\sum_{i=1}^{m}\min\{0, g_i(\boldsymbol{x})\}^{\alpha} \qquad (\alpha \geqslant 1)$$

其中，M_k 为罚因子，函数 $M_k\widetilde{P}(\boldsymbol{x}) = M_k \sum_{i=1}^{m} \min\{0, g_i(\boldsymbol{x})\}^{\alpha}$ 为罚项。于是当我们求得无约束问题 $P(\boldsymbol{x}, M_k)$ 的最优解 $\boldsymbol{x}^k$ 时，若 $\boldsymbol{x}^k \in D$，则对 $\forall \boldsymbol{x} \in D$，有

$$f(\boldsymbol{x}) = f(\boldsymbol{x}) + M_k\sum_{i=1}^{l}\min\{0, g_i(\boldsymbol{x})\}^{\alpha} = P(\boldsymbol{x}, M_k) \geqslant P(\boldsymbol{x}^k, M_k) = f(\boldsymbol{x}^k) + 0 = f(\boldsymbol{x}^k)$$

所以 $\boldsymbol{x}^k$ 必同时是原约束问题的解。如果 $\boldsymbol{x}^k \notin D$，则加大 M_k 的值，如令 $M_{k+1} = 10M_k$，再求 $P(\boldsymbol{x}, M_{k+1})$ 的最优解，直至 $\boldsymbol{x}^k \in D$ 为止。

为方便起见，我们常将函数 $\min\{0, g_i(\boldsymbol{x})\}$ 写为 $\dfrac{g_i(\boldsymbol{x}) - |g_i(\boldsymbol{x})|}{2}$。

对于一般约束问题：

$$\begin{cases} \min \quad f(\boldsymbol{x}) \qquad (\boldsymbol{x} \in \mathbf{R}^n) \\ \text{s. t.} \quad g_i(\boldsymbol{x}) \geqslant 0 \qquad (i=1,2,\cdots,m) \\ \qquad\quad h_j(\boldsymbol{x}) = 0 \qquad (j=1,2,\cdots,l) \end{cases}$$

其可行域为

$$D = \{\boldsymbol{x} \mid g_i(\boldsymbol{x}) \geqslant 0,\ i=1,2,\cdots,m;\ h_j(\boldsymbol{x}) = 0,\ j=1,2,\cdots,l\}$$

类似地，构造辅助函数：

$$P(\boldsymbol{x},M_k)=f(\boldsymbol{x})+M_k\widetilde{P}(\boldsymbol{x})$$
$$=f(\boldsymbol{x})+M_k\left(\sum_{i=1}^{m}\min\{0,g_i(\boldsymbol{x})\}^{\alpha}+\sum_{j=1}^{l}|h_j(\boldsymbol{x})|^{\beta}\right)\quad(\alpha\geqslant 1,\beta\geqslant 1)\tag{5-6}$$

采用类似的方法可以求得原约束问题的最优解。和前面一样，其中常将函数 $\min\{0,g_i(\boldsymbol{x})\}$ 写为$\dfrac{g_i(\boldsymbol{x})-|g_i(\boldsymbol{x})|}{2}$。

5.2.2 外罚函数法的算法

对于既含有等式约束，又含有不等式约束的混合约束优化问题，其外罚函数法的算法如下：

step1：给定初始点$\boldsymbol{x}^0\in\mathbf{R}^n$，初始罚因子 M_0（比如 $M_0:=1$），$\alpha:=2$，$\beta:=2$，允许误差 $\varepsilon>0$，令 $k:=0$。

step2：求解无约束问题：

$$\min P(\boldsymbol{x},M_k)=\min\{f(\boldsymbol{x})+M_k\widetilde{P}(\boldsymbol{x})\}$$
$$=\min\left\{f(\boldsymbol{x})+M_k\left(\sum_{i=1}^{m}\min\{0,g_i(\boldsymbol{x})\}^{\alpha}+\sum_{j=1}^{l}|h_j(\boldsymbol{x})|^{\beta}\right)\right\}$$

设求得的极小值点为$\boldsymbol{x}^{k+1}$。

step3：若罚项 $M_k\widetilde{P}(\boldsymbol{x}^{k+1})<\varepsilon$，则停止，得近似解$\boldsymbol{x}^*=\boldsymbol{x}^{k+1}$；否则，令 $M_{k+1}:=10M_k$，$k:=k+1$，转 step2。

5.2.3 外罚函数法的收敛性分析

引理 5.1　对于由 SUMT 外罚函数法产生的序列$\{\boldsymbol{x}^k\}$，如果恒有 $M_{k+1}>M_k$，则总有：

(1) $P(\boldsymbol{x}^{k+1},M_{k+1})\geqslant P(\boldsymbol{x}^k,M_k)$；

(2) $\widetilde{P}(\boldsymbol{x}^k)\geqslant\widetilde{P}(\boldsymbol{x}^{k+1})$；

(3) $f(\boldsymbol{x}^{k+1})\geqslant f(\boldsymbol{x}^k)$。

证　由于 $M_{k+1}>M_k$，而$\boldsymbol{x}^k$是 $P(\boldsymbol{x},M_k)$的最优解，所以有

$$P(\boldsymbol{x}^{k+1},M_{k+1})=f(\boldsymbol{x}^{k+1})+M_{k+1}\widetilde{P}(\boldsymbol{x}^{k+1})\geqslant f(\boldsymbol{x}^{k+1})+M_k\widetilde{P}(\boldsymbol{x}^{k+1})$$
$$=P(\boldsymbol{x}^{k+1},M_k)\geqslant P(\boldsymbol{x}^k,M_k)$$

结论(1)成立。

又由于$\boldsymbol{x}^{k+1}$、$\boldsymbol{x}^k$分别是 $P(\boldsymbol{x},M_{k+1})$和 $P(\boldsymbol{x},M_k)$的最优解，所以有

$$P(\boldsymbol{x}^{k+1},M_k)=f(\boldsymbol{x}^{k+1})+M_k\widetilde{P}(\boldsymbol{x}^{k+1})\geqslant f(\boldsymbol{x}^k)+M_k\widetilde{P}(\boldsymbol{x}^k)=P(\boldsymbol{x}^k,M_k)$$
$$P(\boldsymbol{x}^k,M_{k+1})=f(\boldsymbol{x}^k)+M_{k+1}\widetilde{P}(\boldsymbol{x}^k)\geqslant f(\boldsymbol{x}^{k+1})+M_{k+1}\widetilde{P}(\boldsymbol{x}^{k+1})=P(\boldsymbol{x}^{k+1},M_{k+1})$$

即

$$f(\boldsymbol{x}^{k+1})-f(\boldsymbol{x}^k)\geqslant M_k[\widetilde{P}(\boldsymbol{x}^k)-\widetilde{P}(\boldsymbol{x}^{k+1})] \tag{5-7}$$

$$f(\boldsymbol{x}^{k+1})-f(\boldsymbol{x}^k)\leqslant M_{k+1}[\widetilde{P}(\boldsymbol{x}^k)-\widetilde{P}(\boldsymbol{x}^{k+1})]$$

从而得

$$M_{k+1}[\widetilde{P}(\boldsymbol{x}^k)-\widetilde{P}(\boldsymbol{x}^{k+1})]\geqslant M_k[\widetilde{P}(\boldsymbol{x}^k)-\widetilde{P}(\boldsymbol{x}^{k+1})]$$

即

$$(M_{k+1}-M_k)[\widetilde{P}(\boldsymbol{x}^k)-\widetilde{P}(\boldsymbol{x}^{k+1})]\geqslant 0$$

由于 $M_{k+1}>M_k$，所以 $\widetilde{P}(\boldsymbol{x}^k)\geqslant\widetilde{P}(\boldsymbol{x}^{k+1})$，结论(2)成立。

由式(5-7)及结论(1)即知结论(3)成立。

定理 5.3 设约束问题(5-1)和无约束问题(5-6)的整体最优解分别为 $\boldsymbol{x}^*$ 和 $\boldsymbol{x}^k(\forall k\in\mathbf{N})$，罚因子满足 $M_{k+1}>M_k$，$\lim\limits_{k\to\infty}M_k=+\infty$，则当 $\boldsymbol{x}^k$ 收敛时，其极限点必为约束问题(5-1)的整体最优解。

证 设 $\lim\limits_{k\to\infty}\boldsymbol{x}^k=\boldsymbol{x}^0$，则由于 $\boldsymbol{x}^*$ 和 $\boldsymbol{x}^k$ 分别为约束问题(5-1)和无约束问题(5-6)的整体最优解，且 $\widetilde{P}(\boldsymbol{x}^*)=0$，所以有

$$f(\boldsymbol{x}^*)=f(\boldsymbol{x}^*)+M_k\widetilde{P}(\boldsymbol{x}^*)\geqslant f(\boldsymbol{x}^k)+M_k\widetilde{P}(\boldsymbol{x}^k)=P(\boldsymbol{x}^k, M_k) \tag{5-8}$$

由引理 5.1 知 $P(\boldsymbol{x}^k, M_k)$ 单调递增，现在上方有界，所以必有极限，设 $\lim\limits_{k\to\infty}P(\boldsymbol{x}^k, M_k)=P^0$。

再注意到 $P(\boldsymbol{x}^k, M_k)=f(\boldsymbol{x}^k)+M_k\widetilde{P}(\boldsymbol{x}^k)\geqslant f(\boldsymbol{x}^k)$ 及式(5-8)得

$$f(\boldsymbol{x}^*)\geqslant P(\boldsymbol{x}^k, M_k)\geqslant f(\boldsymbol{x}^k) \tag{5-9}$$

而由引理 5.1 知 $f(\boldsymbol{x}^k)$ 单调递增，现在上方有界，所以必有极限，设 $\lim\limits_{k\to\infty}f(\boldsymbol{x}^k)=f^0$。

又由式(5-6)的定义知

$$M_k\widetilde{P}(\boldsymbol{x}^k)=P(\boldsymbol{x}^k, M_k)-f(\boldsymbol{x}^k)$$

从而极限 $\lim\limits_{k\to\infty}M_k\widetilde{P}(\boldsymbol{x}^k)=\lim\limits_{k\to\infty}\{P(\boldsymbol{x}^k, M_k)-f(\boldsymbol{x}^k)\}=P^0-f^0$ 存在，而 $\lim\limits_{k\to\infty}M_k=+\infty$，所以必有 $\lim\limits_{k\to\infty}\widetilde{P}(\boldsymbol{x}^k)=0$，考虑到 $\widetilde{P}(\boldsymbol{x})$ 的连续性，从而有

$$\lim_{k\to\infty}\widetilde{P}(\boldsymbol{x}^k)=\widetilde{P}(\lim_{k\to\infty}\boldsymbol{x}^k)=\widetilde{P}(\boldsymbol{x}^0)=0$$

于是知 $\boldsymbol{x}^0$ 为约束问题(5-1)的可行解，所以必有 $f(\boldsymbol{x}^0)\geqslant f(\boldsymbol{x}^*)$。又结合式(5-9)及 $f(\boldsymbol{x})$ 的连续性可知，$f(\boldsymbol{x}^*)\geqslant f(\boldsymbol{x}^0)$，所以必有 $f(\boldsymbol{x}^0)=f(\boldsymbol{x}^*)$。即 $\boldsymbol{x}^0$ 是约束问题(5-1)的整体最优解。

【例 5.3】 用外罚函数法求解：

$$\begin{cases}\min & f(x)=(x-4)^2\\ \text{s.t.} & x-5\geqslant 0\end{cases}$$

解 构造辅助函数：

$$P(\boldsymbol{x}, M_k)=f(\boldsymbol{x})+M_k\sum_{i=1}^{m}\min\{0, g_i(\boldsymbol{x})\}^{\alpha}=(x-4)^2+M_k\left[\frac{(x-5)-|x-5|}{2}\right]^2$$

则

$$P(\boldsymbol{x}, M_k)=\begin{cases}(x-4)^2 & (x\geqslant 5)\\(x-4)^2+M_k(x-5)^2 & (x<5)\end{cases}$$

令

$$\frac{\mathrm{d}P(\boldsymbol{x}, M_k)}{\mathrm{d}x}=\left.\begin{cases}2(x-4) & (x\geqslant 5)\\2(x-4)+2M_k(x-5) & (x<5)\end{cases}\right\}=0$$

解之得 $x_k=\dfrac{4+5M_k}{1+M_k}$。不满足约束条件，令 $\lim\limits_{k\to\infty}M_k=+\infty$ 得 $x^*=\lim\limits_{k\to\infty}x_k=5$。显然原问题是凸规划，所以 x^* 是最优解。

【例 5.4】 用外罚函数法求解：

$$\begin{cases}\min & f(\boldsymbol{x})=(x_1-1)^2+(x_2-2)^2\\\text{s. t.} & 2x_1+x_2=3\end{cases}$$

解　构造辅助函数：

$$P(\boldsymbol{x}, M_k)=f(\boldsymbol{x})+M\sum_{j=1}^{l}|h_j(\boldsymbol{x})|^{\beta}=(x_1-1)^2+(x_2-2)^2+M_k(2x_1+x_2-3)^2$$

令

$$\frac{\partial P(\boldsymbol{x}, M_k)}{\partial x_1}=2(x_1-1)+4M_k(2x_1+x_2-3)=0$$

$$\frac{\partial P(\boldsymbol{x}, M_k)}{\partial x_2}=2(x_2-2)+2M_k(2x_1+x_2-3)=0$$

解之得

$$x_1^k=\frac{3M_k+1}{5M_k+1},\ x_2^k=\frac{9M_k+2}{5M_k+1}$$

由于 $\nabla^2P(\boldsymbol{x}, M_k)=\begin{pmatrix}8M_k+2 & 4M_k\\4M_k & 2M_k+2\end{pmatrix}$ 满足

$$\Delta_1=|8M_k+2|=8M_k+2>0$$

$$\Delta_2=\begin{vmatrix}8M_k+2 & 4M_k\\4M_k & 2M_k+2\end{vmatrix}=20M_k+4>0$$

所以 $\nabla^2P(\boldsymbol{x}, M_k)$ 正定，故 $\boldsymbol{x}^k=\left(\dfrac{3M_k+1}{5M_k+1}, \dfrac{9M_k+2}{5M_k+1}\right)^{\mathrm{T}}$ 是辅助函数 $P(\boldsymbol{x}, M_k)$ 的整体最优解，但它不满足约束条件。令 $\lim\limits_{k\to\infty}M_k=+\infty$，则 $\boldsymbol{x}^*=\lim\limits_{k\to\infty}\boldsymbol{x}^k=\left(\dfrac{3}{5}, \dfrac{9}{5}\right)^{\mathrm{T}}$，$\boldsymbol{x}^*=(\dfrac{3}{5}, \dfrac{9}{5})^{\mathrm{T}}$ 为原约束问题的最优解。

需要说明的是，辅助函数的形式是不唯一的，只要能确保罚项在可行域内为零，在可行域外充分大就可以了，其中的罚因子 M_k 的放大系数可以不取 10 而取任何大于 1 的数，参数 $\alpha>1$，$\beta>1$ 也可以根据需要取任何大于 1 的值。

辅助函数的优点是：首先，它对初始点没有要求，可以在整个 $\mathbf{R}^n$ 空间内求最优解，这给计算带来很大的方便；其次，它可以适用于同时含有等式约束和不等式约束的优化问题，这使得它的应用范围比较广泛。其缺点是：辅助函数在可行域的边界上往往是不可导的，即偏导数不存在，这使得一般的无约束优化方法的应用受到限制。另外，外罚函数法的最优解序列一般在可行域以外，而有些目标函数在可行域外没有定义，这一点也使得外罚函数法的应用受到一定的限制。

5.3 障碍函数法

5.3.1 障碍函数法的算法原理

虽然外罚函数法具有一定的优点，但还是有其局限性的，特别是迭代过程中的近似最优解一般都在可行域的外部，这对某些目标函数在可行域外没有定义的约束问题就不适用了。为此又有一种新的优化方法被提出，其基本思想类似外罚函数法，也是构造一个辅助函数，$G(\boldsymbol{x}, r_k)=f(\boldsymbol{x})+r_kB(\boldsymbol{x})$，它由约束优化问题的目标函数 $f(\boldsymbol{x})$和一个障碍项$r_kB(\boldsymbol{x})$构成，其中 $B(\boldsymbol{x})$称为**障碍函数**。障碍项 $r_kB(\boldsymbol{x})$在可行域的边界附近的函数值远远大于目标函数值，而在可行域内部尽可能与目标函数接近。对这样的辅助函数，只要初始点选择在可行域内部，则其无约束问题的最优解必在可行域内部，而在内部它与目标函数近似相等，所以障碍函数的无约束问题的最优解就可以近似地看成目标函数的约束问题的最优解。这样产生的方法，被称为**障碍函数法**。又由于迭代过程中的近似最优解总在可行域内部，所以又被称为**内点法**或者**内罚函数法**。

这里构造的 $r_kB(\boldsymbol{x})$应满足：

(1) $r_kB(\boldsymbol{x})$在可行域内部连续；

(2) 当 $\boldsymbol{x}$ 在可行域内部趋近于边界点时，$r_kB(\boldsymbol{x})>0$ 且 $r_kB(\boldsymbol{x})\to+\infty$，此时，$r_kB(\boldsymbol{x})$很大；

(3) 当 $\boldsymbol{x}$ 在可行域内部远离边界时，$r_kB(\boldsymbol{x})$很小。

图 5－2 所示为障碍函数法的原理示意图，其中假设的约束优化问题为

$$\begin{cases}\min & f(x)\\ \text{s. t.} & a\leqslant x\leqslant b\end{cases}$$

图中实线是原约束优化问题的目标函数，虚线则是逐渐加大障碍项后所产生的辅助函数的图形。从中不难看出，当我们把障碍项加大到一定程度时，辅助函数的无约束问题的最优解近似等于约束问题的最优解。

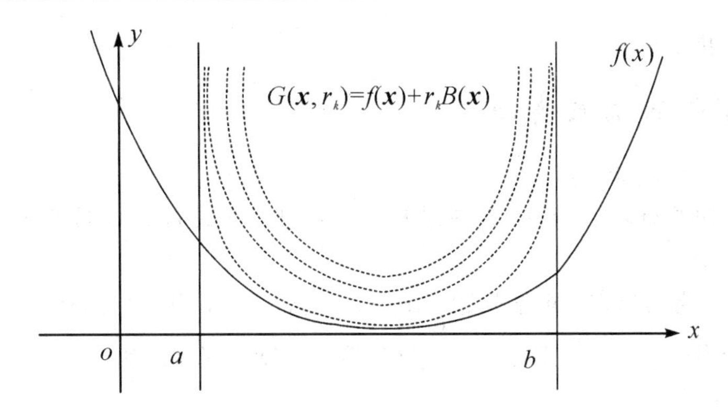

图 5-2　障碍函数法的原理示意图

对于约束问题：

$$\begin{cases} \min \quad f(\boldsymbol{x}) \qquad (\boldsymbol{x} \in \mathbf{R}^n) \\ \text{s.t.} \quad g_i(\boldsymbol{x}) \geqslant 0 \qquad (i=1,2,\cdots,m) \end{cases} \tag{5-10}$$

其可行域为

$$D=\{\boldsymbol{x} \mid g_i(\boldsymbol{x}) \geqslant 0, i=1,2,\cdots,m\}$$

构造辅助函数：

$$G(\boldsymbol{x}, r_k)=f(\boldsymbol{x})+r_k B(\boldsymbol{x})$$

其中，r_k是一个相当小的正数，称为**障碍因子**，函数 $B(\boldsymbol{x})$为障碍函数。当 $\boldsymbol{x}$ 靠近 D 的边界时，$B(\boldsymbol{x}) \to +\infty$。通常选取：

$$B(\boldsymbol{x}) = \sum_{i=1}^{m} \frac{1}{g_i(\boldsymbol{x})} \qquad \text{（称为倒数障碍函数）}$$

或者

$$B(\boldsymbol{x}) = -\sum_{i=1}^{m} \ln[g_i(\boldsymbol{x})] \qquad \text{（称为对数障碍函数）}$$

这样，当 $\boldsymbol{x}$ 趋于 D 的边界时，$G(\boldsymbol{x}, r_k) \to +\infty$，当 $\boldsymbol{x}$ 远离 D 的边界时，由于 r_k充分小，所以 $G(\boldsymbol{x}, r_k) \approx f(\boldsymbol{x})$，因而可以通过求解问题：

$$\begin{cases} \min \quad G(\boldsymbol{x}, r_k) = f(\boldsymbol{x}) + r_k B(\boldsymbol{x}) \\ \text{s.t.} \quad \boldsymbol{x} \in \text{int}D \end{cases} \tag{5-11}$$

（这里 int$D$ 表示 D 的内部，开集）而得到问题(5-10)的解。由于障碍函数 $B(\boldsymbol{x})$的存在，辅助函数 $G(\boldsymbol{x}, r_k)$在 D 的边界上形成了一道高高的“围墙”，所以由 D 内部出发经过迭代得到的最优点一定还在 D 的内部。因而问题(5-11)实际上是一个无约束问题。和外罚函数法类似，r_k越小，问题(5-11)的解越接近问题(5-10)的解，但是 r_k太小会导致问题(5-11)求解困难，所以采用序列极小化方法，让 r_k逐步变小，即让 $r_k > r_{k+1}$，$\lim\limits_{k \to \infty} r_k = 0$，不断地求解 $G(\boldsymbol{x}, r_k)$，直到对某个 k，问题(5-11)的解 $\boldsymbol{x}^k$可使$|r_k B(\boldsymbol{x}^k)| < \varepsilon$ 为止。这里 $\varepsilon > 0$

是事先给定的停止条件。

5.3.2 障碍函数法的算法

障碍函数法的算法如下：

step1：给定初始点$x^0 \in \text{int}D$，允许误差$\varepsilon > 0$，初始参数$r_1 > 0$，收缩系数$\beta \in (0,1)$，令$k := 1$。

step2：以x^{k-1}为初始点，求解问题$\min\limits_{x \in \text{int}D} f(x) + r_k B(x)$，设求得的极小点为$x^k$。

step3：若$|r_k B(x^k)| < \varepsilon$，则停止，得近似解$x^* = x^k$；否则，令$r_{k+1} := \beta r_k$，$k := k+1$，转 step2。

【例 5.5】 用障碍函数法求解：

$$\begin{cases} \min \quad f(\boldsymbol{x}) = \dfrac{1}{12}(x_1+1)^3 + x_2 \\ \text{s.t.} \quad x_1 - 1 \geqslant 0 \\ \qquad\ \ x_2 \geqslant 0 \end{cases}$$

解 方法一:取含倒数障碍函数的辅助函数，即

$$G(\boldsymbol{x}, r_k) = f(\boldsymbol{x}) + r_k B(\boldsymbol{x}) = \frac{1}{12}(x_1+1)^3 + x_2 + r_k\left(\frac{1}{x_1-1} + \frac{1}{x_2}\right)$$

用解析法求其无约束最优解，令

$$\begin{cases} \dfrac{\partial G}{\partial x_1} = \dfrac{1}{4}(x_1+1)^2 - \dfrac{r_k}{(x_1-1)^2} = 0 \\ \dfrac{\partial G}{\partial x_2} = 1 - \dfrac{r_k}{x_2^2} = 0 \end{cases}$$

解之得

$$x_1^k = \sqrt{1+2\sqrt{r_k}}, \quad x_2^k = \sqrt{r_k} \ \text{（负根舍去）}$$

即

$$\boldsymbol{x}^k = \begin{pmatrix} \sqrt{1+2\sqrt{r_k}} \\ \sqrt{r_k} \end{pmatrix}$$

由于

$$\nabla^2 G(\boldsymbol{x}^k, r_k) = \begin{pmatrix} \dfrac{1}{2}\left[\sqrt{1+2\sqrt{r_k}}+1\right] + \dfrac{2r_k}{(\sqrt{1+2\sqrt{r_k}}-1)^3} & 0 \\ 0 & \dfrac{2r_k}{(\sqrt{r_k})^3} \end{pmatrix}$$

显然正定，所以x^k是辅助函数$G(x, r_k)$的全局最优解。当$\lim\limits_{k\to\infty} r_k = 0$时，$x^* = \lim\limits_{k\to\infty} x^k = \begin{pmatrix} 1 \\ 0 \end{pmatrix}$为

原问题的最优解。

方法二：取含对数障碍函数的辅助函数，即

$$G(\boldsymbol{x}, r_k)=f(\boldsymbol{x})+r_kB(\boldsymbol{x})=\frac{1}{12}(x_1+1)^3+x_2-r_k[\ln(x_1-1)+\ln x_2]$$

用解析法求其无约束最优解，令

$$\begin{cases}\dfrac{\partial G}{\partial x_1}=\dfrac{1}{4}(x_1+1)^2-\dfrac{r_k}{x_1-1}=0\\ \dfrac{\partial G}{\partial x_2}=1-\dfrac{r_k}{x_2}=0\end{cases}$$

即

$$\begin{cases}\dfrac{1}{4}(x_1+1)^2(x_1-1)=r_k\\ x_2=r_k\end{cases}$$

设$\boldsymbol{x}^k=\begin{bmatrix}x_1^k\\ x_2^k\end{bmatrix}$，则

$$\begin{cases}\dfrac{r_k}{x_1^k-1}=\dfrac{1}{4}(x_1^k+1)^2\\ x_2^k=r_k\end{cases}$$

由于

$$\nabla^2G(\boldsymbol{x}, r_k)=\begin{bmatrix}\dfrac{1}{2}(x_1+1)+\dfrac{r_k}{(x_1-1)^2} & 0\\ 0 & \dfrac{r_k}{(x_2)^2}\end{bmatrix}$$

所以，当$\boldsymbol{x}=\boldsymbol{x}^k$时，

$$\nabla^2G(\boldsymbol{x}^k, r_k)=\begin{bmatrix}\dfrac{1}{2}(x_1^k+1)+\dfrac{1}{16r_k}(x_1^k+1)^4 & 0\\ 0 & \dfrac{r_k}{(x_2^k)^2}\end{bmatrix}$$

当 $x_1^k>1$ 时，显然正定。所以$\boldsymbol{x}^k$是辅助函数$G(\boldsymbol{x}, r_k)$的整体最优解，故当$\lim\limits_{k\to\infty}r_k=0$时，

$$\begin{cases}\lim\limits_{k\to\infty}r_k=\lim\limits_{k\to\infty}\dfrac{1}{4}(x_1^k+1)^2(x_1^k-1)=0\\ \lim\limits_{k\to\infty}x_2^k=\lim\limits_{k\to\infty}r_k=0\end{cases}$$

从而

$$\begin{cases}\lim\limits_{k\to\infty}x_1^k=1\\ \lim\limits_{k\to\infty}x_2^k=0\end{cases}$$

即$\boldsymbol{x}^*=\lim\limits_{k\to\infty}\boldsymbol{x}^k=\begin{pmatrix}1\\0\end{pmatrix}$为原问题的最优解，最小值为 $f(\boldsymbol{x}^*)=\dfrac{2}{3}$。

5.3.3 障碍函数法的收敛性

引理 5.2 由障碍函数法产生的点列$\{\boldsymbol{x}^k\}$总满足$G(\boldsymbol{x}^{k+1},\ r_{k+1})\leqslant G(\boldsymbol{x}^k,\ r_k)$。

证 注意到$\boldsymbol{x}^{k+1}$是$G(\boldsymbol{x},\ r_{k+1})$的最优解，而$r_{k+1}<r_k$，所以必有

$$\begin{aligned}G(\boldsymbol{x}^{k+1},\ r_{k+1})&=f(\boldsymbol{x}^{k+1})+r_{k+1}B(\boldsymbol{x}^{k+1})\leqslant f(\boldsymbol{x}^k)+r_{k+1}B(\boldsymbol{x}^k)\\&\leqslant f(\boldsymbol{x}^k)+r_kB(\boldsymbol{x}^k)=G(\boldsymbol{x}^k,\ r_k)\end{aligned}$$

定理证毕。

定理 5.4 设在约束优化问题(5-10)中，$f(\boldsymbol{x})$、$g_i(\boldsymbol{x})(i=1,2,\cdots,m)$为$\mathbf{R}^n$上的连续函数，最优解$\boldsymbol{x}^*$存在，障碍函数法中的障碍因子$r_k$满足$r_{k+1}<r_k$且$\lim\limits_{k\to\infty}r_k=0$，则当$\lim\limits_{k\to\infty}\boldsymbol{x}^k=\boldsymbol{x}^0$存在时，$\boldsymbol{x}^0$必为约束优化问题(5-10)的最优解。

证 由于$\boldsymbol{x}^*$为约束优化问题(5-10)的最优解，$r_kB(\boldsymbol{x}^k)>0$，$\boldsymbol{x}^k\in\mathrm{int}D$，所以

$$G(\boldsymbol{x}^k,\ r_k)=f(\boldsymbol{x}^k)+r_kB(\boldsymbol{x}^k)\geqslant f(\boldsymbol{x}^k)\geqslant f(\boldsymbol{x}^*)\tag{5-12}$$

而由引理 5.2 知$G(\boldsymbol{x}^k,\ r_k)$单调下降，所以必有极限，设$\lim\limits_{k\to\infty}G(\boldsymbol{x}^k,\ r_k)=G^0$，结合式(5-12)显然有

$$G^0\geqslant f(\boldsymbol{x}^*)\tag{5-13}$$

由$f(\boldsymbol{x})$的连续性可知，对任意小的正数$\varepsilon>0$，总存在$\delta>0$，使得当$\|\boldsymbol{x}-\boldsymbol{x}^*\|<\delta$时恒有

$$|f(\boldsymbol{x})-f(\boldsymbol{x}^*)|<\frac{\varepsilon}{2}$$

注意到$\boldsymbol{x}^*\in\mathrm{int}D$，所有必有$\boldsymbol{x}^1\in\mathrm{int}D$且满足$|f(\boldsymbol{x}^1)-f(\boldsymbol{x}^*)|<\dfrac{\varepsilon}{2}$。

又由于$\lim\limits_{k\to\infty}r_k=0$，所以存在$K$，使得当$k>K$时恒有

$$r_kB(\boldsymbol{x}^1)<\frac{\varepsilon}{2}$$

再由$\boldsymbol{x}^k$是$G(\boldsymbol{x},\ r_k)$的最优解知，$G(\boldsymbol{x}^k,\ r_k)\leqslant G(\boldsymbol{x}^1,\ r_k)=f(\boldsymbol{x}^1)+r_kB(\boldsymbol{x}^1)$，等式两端同时减去$f(\boldsymbol{x}^*)$得

$$G(\boldsymbol{x}^k,\ r_k)-f(\boldsymbol{x}^*)\leqslant f(\boldsymbol{x}^1)-f(\boldsymbol{x}^*)+r_kB(\boldsymbol{x}^1)<\frac{\varepsilon}{2}+\frac{\varepsilon}{2}=\varepsilon$$

由ε的任意性得$G(\boldsymbol{x}^k,\ r_k)\leqslant f(\boldsymbol{x}^*)$，令$k\to\infty$即得

$$G^0\leqslant f(\boldsymbol{x}^*)$$

结合式(5-13)知，$\lim\limits_{k\to\infty}G(\boldsymbol{x}^k,\ r_k)=G^0=f(\boldsymbol{x}^*)$。考虑到$f(\boldsymbol{x})$的连续性，结合式(5-12)及夹值同限定理可得

$$f(\boldsymbol{x}^0)=\lim_{k\to\infty}f(\boldsymbol{x}^k)=f(\boldsymbol{x}^*)$$

即 $\boldsymbol{x}^0$ 是约束优化问题(5－10)的最优解。定理证毕。

【例 5.6】 用障碍函数法求解：

$$\begin{cases}\min & f(\boldsymbol{x})=x_1-x_2\\ \text{s.t.} & 1-x_1^2-x_2^2\geqslant 0\end{cases}$$

解 构造含对数障碍项的辅助函数：

$$G(\boldsymbol{x},\ r_k)=f(\boldsymbol{x})+r_kB(\boldsymbol{x})=x_1-x_2-r_k\ln(1-x_1^2-x_2^2)$$

用解析法求其全局最优解，令

$$\begin{cases}\dfrac{\partial G}{\partial x_1}=1+\dfrac{2r_kx_1}{1-x_1^2-x_2^2}=0\\[2ex] \dfrac{\partial G}{\partial x_2}=-1+\dfrac{2r_kx_2}{1-x_1^2-x_2^2}=0\end{cases}$$

两式相加得 $x_1+x_2=0$，所以 $x_2=-x_1$，将其代入第一式得 $1+\dfrac{2r_kx_1}{1-2x_1^2}=0$，即

$$2x_1^2-2r_kx_1-1=0,\ x_1=\frac{r_k\pm\sqrt{r_k^2+2}}{2},\ x_1^2=\frac{r_k^2\pm 2r_k\sqrt{r_k^2+2}+r_k^2+2}{4}$$

从而有

$$1-x_1^2-x_2^2=1-2x_1^2=1-2\,\frac{r_k^2\pm 2r_k\sqrt{r_k^2+2}+r_k^2+2}{4}=-(r_k^2\pm r_k\sqrt{r_k^2+2})\geqslant 0$$

由此知为使最优解落在可行域内，根号前的符号必须为负，所以

$$\begin{cases}x_1^k=\dfrac{r_k-\sqrt{r_k^2+2}}{2}\\[2ex] x_2^k=\dfrac{-r_k+\sqrt{r_k^2+2}}{2}\end{cases}$$

从而

$$\boldsymbol{x}^*=\lim_{k\to\infty}\boldsymbol{x}^k=\begin{pmatrix}-\dfrac{\sqrt{2}}{2}\\[2ex] \dfrac{\sqrt{2}}{2}\end{pmatrix}$$

为原问题的最优解，最优值为 $f(\boldsymbol{x}^*)=-\sqrt{2}$。

障碍函数法的优点在于迭代过程中的每一点都在可行域内，所以可以随时停止迭代得到近似解，对目标函数在可行域外的性质没有要求，但缺点是初始点必须选在可行域内部。对于比较简单的问题，可凭感觉得到一个内点，但当约束条件多时就很困难了。为解决障碍函数法的初始点的选择问题，一种专门用来求内点的方法被提出。

5.4 初始内点的求法

下面给出求问题(5-10)的初始内点的方法。设其可行域为

$$D=\{\boldsymbol{x}|g_i(\boldsymbol{x})\geqslant 0,\ i=1,2,\cdots,m\}$$

且 $\mathrm{int}D=\{\boldsymbol{x}|g_i(\boldsymbol{x})>0,\ i=1,2,\cdots,m\}\neq\varnothing$。这里的内点指的是：如果 $\boldsymbol{x}^0$ 是区域 D 的内点，则存在一个 $\boldsymbol{x}^0$ 的 δ 邻域，使得其中的点全部属于 D。

先任取一点$\boldsymbol{x}^0\in\mathbf{R}^n$为初始点，然后求出指标集：

$$S_0=\{i|g_i(\boldsymbol{x}^0)\leqslant 0,\ 1\leqslant i\leqslant m\}\text{和 }T_0=\{i|g_i(\boldsymbol{x}^0)>0,\ 1\leqslant i\leqslant m\}$$

如果 S_0 为空集，则$\boldsymbol{x}^0$就是满足所有约束条件 $g_i(\boldsymbol{x}^0)>0(i=1,2,\cdots,m)$的初始内点；否则以 S_0 中的约束函数为目标函数，以 T_0 中的函数为障碍项，从 $\boldsymbol{x}^0$ 出发，求一个无约束极小值问题，$\widetilde{P}(\boldsymbol{x},r_k)=-\sum\limits_{i\in S_0}g_i(\boldsymbol{x})+r_k\sum\limits_{i\in T_0}\dfrac{1}{g_i(\boldsymbol{x})}$，得到$\boldsymbol{x}^1$，求出 $S_1=\{i|g_i(\boldsymbol{x}^1)\leqslant 0,1\leqslant i\leqslant m\}$和 $T_1=\{i|g_i(\boldsymbol{x}^1)>0,1\leqslant i\leqslant m\}$，如果 S_1 为空集，则$\boldsymbol{x}^1$为所求内点，否则缩小 r_k，再求极小化问题得$\boldsymbol{x}^2$。如此不断重复前面的步骤，直到某个 k 使得 S_k 为空集为止。

求初始内点的具体算法如下：

step1：任取$\boldsymbol{x}^0\in\mathbf{R}^n$，$r_0>0$，令 $k:=0$。

step2：求出指标集 $S_k=\{i|g_i(\boldsymbol{x}^k)\leqslant 0,1\leqslant i\leqslant m\}$，$T_k=\{i|g_i(\boldsymbol{x}^k)>0,1\leqslant i\leqslant m\}$。

step3：若 $S_k=\varnothing$，则停止，得$\boldsymbol{x}^k\in\mathrm{int}D$ 为初始内点；否则，转 step4。

step4：以$\boldsymbol{x}^k$为初始点，求障碍函数 $\widetilde{P}(\boldsymbol{x},r_k)=-\sum\limits_{i\in S_k}g_i(\boldsymbol{x})+r_k\sum\limits_{i\in T_k}\dfrac{1}{g_i(\boldsymbol{x})}$ 的极小点$\boldsymbol{x}^{k+1}$，

即求 $\min\limits_{\boldsymbol{x}\in\widetilde{R}_k^0}\widetilde{P}(\boldsymbol{x},r_k)$，其中 $\widetilde{R}_k^0=\{\boldsymbol{x}\mid g_i(\boldsymbol{x})>0,i\in T_k\}$。

step5：令 $r_{k+1}:=\dfrac{1}{10}r_k$，$k:=k+1$，转 step2。

算法中第四步所求的极小点$\boldsymbol{x}^{k+1}$实际上是障碍函数 $\widetilde{P}(\boldsymbol{x},r_k)$在区域 $\widetilde{R}_k^0=\{\boldsymbol{x}|g_i(\boldsymbol{x})>0,\ i\in T_k\}$中的最小值点，同时是虚拟目标函数 $-\sum\limits_{i\in S_k}g_i(\boldsymbol{x})$ 在区域 $\widetilde{R}_k^0$ 上的近似最小值点。显然有 $\widetilde{R}_k^0\supset\mathrm{int}D$，而 $\mathrm{int}D$ 非空，所以必有$\boldsymbol{x}^*\in\mathrm{int}D$，即必有$\boldsymbol{x}^*$使得所有 $g_i(\boldsymbol{x}^*)>0(i=1,2,\cdots,m)$，从而使得 $-\sum\limits_{i\in S_k}g_i(\boldsymbol{x}^*)<0$，而 $\boldsymbol{x}^{k+1}$ 为 $-\sum\limits_{i\in S_k}g_i(\boldsymbol{x})$ 在 $\widetilde{R}_k^0$ 上的近似最小值点，所以近似地应该有 $-\sum\limits_{i\in S_k}g_i(\boldsymbol{x}^{k+1})\leqslant-\sum\limits_{i\in S_k}g_i(\boldsymbol{x}^*)<0$，从而至少有一个 $i\in S_k$ 而 $g_i(\boldsymbol{x}^{k+1})>0$，如果没有，则说明近似程度不够。因此只要提高近似程度即让 r_k 更小，就必然可使某个 $i\in S_k$ 满足 $g_i(\boldsymbol{x}^{k+1})>0$，如此下去，最终可使所有 $g_i(\boldsymbol{x}^{k+1})>0$。

可以证明，只要可行域不为空集，用上述方法在有限步内必能得到可行域的一个

内点。

外罚函数法和障碍函数法的异同点如下：

(1) 外罚函数法的初始点可任取，而障碍函数法的初始点必须在可行域内部。

(2) 外罚函数法适用于解等式约束问题和不等式约束问题，而障碍函数法只适用于解不等式约束问题。

(3) 外罚函数法的罚函数 $\tilde{P}(\boldsymbol{x})$ 一般只具有一阶偏导数，二阶偏导数在边界上一般不存在，而障碍函数法的障碍函数 $B(\boldsymbol{x})$ 在可行域内部可微的阶数与约束函数 $g_i(\boldsymbol{x})$ 相同，所以便于选择无约束问题的求解方法。

(4) 外罚函数法在迭代过程中得到的近似解往往不属于可行域，直到最后才有可能落入可行域，而障碍函数法在迭代过程中得到的近似解都在可行域内，所以可以随时终止迭代，得到近似解。

(5) 外罚函数法和障碍函数法都对凸函数适用。

在实际应用中一般要根据问题的具体情况来决定采用哪种方法。

5.5　增广拉格朗日乘子法

由于在某些情况下罚函数法中的辅助函数的 Hesse 矩阵在迭代过程中会变成病态的，并且通常要在罚因子 $M_k \to \infty$ 或者障碍因子 $r_k \to 0$ 的时候才可以得到最优解，这是罚函数法的主要缺点。为克服此缺点，Hestenes 和 Powell 于 1968 年各自独立地提出了乘子法。由于这种方法是罚函数法与拉格朗日乘子法相结合的结果，所以称为增广拉格朗日乘子法。下面分三种情形进行讨论。

5.5.1　等式约束的增广拉格朗日乘子法

对于等式约束问题：

$$\begin{cases} \min \quad f(\boldsymbol{x}) \qquad (\boldsymbol{x} \in \mathbf{R}^n) \\ \text{s.t.} \quad h_j(\boldsymbol{x}) = 0 \qquad (j = 1, 2, \cdots, l) \end{cases} \tag{5-14}$$

其可行域为 $D = \{\boldsymbol{x} \mid h_j(\boldsymbol{x}) = 0, j = 1, 2, \cdots, l\}$。其中 $f(\boldsymbol{x})$、$h_j(\boldsymbol{x})(j = 1, 2, \cdots, l)$ 具有连续偏导数。

对此问题可以用拉格朗日乘数法直接求解，但通常用解析的方法会很困难，所以改用下面的迭代解法。

先构造外罚函数法的辅助函数 $\varphi(\boldsymbol{x}, M_k)$，替代原问题中的目标函数，得

$$\begin{cases} \min \quad \varphi(\boldsymbol{x}, M_k) = f(\boldsymbol{x}) + \dfrac{M_k}{2} \sum_{j=1}^{l} [h_j(\boldsymbol{x})]^2 \\ \text{s.t.} \quad h_j(\boldsymbol{x}) = 0 \qquad (j = 1, 2, \cdots, l) \end{cases} \tag{5-15}$$

显然这是一个与原问题(5-14)具有同样最优解的增广极值问题。如果直接对问题(5-15)用罚函数法，会出现 Hesse 矩阵变坏的情况，即失去正定性。为此根据古典的拉格朗日乘数法知，当如下函数：

$$
\begin{aligned}
L(\boldsymbol{x}, M_k, \boldsymbol{\lambda}^k) &= \varphi(\boldsymbol{x}, M_k) - \sum_{j=1}^{l}\lambda_j^k h_j(\boldsymbol{x}) \\
&= f(\boldsymbol{x}) + \frac{M_k}{2}\sum_{j=1}^{l}[h_j(\boldsymbol{x})]^2 - \sum_{j=1}^{l}\lambda_j^k h_j(\boldsymbol{x}) \qquad (5-16)
\end{aligned}
$$

为凸函数时，对于适当的参数 M_k 及 $\boldsymbol{\lambda}^k$，其无约束最优解就是约束问题(5-15)的最优解。这里 $\boldsymbol{\lambda}^k=(\lambda_1^k, \lambda_2^k, \cdots, \lambda_l^k)^{\mathrm{T}}$，$L(\boldsymbol{x}, M_k, \boldsymbol{\lambda}^k)$ 称为**增广拉格朗日函数**。由于增广拉格朗日函数中含有拉格朗日乘子项 $-\sum_{j=1}^{l}\lambda_j^k h_j(\boldsymbol{x})$ 和罚项 $\frac{M_k}{2}\sum_{j=1}^{l}[h_j(\boldsymbol{x})]^2$，故 $L(\boldsymbol{x}, M_k, \boldsymbol{\lambda}^k)$ 也被称为**乘子罚函数**。

这样以来约束问题(5-15)就被转化为无约束问题(5-16)，当然此时增加了变量 $\boldsymbol{\lambda}^k$。这里之所以不直接对问题(5-14)使用拉格朗日乘数法而要对(5-15)使用拉格朗日乘数法，为的是可以在迭代过程中通过调整参数 M_k，以使目标函数的 Hesse 矩阵时刻处于正定状态，从而使迭代可以顺利进行。具体实现方法讨论如下。

首先，给出下面的定理。

定理 5.5　对任何 M_k 及 $\boldsymbol{\lambda}^k$，如果 $\boldsymbol{x}^k$ 是无约束问题(5-16)的最优解，则也必是问题：

$$
\begin{cases}
\min \quad f(\boldsymbol{x}) \\
\text{s.t.} \quad h_j(\boldsymbol{x}) = h_j(\boldsymbol{x}^k) \qquad (j = 1,2,\cdots,l)
\end{cases} \qquad (5-17)
$$

的最优解。

证　设 $\boldsymbol{x}^k$ 是无约束问题(5-16)的最小值点，则对任意 $\boldsymbol{x}\in\mathbf{R}^n$ 有

$$L(\boldsymbol{x}^k, M_k, \boldsymbol{\lambda}^k)\leqslant L(\boldsymbol{x}, M_k, \boldsymbol{\lambda}^k)$$

即

$$f(\boldsymbol{x}^k) + \frac{M_k}{2}\sum_{j=1}^{l}[h_j(\boldsymbol{x}^k)]^2 - \sum_{j=1}^{l}\lambda_j^k h_j(\boldsymbol{x}^k) \leqslant f(\boldsymbol{x}) + \frac{M_k}{2}\sum_{j=1}^{l}[h_j(\boldsymbol{x})]^2 - \sum_{j=1}^{l}\lambda_j^k h_j(\boldsymbol{x})$$

亦即

$$f(\boldsymbol{x}^k) - f(\boldsymbol{x}) \leqslant \frac{M_k}{2}\sum_{j=1}^{l}\{[h_j(\boldsymbol{x})]^2 - [h_j(\boldsymbol{x}^k)]^2\} - \sum_{j=1}^{l}\lambda_j^k[h_j(\boldsymbol{x}) - h_j(\boldsymbol{x}^k)]$$

而问题(5-17)的可行域内任意一点 $\boldsymbol{x}$ 都满足 $h_j(\boldsymbol{x})=h_j(\boldsymbol{x}^k)(j=1,2,\cdots,l)$，所以对问题(5-17)的可行域中的任何点 $\boldsymbol{x}$ 都有 $f(\boldsymbol{x}^k)-f(\boldsymbol{x})\leqslant 0$，从而知 $f(\boldsymbol{x}^k)$ 是问题(5-17)的最优值，即 $\boldsymbol{x}^k$ 是问题(5-17)的最优解。定理证毕。

由此可以看出，如果问题(5-16)的最优解 $\boldsymbol{x}^k$ 可以使得 $\boldsymbol{h}(\boldsymbol{x}^k)=\boldsymbol{0}$，则 $\boldsymbol{x}^k$ 就是问题(5-14)的最优解。这里 $\boldsymbol{h}(\boldsymbol{x})=(h_1(\boldsymbol{x}), h_2(\boldsymbol{x}), \cdots, h_l(\boldsymbol{x}))^{\mathrm{T}}$。这是因为根据定理 5.5 知，$\boldsymbol{x}^k$

必是问题(5－17)的最优解，而问题(5－17)此时完全等同于问题(5－14)。

由定理5.5中M_k及$\boldsymbol{\lambda}^k$的任意性知，可以在问题(5－16)的迭代求解过程中变换M_k及$\boldsymbol{\lambda}^k$，使得$\boldsymbol{x}^k$趋向某$\boldsymbol{x}^*$，而$\boldsymbol{h}(\boldsymbol{x}^*)=\boldsymbol{0}$，这样就可以得到问题(5－14)的最优解。现在的问题是如何确定M_k及$\boldsymbol{\lambda}^k$才可以得到所要求的点列$\boldsymbol{x}^k$呢？

设想在M_k及$\boldsymbol{\lambda}^k$给定的情况下，如果$\boldsymbol{x}^k$是问题(5－16)的最优解，则应有

$$\begin{aligned}\nabla L(\boldsymbol{x}^k,M_k,\boldsymbol{\lambda}^k) &= \nabla f(\boldsymbol{x}^k)+M_k\sum_{j=1}^{l}h_j(\boldsymbol{x}^k)\nabla h_j(\boldsymbol{x}^k)-\sum_{j=1}^{l}\lambda_j^k\nabla h_j(\boldsymbol{x}^k)\\ &= \nabla f(\boldsymbol{x}^k)-\sum_{j=1}^{l}[\lambda_j^k-M_kh_j(\boldsymbol{x}^k)]\nabla h_j(\boldsymbol{x}^k)=\boldsymbol{0}\end{aligned} \tag{5-18}$$

注意到如果$\boldsymbol{x}^*$及$\boldsymbol{\lambda}^*$是问题(5－14)本身所对应的拉格朗日函数$L(\boldsymbol{x},\boldsymbol{\lambda})=f(\boldsymbol{x})-\sum_{j=1}^{l}\lambda_j^k h_j(\boldsymbol{x})$的最优解，则应有

$$\nabla f(\boldsymbol{x}^*)-\sum_{j=1}^{l}\lambda_j^*\nabla h_j(\boldsymbol{x}^*)=\boldsymbol{0} \tag{5-19}$$

比较式(5－18)和式(5－19)知，如果取迭代方程为

$$\lambda_j^{k+1}=\lambda_j^k-M_kh_j(\boldsymbol{x}^k)\qquad(j=1,2,\cdots,l) \tag{5-20}$$

则对固定的M_k，再求解无约束优化问题$\min L(\boldsymbol{x},M_k,\boldsymbol{\lambda}^{k+1})$得到$\boldsymbol{x}^{k+1}$。由此再根据迭代方程(5－20)得到$\boldsymbol{\lambda}^{k+2}$，然后再求解无约束优化问题$\min L(\boldsymbol{x},M_k,\boldsymbol{\lambda}^{k+2})$得到$\boldsymbol{x}^{k+2}$，再根据迭代方程(5－20)得到$\boldsymbol{\lambda}^{k+3}$，如此反复，直到$\boldsymbol{\lambda}^k$收敛到$\boldsymbol{\lambda}^*$，$\boldsymbol{x}^k$收敛到$\boldsymbol{x}^*$，则$\boldsymbol{x}^*$、$\boldsymbol{\lambda}^*$就满足式(5－19)，从而$\boldsymbol{\lambda}^*$就是问题(5－14)的最优乘子。如果发现$\boldsymbol{\lambda}^k$不收敛，则加大$M_{k+1}=10M_k$，再对$\min L(\boldsymbol{x},M_{k+1},\boldsymbol{\lambda}^{k+1})$进行新一轮的迭代，直至$\boldsymbol{\lambda}^k$收敛到$\boldsymbol{\lambda}^*$。这一过程可以比较有规律地表述为：在$M_k$固定的情况下，

已知$\boldsymbol{x}^k$和$\boldsymbol{\lambda}^k$，通过迭代方程(5－20)得到$\boldsymbol{\lambda}^{k+1}$，求解$\min L(\boldsymbol{x},M_k,\boldsymbol{\lambda}^{k+1})$，得到$\boldsymbol{x}^{k+1}$；

已知$\boldsymbol{x}^{k+1}$和$\boldsymbol{\lambda}^{k+1}$，通过迭代方程(5－20)得到$\boldsymbol{\lambda}^{k+2}$，求解$\min L(\boldsymbol{x},M_k,\boldsymbol{\lambda}^{k+2})$，得到$\boldsymbol{x}^{k+2}$；

已知$\boldsymbol{x}^{k+2}$和$\boldsymbol{\lambda}^{k+2}$，通过迭代方程(5－20)得到$\boldsymbol{\lambda}^{k+3}$，求解$\min L(\boldsymbol{x},M_k,\boldsymbol{\lambda}^{k+3})$，得到$\boldsymbol{x}^{k+3}$；

⋮

如此我们就得到点列：

$\boldsymbol{x}^k$，$\boldsymbol{x}^{k+1}$，$\boldsymbol{x}^{k+2}$，…

$\boldsymbol{\lambda}^k$，$\boldsymbol{\lambda}^{k+1}$，$\boldsymbol{\lambda}^{k+2}$，…

如果这两个点列收敛，则其极限点$\boldsymbol{x}^*$、$\boldsymbol{\lambda}^*$分别就是问题(5－14)的满足拉格朗日条件的点和拉格朗日乘子。

如果这两个点列不收敛，则加大罚因子M_k，令$M_{k+1}=10M_k$，重新开始迭代。

接下来的问题是，怎样保证$\boldsymbol{\lambda}^k$和$\boldsymbol{x}^k$一定收敛呢？判断的依据是什么呢？可以证明：

$\exists M'>0$，使得当 $M_k>M'$ 时，对由上述方法产生的点列$\{\boldsymbol{x}^k\}$一定有

$$\lim_{k\to\infty} h_j(\boldsymbol{x}^k)=0 \qquad (j=1,2,\cdots,l)$$

证明过程见参考文献[2]。这就是说，只要 M_k 充分的大，则$\boldsymbol{\lambda}^k$一定会收敛，因此可以根据 $\|\boldsymbol{h}(\boldsymbol{x}^k)\|$ 是否满足小于给定精度 $\varepsilon>0$ 作为终止条件。到那时，$\boldsymbol{x}^k$就是问题(5-16)的最优解，也是问题(5-17)的最优解，而由于$\boldsymbol{h}(\boldsymbol{x}^k)=\boldsymbol{0}$，所以$\boldsymbol{x}^k$也是问题(5-15)的最优解，根据定理 5.5 知，它也是问题(5-14)的最优解。

等式约束的增广拉格朗日乘子法的算法如下：

step1：给定初始点$\boldsymbol{x}^0\in\mathbf{R}^n$，初始乘子向量$\boldsymbol{\lambda}^1$，初始罚因子 $M_1>0$，允许误差 $\varepsilon>0$，放大系数 $\alpha>1$(通常取 $\alpha=10$)，参数 $\beta\in(0,1)$(通常取 $\beta=0.25$)，令 $k:=1$。

step2：求解无约束问题，即以$\boldsymbol{x}^{k-1}$为初始点解无约束问题：

$$\min L(\boldsymbol{x},\ M_k,\ \boldsymbol{\lambda}^k)=f(\boldsymbol{x})+\frac{M_k}{2}\sum_{j=1}^{l}[h_j(\boldsymbol{x})]^2-\sum_{j=1}^{l}\lambda_j^k h_j(\boldsymbol{x})$$

设其最优解为$\boldsymbol{x}^k$。

step3：检查终止准则：若 $\|\boldsymbol{h}(\boldsymbol{x}^k)\|<\varepsilon$，则迭代终止，$\boldsymbol{x}^*=\boldsymbol{x}^k$为最优解；否则，转 step4。

step4：判断收敛快慢：若$\dfrac{\|\boldsymbol{h}(\boldsymbol{x}^k)\|}{\|\boldsymbol{h}(\boldsymbol{x}^{k-1})\|}\geqslant\beta$，则令 $M_{k+1}:=\alpha M_k$，转 step5；否则令 $M_{k+1}:=M_k$，转 step5。

step5：进行乘子迭代：令 $\lambda_j^{k+1}:=\lambda_j^k-M_k h_j(\boldsymbol{x}^k)$ $(j=1,2,\cdots,l)$，$k:=k+1$，转 step2。

【例 5.7】 用乘子法求解：

$$\begin{cases}\min\quad f(\boldsymbol{x})=x_1^2+\dfrac{1}{2}x_2^2\\ \text{s.t.}\ \ x_1+x_2-1=0\end{cases}$$

解 令 $L(\boldsymbol{x},\ M,\ \lambda)=x_1^2+\frac{1}{2}x_2^2+\frac{M}{2}(x_1+x_2-1)^2-\lambda(x_1+x_2-1)$。由于用解析方法，所以无需取初始点，令 $M_1=2$，$\lambda_1=1$，得

$$L(\boldsymbol{x},\ M_1,\ \lambda_1)=L(\boldsymbol{x},\ 2,\ 1)=x_1^2+\frac{1}{2}x_2^2+(x_1+x_2-1)^2-x_1-x_2+1$$

求其极小点。令

$$\begin{cases}\dfrac{\partial L}{\partial x_1}=2x_1+2(x_1+x_2-1)-1=0\\ \dfrac{\partial L}{\partial x_2}=x_2+2(x_1+x_2-1)-1=0\end{cases}$$

比较两式，显然有

$$x_2=2x_1,\ x_1=\frac{3}{8},\ x_2=\frac{3}{4}$$

即

$$\boldsymbol{x}^1=\left(\frac{3}{8},\ \frac{3}{4}\right)^{\mathrm{T}},\ h_1(\boldsymbol{x}^1)=\frac{1}{8}$$

修正 $\lambda_2=\lambda_1-M_1h_1(\boldsymbol{x}^1)=1-2\,\frac{1}{8}=\frac{3}{4}$，再求解 $L\left(\boldsymbol{x},\ 2,\ \frac{3}{4}\right)$的极小点 $\boldsymbol{x}^2$，并求 λ_3，如此迭代下去。一般地，设第 k 次的迭代函数为

$$L(\boldsymbol{x},\ M_1,\ \lambda_k)=L(\boldsymbol{x},\ 2,\ \lambda_k)=x_1^2+\frac{1}{2}x_2^2+(x_1+x_2-1)^2-\lambda_k(x_1+x_2-1)$$

令

$$\begin{cases}\dfrac{\partial L}{\partial x_1}=2x_1+2(x_1+x_2-1)-\lambda_k=0\\[2mm]\dfrac{\partial L}{\partial x_2}=x_2+2(x_1+x_2-1)-\lambda_k=0\end{cases}$$

比较两式易得 $x_2=2x_1$，将其代入第一式得

$$x_1=\frac{1}{8}(2+\lambda_k),\ x_2=\frac{1}{4}(2+\lambda_k)$$

即

$$\boldsymbol{x}^k=\left(\frac{1}{8}(2+\lambda_k),\ \frac{1}{4}(2+\lambda_k)\right)^{\mathrm{T}}$$

$$h(\boldsymbol{x}^k)=\frac{1}{8}(2+\lambda_k)+\frac{1}{4}(2+\lambda_k)-1=\frac{3}{8}(2+\lambda_k)-1=\frac{3}{8}\lambda_k-\frac{1}{4}$$

$$\lambda_{k+1}=\lambda_k-M_1h_1(\boldsymbol{x}^k)=\lambda_k-2h_1(\boldsymbol{x}^k)=\lambda_k-\frac{3}{4}\lambda_k+\frac{1}{2}=\frac{1}{4}\lambda_k+\frac{1}{2}$$

即

$$\lambda_{k+1}=\frac{1}{4}\lambda_k+\frac{1}{2}$$

由于

$$\lambda_2=\frac{1}{4}\lambda_1+\frac{1}{2}=\frac{1}{4}+\frac{1}{2}=\frac{3}{4}<1=\lambda_1$$

归纳假设 $\lambda_k<\lambda_{k-1}$，则

$$\lambda_{k+1}=\frac{1}{4}\lambda_k+\frac{1}{2}<\frac{1}{4}\lambda_{k-1}+\frac{1}{2}=\lambda_k$$

即 λ_k 单调递减，而显然有 $\lambda_k>0$，所以 λ_k 下方有界，故 λ_k 必收敛，设 $\lim\limits_{k\to\infty}\lambda_k=\lambda^*$，则

$$\lambda^*=\frac{1}{4}\lambda^*+\frac{1}{2}$$

即 $\lambda^* = \frac{2}{3}$，从而有

$$x^k \to \left(\frac{1}{3}, \frac{2}{3}\right)^{\mathrm{T}}, \ k \to \infty$$

而 $\nabla^2 L(\boldsymbol{x}, M_1, \lambda_k) = \begin{pmatrix} 4 & 2 \\ 2 & 3 \end{pmatrix}$ 显然正定，所以 $\boldsymbol{x}^k$ 是 $L(\boldsymbol{x}, M_1, \lambda_k)$ 的整体最优解，亦是原问题的最优解。

5.5.2 不等式约束的增广拉格朗日乘子法

对于不等式约束问题：

$$\begin{cases} \min \ f(\boldsymbol{x}) \\ \text{s.t.} \ g_i(\boldsymbol{x}) \geqslant 0 \qquad (i = 1, 2, \cdots, m) \end{cases} \tag{5-21}$$

先引入松弛变量将其化为等式约束问题：

$$\begin{cases} \min \ f(\boldsymbol{x}) \\ \text{s.t.} \ g_i(\boldsymbol{x}) - y_i^2 = 0 \qquad (i = 1, 2, \cdots, m) \end{cases} \tag{5-22}$$

定义增广拉格朗日函数：

$$\begin{aligned} L(\boldsymbol{x}, M_k, \boldsymbol{\lambda}^k) &= f(\boldsymbol{x}) + \frac{M_k}{2}\sum_{i=1}^{m}[g_i(\boldsymbol{x}) - y_i^2]^2 - \sum_{i=1}^{m}\lambda_i^k[g_i(\boldsymbol{x}) - y_i^2] \\ &= f(\boldsymbol{x}) + \sum_{i=1}^{m}\left\{\frac{M_k}{2}[g_i(\boldsymbol{x}) - y_i^2]^2 - \lambda_i^k[g_i(\boldsymbol{x}) - y_i^2]\right\} \\ &= f(\boldsymbol{x}) + \sum_{i=1}^{m}\frac{M_k}{2}\left\{[g_i(\boldsymbol{x}) - y_i^2]^2 - \frac{2\lambda_i^k}{M_k}[g_i(\boldsymbol{x}) - y_i^2]\right\} \\ &= f(\boldsymbol{x}) + \sum_{i=1}^{m}\frac{M_k}{2}\left\{\left[g_i(\boldsymbol{x}) - y_i^2 - \frac{\lambda_i^k}{M_k}\right]^2 - \left(\frac{\lambda_i^k}{M_k}\right)^2\right\} \\ &= f(\boldsymbol{x}) + \sum_{i=1}^{m}\left\{\frac{M_k}{2}\left[g_i(\boldsymbol{x}) - y_i^2 - \frac{\lambda_i^k}{M_k}\right]^2 - \frac{(\lambda_i^k)^2}{2M_k}\right\} \\ &= f(\boldsymbol{x}) + \sum_{i=1}^{m}\left\{\frac{M_k}{2}\left[y_i^2 - g_i(\boldsymbol{x}) + \frac{\lambda_i^k}{M_k}\right]^2 - \frac{(\lambda_i^k)^2}{2M_k}\right\} \\ &= f(\boldsymbol{x}) + \sum_{i=1}^{m}\left\{\frac{M_k}{2}\left[y_i^2 - \left(g_i(\boldsymbol{x}) - \frac{\lambda_i^k}{M_k}\right)\right]^2 - \frac{(\lambda_i^k)^2}{2M_k}\right\} \end{aligned} \tag{5-23}$$

显然对固定的 $\boldsymbol{x}$，$L(\boldsymbol{x}, M_k, \boldsymbol{\lambda}^k)$ 要取得极值，必有 $y_i^2 - \left(g_i(\boldsymbol{x}) - \frac{\lambda_i^k}{M_k}\right)$ 取得最小，为此：

当 $g_i(\boldsymbol{x}) - \frac{\lambda_i^k}{M_k} \geqslant 0$ 时，必有 $y_i^2 = g_i(\boldsymbol{x}) - \frac{\lambda_i^k}{M_k}$；

当 $g_i(\boldsymbol{x}) - \frac{\lambda_i^k}{M_k} < 0$ 时，必有 $y_i^2 = 0$。

亦即必有

$$y_i^2=\max\left\{0,\ g_i(\boldsymbol{x})-\frac{\lambda_i^k}{M_k}\right\}=\frac{1}{M_k}\max\{0,\ M_k g_i(\boldsymbol{x})-\lambda_i^k\}$$

这里可将 M_k 提到函数 max 之外，因为 $M_k>0$。另外，应当注意的是式(5-23)中中括号内的部分并非一定为零。这是因为当 $g_i(\boldsymbol{x})-\frac{\lambda_i^k}{M_k}<0$ 时，$y_i^2=0$，此时中括号中的项依然存在。注意到将这样的 y_i^2 代入式(5-23)，并注意到 $\max\{0,x\}-x=\max\{0,-x\}$，得到不含松弛变量 y_i^2 的无约束问题：

$$\begin{aligned}
L(\boldsymbol{x},\ M_k,\ \boldsymbol{\lambda}^k) &= f(\boldsymbol{x})+\sum_{i=1}^{m}\left\{\frac{M_k}{2}\left[\max\left\{0,\ g_i(\boldsymbol{x})-\frac{\lambda_i^k}{M_k}\right\}-\left(g_i(\boldsymbol{x})-\frac{\lambda_i^k}{M_k}\right)\right]^2-\frac{(\lambda_i^k)^2}{2M_k}\right\} \\
&= f(\boldsymbol{x})+\sum_{i=1}^{m}\left\{\frac{M_k}{2}\left[\max\left\{0,\ -\left(g_i(\boldsymbol{x})-\frac{\lambda_i^k}{M_k}\right)\right\}\right]^2-\frac{(\lambda_i^k)^2}{2M_k}\right\} \\
&= f(\boldsymbol{x})+\sum_{i=1}^{m}\left\{\frac{M_k}{2}\left[\max\left\{0,\ \left(\frac{\lambda_i^k}{M_k}-g_i(\boldsymbol{x})\right)\right\}\right]^2-\frac{(\lambda_i^k)^2}{2M_k}\right\} \\
&= f(\boldsymbol{x})+\sum_{i=1}^{m}\left\{\frac{M_k}{2}\left[\frac{1}{M_k}\max\{0,\ (\lambda_i^k-M_k g_i(\boldsymbol{x}))\}\right]^2-\frac{(\lambda_i^k)^2}{2M_k}\right\} \\
&= f(\boldsymbol{x})+\sum_{i=1}^{m}\left\{\frac{1}{2M_k}[\max\{0,\ (\lambda_i^k-M_k g_i(\boldsymbol{x}))\}]^2-\frac{(\lambda_i^k)^2}{2M_k}\right\} \\
&= f(\boldsymbol{x})+\frac{1}{2M_k}\sum_{i=1}^{m}\{[\max\{0,\ (\lambda_i^k-M_k g_i(\boldsymbol{x}))\}]^2-(\lambda_i^k)^2\}
\end{aligned}$$

即

$$L(\boldsymbol{x},M_k,\boldsymbol{\lambda}^k)=f(\boldsymbol{x})+\frac{1}{2M_k}\sum_{i=1}^{m}\{[\max\{0,\lambda_i^k-M_k g_i(\boldsymbol{x})\}]^2-(\lambda_i^k)^2\} \qquad (5-24)$$

这样就将约束问题(5-21)转化为等式约束问题(5-22)，可以利用等式约束的增广拉格朗日乘子法求解。此时，根据等式约束问题的增广拉格朗日乘子法结论，迭代公式应为

$$\lambda_i^{k+1}=\lambda_i^k-M_k[g_i(\boldsymbol{x}^k)-y_i^2] \qquad (i=1,2,\cdots,m)$$

由于 $y_i^2=\frac{1}{M_k}\max\{0,\ M_k g_i(\boldsymbol{x})-\lambda_i^k\}$，所以上式化为

$$\lambda_i^{k+1}=\lambda_i^k-M_k\left[g_i(\boldsymbol{x}^k)-\frac{1}{M_k}\max\{0,\ M_k g_i(\boldsymbol{x})-\lambda_i^k\}\right]$$

即

$$\lambda_i^{k+1}=\lambda_i^k-M_k g_i(\boldsymbol{x}^k)+\max\{0,\ M_k g_i(\boldsymbol{x})-\lambda_i^k\}=\max\{0,\ M_k g_i(\boldsymbol{x})-\lambda_i^k\}-[M_k g_i(\boldsymbol{x}^k)-\lambda_i^k]$$

再次利用 $\max\{0,\ x\}-x=\max\{0,\ -x\}$，所以上式即为

$$\lambda_i^{k+1}=\max\{0,\ \lambda_i^k-M_k g_i(\boldsymbol{x}^k)\}$$

即乘子迭代公式为

$$\lambda_i^{k+1}=\max\{0,\ \lambda_i^k-M_k g_i(\boldsymbol{x}^k)\}\quad(i=1,2,\cdots,m)$$

不等式约束的增广拉格朗日算子法的乘法与等式约束问题的增广拉格朗日乘子法的算法类似，这里不再赘述。

5.5.3 同时含有等式和不等式约束问题的增广拉格朗日乘子法

对于约束问题：

$$\begin{cases}\min & f(\boldsymbol{x})\\ \text{s.t.} & g_i(\boldsymbol{x})\geqslant 0\qquad(i=1,2,\cdots,m)\\ & h_j(\boldsymbol{x})=0\qquad(j=1,2,\cdots,l)\end{cases}$$

类似地可以构造增广拉格朗日函数：

$$\begin{aligned}L(\boldsymbol{x},\ M_k,\ \boldsymbol{\lambda}^k,\ \boldsymbol{\mu}^k)=&\ f(\boldsymbol{x})+\frac{1}{2M_k}\sum_{i=1}^{m}\{[\max\{0,\ \lambda_i^k-M_k g_i(\boldsymbol{x})]^2-(\lambda_i^k)^2\}\\ &+\frac{M_k}{2}\sum_{j=1}^{l}h_j^2(\boldsymbol{x})-\sum_{j=1}^{l}\mu_j^k h_j(\boldsymbol{x})\end{aligned}$$

乘子迭代公式为

$$\begin{aligned}\lambda_i^{k+1}&=\max\{0,\lambda_i^k-M_k g_i(\boldsymbol{x}^k)\}\qquad(i=1,2,\cdots,m)\\ \mu_j^{k+1}&=\mu_j^k-M_k h_j(\boldsymbol{x}^k)\qquad(j=1,2,\cdots,l)\end{aligned}$$

同时含有等式和不等式约束问题的增广拉格朗日乘子法的算法与等式约束问题的增广拉格朗日乘子法的算法类似，这里不再赘述。

【例 5.8】 用乘子法求解：

$$\begin{cases}\min & f(\boldsymbol{x})=x_1^2+\dfrac{1}{2}x_2^2\\ \text{s.t.} & x_1+x_2-1\geqslant 0\end{cases}$$

解 构造

$$\begin{aligned}L(\boldsymbol{x},\ M_k,\ \boldsymbol{\lambda}^k)&=x_1^2+\frac{1}{2}x_2^2+\frac{1}{2M_k}[\max\{0,\lambda_k-M_k(x_1+x_2-1)\}^2-\lambda_k^2]\\ &=\begin{cases}x_1^2+\dfrac{1}{2}x_2^2+\dfrac{1}{2M_k}[\{\lambda_k-M_k(x_1+x_2-1)\}^2-\lambda_k^2] & \left(x_1+x_2-1\leqslant\dfrac{\lambda_k}{M_k}\right)\\ x_1^2+\dfrac{1}{2}x_2^2+\dfrac{1}{2M_k}(-\lambda_k^2) & \left(x_1+x_2-1>\dfrac{\lambda_k}{M_k}\right)\end{cases}\\ &=\begin{cases}x_1^2+\dfrac{1}{2}x_2^2+\dfrac{M_k}{2}(x_1+x_2-1)^2-\lambda_k(x_1+x_2-1) & \left(x_1+x_2-1\leqslant\dfrac{\lambda_k}{M_k}\right)\\ x_1^2+\dfrac{1}{2}x_2^2-\dfrac{\lambda_k^2}{2M_k} & \left(x_1+x_2-1>\dfrac{\lambda_k}{M_k}\right)\end{cases}\end{aligned}$$

令

$$\frac{\partial L}{\partial x_1}=\begin{cases}2x_1+M_k(x_1+x_2-1)-\lambda_k & \left(x_1+x_2-1\leqslant\dfrac{\lambda_k}{M_k}\right)\\ 2x_1 & \left(x_1+x_2-1>\dfrac{\lambda_k}{M_k}\right)\end{cases}=0$$

$$\frac{\partial L}{\partial x_2}=\begin{cases}x_2+M_k(x_1+x_2-1)-\lambda_k & \left(x_1+x_2-1\leqslant\dfrac{\lambda_k}{M_k}\right)\\ x_2 & \left(x_1+x_2-1>\dfrac{\lambda_k}{M_k}\right)\end{cases}=0$$

当 $x_1+x_2-1>\dfrac{\lambda_k}{M_k}$时，得

$$x_1^k=0,\ x_2^k=0$$

对于充分大的 M_k，不满足 $x_1+x_2-1>\dfrac{\lambda_k}{M_k}$，换句话说，在该区域实际上偏导数是不能等于零的。

当 $x_1+x_2-1\leqslant\dfrac{\lambda_k}{M_k}$时，得

$$\begin{cases}x_1^k=\dfrac{\lambda_k+M_k}{2+3M_k}\\ x_2^k=\dfrac{2\lambda_k+2M_k}{2+3M_k}\end{cases}$$

从而有

$$x_1^k+x_2^k-1=\frac{3\lambda_k-2}{2+3M_k}<\frac{\lambda_k}{M_k}$$

$$\lambda_{k+1}=\max\{0,\ \lambda_k-M_k g(\boldsymbol{x}^k)\}=\max\{0,\ \lambda_k-M_k(x_1^k+x_2^k-1)\}$$

$$\lambda_{k+1}=\max\left\{0,\ \lambda_k-M_k\frac{3\lambda_k-2}{2+3M_k}\right\}=\max\left\{0,\ \frac{2\lambda_k+2M_k}{2+3M_k}\right\}$$

若给定 $\lambda_1>0$，$M_1>0$，则

$$M_{k+1}=10M_k>0$$

从而有

$$\lambda_{k+1}=\frac{2\lambda_k+2M_k}{2+3M_k}=\frac{2}{2+3M_k}\lambda_k+\frac{2M_k}{2+3M_k}>0$$

显然 M_k 越大，λ_k 收敛越快。取 $M_k=10$,则

$$\lambda_{k+1}=\frac{2\lambda_k+2M_k}{2+3M_k}=\frac{1}{16}\lambda_k+\frac{5}{8}$$

归纳假设 $\lambda_k<\lambda_{k-1}$，则

$$\lambda_{k+1}=\frac{1}{16}\lambda_k+\frac{5}{8}<\frac{1}{16}\lambda_{k-1}+\frac{5}{8}=\lambda_k$$

所以 λ_k 单调递减，且 $\lambda_k>0$，所以 $\lim\limits_{k\to\infty}\lambda_k=\lambda^*$ 存在。于是

$$\lambda^*=\frac{1}{16}\lambda^*+\frac{5}{8}$$

$$\lambda^*=\frac{2}{3}$$

从而最优解为

$$\boldsymbol{x}^k=\begin{pmatrix}\dfrac{\lambda_k+M_k}{2+3M_k}\\[2ex]\dfrac{2\lambda_k+2M_k}{2+3M_k}\end{pmatrix}=\begin{pmatrix}\dfrac{\lambda_k+10}{32}\\[2ex]\dfrac{2\lambda_k+20}{32}\end{pmatrix}$$

$$\boldsymbol{x}^*=\lim_{k\to\infty}\boldsymbol{x}^k=\begin{pmatrix}\dfrac{1}{3}\\[2ex]\dfrac{2}{3}\end{pmatrix}$$

为原约束问题的最优解。

对于 $M_k=20$，本例的迭代结果如表 5.1 所示。

表 5.1　例 5.8 的迭代结果

k	λ	x^k
1	0.648 38	(0.332 76，0.665 52)
2	0.666 07	(0.333 31，0.666 62)
3	0.666 64	(0.333 33，0.666 66)
4	0.666 66	(0.333 33，0.666 66)

习　题　五

5.1　验证 $\boldsymbol{x}^*=\begin{pmatrix}1\\1\\1\end{pmatrix}$ 是优化问题

$$\begin{cases}\min & f(\boldsymbol{x})=-3x_1^2-x_2^2-2x_3^2\\ \text{s.t.} & x_1^2+x_2^2+x_3^2=3\\ & x_2\geqslant x_1\\ & x_1\geqslant 0\end{cases}$$

的 K-T 点。

5.2 用外罚函数法求解：

$$\begin{cases}\min & f(\boldsymbol{x})=2x_1^2+x_2^2-x_1x_2-8x_1-3x_2\\ \text{s.t.} & 3x_1+x_2=10\end{cases}$$

5.3 用外罚函数法求解：

$$\begin{cases}\min & f(\boldsymbol{x})=2x_1^2+x_2^2\\ \text{s.t.} & x_2-1\geqslant 0\end{cases}$$

5.4 用外罚函数法求解：

$$\begin{cases}\min & f(\boldsymbol{x})=(x_1-1)^2+x_2^2\\ \text{s.t.} & 2x_1+x_2-10=0\end{cases}$$

5.5 用障碍函数法求解：

$$\begin{cases}\min & f(\boldsymbol{x})=x_1+x_2\\ \text{s.t.} & 4-x_1^2-x_2^2\geqslant 0\end{cases}$$

5.6 用障碍函数法求解：

$$\begin{cases}\min & f(x)=(1-x)^4\\ \text{s.t.} & x+1\leqslant 0\end{cases}$$

5.7 用障碍函数法求解：

$$\begin{cases}\min & f(\boldsymbol{x})=x_1^3+x_2^3\\ \text{s.t.} & x_1+x_2-3\geqslant 0\end{cases}$$

5.8 用障碍函数法求解：

$$\begin{cases}\min & f(\boldsymbol{x})=\dfrac{1}{2}(x_1+1)^2+x_2\\ \text{s.t.} & x_1-1\geqslant 0\\ & x_2\geqslant 0\end{cases}$$

5.9 设 $x_1,x_2,\cdots,x_n$ 为 n 个数，证明

$$n\sum_{i=1}^{n}x_i^2\geqslant\left(\sum_{i=1}^{n}x_i\right)^2$$

（提示：求 $\begin{cases} \min \ \sum\limits_{i=1}^{n} x_i^2 \\ \text{s.t.} \ \sum\limits_{i=1}^{n} x_i = c \end{cases}$。）

5.10　用增广拉格朗日乘子法求解：

$$\begin{cases} \min \quad f(\boldsymbol{x}) = x_1^2 + x_2^2 \\ \text{s.t.} \quad x_1 + x_2 - 2 = 0 \end{cases}$$

5.11　分别用罚函数法和增广拉格朗日乘子法求解：

$$\begin{cases} \min \quad f(\boldsymbol{x}) = x_1^2 + 2x_2^2 \\ \text{s.t.} \quad x_1 + x_2 = 1 \end{cases}$$

第六章　线 性 规 划

前几章主要介绍的是一般规划问题，也就是所谓的非线性规划问题，而一类特殊的规划问题——**线性规划**问题在生产实践中有着非常重要的意义。由于其目标函数和约束函数都是线性函数，所以被称为线性规划。对该类问题除了可以用前面已经介绍过的各种约束问题的求解方法求解以外，人们根据其特殊性，提出了更为快速而有效的方法。

在20世纪30年代末就有人对线性规划进行了研究，直到1947年丹西格(G. B. Dantzig)发表了一直沿用至今的单纯形法，由此才全面地开启了整个计算技术研究工作者对线性规划问题乃至整个最优化问题的研究。长期的实践检验表明，单纯形法是一种比较实用而有效的方法，是求解线性规划问题的主要方法之一。

6.1　两个变量问题的图解法

对于比较简单的线性规划问题，如只含有两个变量的线性规划问题，可以通过图解法求其最优解。

设线性规划问题为

$$\begin{cases}\min \quad f(\boldsymbol{x})=c_1x_1+c_2x_2 \\ \text{s.t.} \quad g_i(\boldsymbol{x})\geqslant 0 \quad (i=1,2,\cdots,m)\end{cases}$$

其中 $g_i(\boldsymbol{x})(i=1,2,\cdots,m)$ 为线性函数，$\boldsymbol{x}\in\mathbf{R}^2$。由于在线性规划问题中 $\nabla^2 f(\boldsymbol{x})=\boldsymbol{O}$，$\nabla^2[-g_i(\boldsymbol{x})]=\boldsymbol{O}$ 均为半正定，所以线性规划都是凸规划，因此只要可行域有界，则必有最优解。

图解法的基本做法是将可行域画在坐标系中，然后画出目标函数的通过可行域的一条等值线，沿负梯度方向移动该等值线，当该直线离开可行域时的函数值就是目标函数的最小值。如果求的是最大值，则沿梯度方向移动，当该直线离开可行域时的函数值就是目标函数的最大值。这是因为梯度方向和负梯度方向分别是函数增加和减少的方向。下面通过实例说明图解法的应用。

【例 6.1】 用图解法求解：

$$\begin{cases}\min \quad f(\boldsymbol{x})=2x_1+x_2 \\ \text{s.t.} \quad x_1-1\geqslant 0 \\ \qquad\quad x_1+x_2\geqslant 2\end{cases}$$

解　先在坐标系中画出可行域(即图 6－1 中的阴影部分)，然后作目标函数的等值线(即图 6－1 中的虚线)。由于求的是最小值，所以沿负梯度方向(即图 6－1 中$-\boldsymbol{g}$方向)移动等值线，直到要离开区域的那一刻，得到点 M，该点的坐标为两条边界线 $x_1=1$ 和 $x_1+x_2=2$ 的交点(1，1)，亦即目标函数值的最小值为 $f(1,1)=3$。

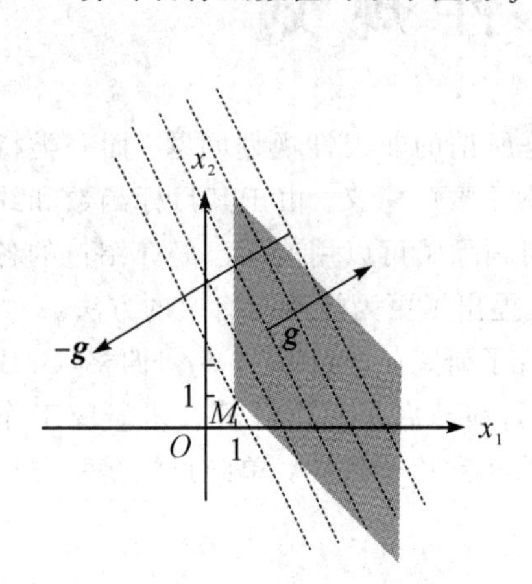

6－1　例 6.1、例 6.3 求解示意图

图 6－2　例 6.2 求解示意图

【例 6.2】　用图解法求解：

$$\begin{cases}\max \quad f(\boldsymbol{x})=2x_1+x_2 \\ \text{s.t.} \quad x_1-3\leqslant 0 \\ \qquad x_2-4\leqslant 0 \\ \qquad 3x_1+2x_2\leqslant 11 \\ \qquad x_1\geqslant 0, x_2\geqslant 0\end{cases}$$

解　建立坐标系，画出可行域(即图 6－2 中的阴影部分)。由于所求为最大值，所以作通过区域的目标函数的等值线(即图 6－2 中的虚线)，也就是作垂直于梯度方向的等值线。然后沿梯度方向移动，直到将要离开区域的那一刻，最后一个属于区域的那个点 M 就是所要求的最大值点。显然它是边界线 $x_1-3=0$ 和 $3x_1+2x_2=11$ 的交点，其坐标为(3，1)。所以所求问题的最大值为 $f(3,1)=7$。

【例 6.3】　在例 6.1 中将求最小值 min 改为求最大值 max，而其余条件不变，其结果如何呢？

解　此时为求得最大值，应将等值线沿梯度方向(即沿$\boldsymbol{g}$方向)移动，可以看出，这样移动的话，无论移动多远，都无法离开可行域，所以该线性规划问题无最大值，从而无最优解。

【例 6.4】　用图解法求解：

$$\begin{cases}\max \quad f(\boldsymbol{x})=6x_1+4x_2 \\ \text{s. t.} \quad x_1-3\leqslant 0 \\ \qquad\quad x_2-4\leqslant 0 \\ \qquad\quad 3x_1+2x_2\leqslant 11 \\ \qquad\quad x_1\geqslant 0,\ x_2\geqslant 0\end{cases}$$

解 此时如图 6-3 所示，当目标函数的等值线沿梯度方向(即沿 $\boldsymbol{g}$ 方向)移动至区域的边界时，由于等值线与一条边界线重合，所以可行域中最后离开等值线的点有无穷多个，亦即该边界线上的所有点都是目标函数的最大值点，因此本问题有无穷多解。

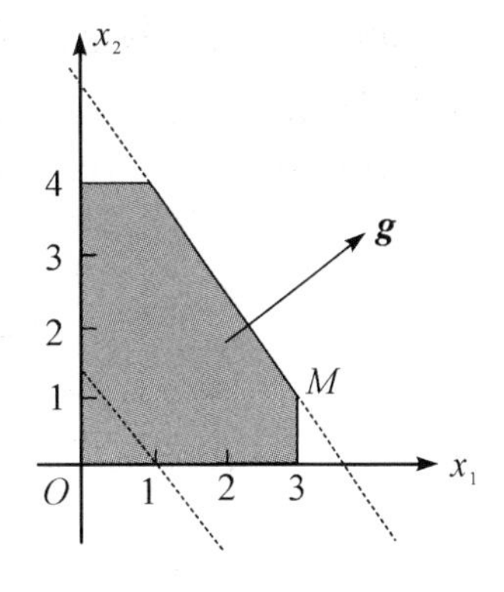

图 6-3 例 6.4 求解示意图

由上面的例子不难看出：

(1) 线性规划问题的最优解在可行域非空且有界时，必定存在，并且出现在区域的顶点或者边界上。

(2) 线性规划问题可能没有最优解，当可行域为空时显然没有最优解，即使可行域非空，也可能没有最优解，如例 6.3。

(3) 如果点 M_1 和点 M_2 都是线性规划问题的最优解，则这两点的连线上的任何点都是线性规划的最优解。

事实上以上结论对一般线性规划问题也是成立的。

6.2 线性规划的标准形式

形如以下形式的线性规划称为具有标准形式的线性规划：

$$\begin{cases}\min \quad f(\boldsymbol{x}) = c_1x_1 + c_2x_2 + \cdots + c_nx_n \\ \text{s. t.} \quad a_{11}x_1 + a_{12}x_2 + \cdots + a_{1n}x_n = b_1 \\ \qquad\quad a_{21}x_1 + a_{22}x_2 + \cdots + a_{2n}x_n = b_2 \\ \qquad\qquad\qquad \vdots \\ \qquad\quad a_{m1}x_1 + a_{m2}x_2 + \cdots + a_{mn}x_n = b_m \\ \qquad\quad x_i \geqslant 0 \qquad (i = 1,2,\cdots,n)\end{cases} \tag{6-1}$$

其中 $b_i\geqslant 0$，$i=1, 2, \cdots, m$。

一般情况下，我们在实际应用中遇到的线性规划未必具有标准形，但是无论什么形式的线性规划问题，总可以经过适当的变换将其化为标准形。

(1) 最大值问题可以化为最小值问题：$\max f(\boldsymbol{x})\Leftrightarrow\min -f(\boldsymbol{x})$。

(2) 不等式约束可以化为等式约束：如果有一个不等式约束 $a_{i1}x_1+a_{i2}x_2+\cdots+a_{in}x_n\leqslant b_i$，则可以通过添加非负变量 x_{n+i}(称为**松弛变量**)，使原问题化为比原问题多一个变量的

具有等式约束 $a_{i1}x_1+a_{i2}x_2+\cdots+a_{in}x_n+x_{n+i}=b_i$ 的标准形式的等价线性规划问题；如果有一个不等式约束 $a_{j1}x_1+a_{j2}x_2+\cdots+a_{jn}x_n\geqslant b_j$，则可以通过添加非负变量 x_{n+j}（即松弛变量），将该约束问题变为等式约束 $a_{j1}x_1+a_{j2}x_2+\cdots+a_{jn}x_n-x_{n+j}=b_j$ 的标准形式的等价线性规划问题。在上述添加变量的过程中，目标函数不变，也就是在新目标函数中新增加的变量的系数取为 0。

(3) 如果某个变量没有非负限制，比如说 x_k 不具有非负约束，则可将其分解为两个非负变量的差，即令 $x_k=x'_k-x''_k$，然后将其代入约束方程以及目标函数。

如果记

$$\boldsymbol{A}=(\boldsymbol{p}^1,\boldsymbol{p}^2,\cdots,\boldsymbol{p}^n)=\begin{pmatrix}a_{11} & a_{12} & \cdots & a_{1n}\\ a_{21} & a_{22} & \cdots & a_{2n}\\ \vdots & \vdots & & \vdots\\ a_{m1} & a_{m2} & \cdots & a_{mn}\end{pmatrix}$$

$$\boldsymbol{c}=\begin{pmatrix}c_1\\ c_2\\ \vdots\\ c_n\end{pmatrix},\ \boldsymbol{b}=\begin{pmatrix}b_1\\ b_2\\ \vdots\\ b_m\end{pmatrix},\ \boldsymbol{x}=\begin{pmatrix}x_1\\ x_2\\ \vdots\\ x_n\end{pmatrix}$$

则线性规划(6-1)具有矩阵形式：

$$\begin{cases}\min f(\boldsymbol{x})=\boldsymbol{c}^{\mathrm{T}}\boldsymbol{x}\\ \text{s. t.}\ \ \boldsymbol{Ax}=\boldsymbol{b}\\ \qquad\ \ \boldsymbol{x}\geqslant\boldsymbol{0}\end{cases}\tag{6-2}$$

由于线性规划最早来源于经济模型，所以将变量 $x_1,x_2,\cdots,x_n$ 称为**决策变量**，将 $c_1,c_2,\cdots,c_n$ 称为**费用系数**，将矩阵 $\boldsymbol{A}$ 称为**约束矩阵**，而将向量 $\boldsymbol{b}=(b_1,b_2,\cdots,b_m)^{\mathrm{T}}$ 称为**右端列向量**。由于线性规划的英文为 Linear Programming，所以也将线性规划问题称为 LP 问题。

【例 6.5】 化线性规划问题：

$$\begin{cases}\min\ \ f(\boldsymbol{x})=x_1-2x_2+4x_3\\ \text{s. t.}\ \ x_1+2x_2+x_3\leqslant 6\\ \qquad\ 2x_1-x_2+3x_3\geqslant 2\\ \qquad\ 3x_1+x_2-4x_3=5\\ \qquad\ x_1,x_3\geqslant 0\end{cases}$$

为标准形。

解 对前两个约束分别添加松弛变量 x_4 和 x_5，并且令无非负约束的变量 $x_2=x'_2-x''_2$，则原问题可化为

$$\begin{cases} \min & f(\boldsymbol{x}) = x_1 - 2(x_2' - x_2'') + 4x_3 \\ \text{s.t.} & x_1 + 2(x_2' - x_2'') + x_3 + x_4 = 6 \\ & 2x_1 - (x_2' - x_2'') + 3x_3 - x_5 = 2 \\ & 3x_1 + (x_2' - x_2'') - 4x_3 = 5 \\ & x_1, x_2', x_2'', x_3, x_4, x_5 \geqslant 0 \end{cases}$$

这是一个具有六个变量的标准线性规划问题。

对于线性规划问题，和非线性规划问题一样，我们称满足所有约束条件的解$\boldsymbol{x}=(x_1, x_2, \cdots, x_n)^{\mathrm{T}}$为**可行解**或**容许解**，可行解构成的集合$D=\{\boldsymbol{x} \mid \boldsymbol{A}\boldsymbol{x}=\boldsymbol{b}, \boldsymbol{x}\geqslant\boldsymbol{0}\}$称为**可行区**或**可行域**，使得目标函数取得最小值的可行解$\boldsymbol{x}^*$称为线性规划的**最优解**。前面的例子告诉我们，有些线性规划问题的最优解不是唯一的。

定义 6.1　对于线性规划(6-2)，如果其可行域中的点$\boldsymbol{x}^0$不可以表示成可行域D中任意两个不相同的点的严格凸组合，则称$\boldsymbol{x}^0$为可行域的**顶点**或**极点**。

即如果有$\boldsymbol{x}^1, \boldsymbol{x}^2 \in D$且$\boldsymbol{x}^1 \neq \boldsymbol{x}^2$，则当$\boldsymbol{x}^0 = k_1\boldsymbol{x}^1 + k_2\boldsymbol{x}^2$($k_1>0$，$k_2>0$，$k_1+k_2=1$)时，必有$k_1=0$或$k_2=0$。

由于线性函数的 Hesse 矩阵都是零矩阵，因而都是半正定的，所以线性规划都是凸规划。因此根据定理 2.17 有如下结论。

定理 6.1　线性规划是凸规划，所以其可行解集是凸集，最优解集是凸集。

6.3　线性规划的基本定理

定义 6.2　对于线性规划(6-2)，如果系数矩阵$\boldsymbol{A}=(\boldsymbol{p}^1, \boldsymbol{p}^2, \cdots, \boldsymbol{p}^n)$的秩为$m\leqslant n$，则$\boldsymbol{A}$必存在非奇异子矩阵$\boldsymbol{B}=(\boldsymbol{p}^{j_1}, \boldsymbol{p}^{j_2}, \cdots, \boldsymbol{p}^{j_m})$，这里$1\leqslant j_k \leqslant n$，$k=1,2,\cdots,m$。称这样的矩阵$\boldsymbol{B}$为线性规划的**基矩阵**，简称基。$\boldsymbol{B}$中所包含的向量$\boldsymbol{p}^{j_1}, \boldsymbol{p}^{j_2}, \cdots$，$\boldsymbol{p}^{j_m}$称为**基向量**，$\boldsymbol{A}$的其余列向量称为**非基向量**。与基向量所对应的变量$x_{j_1}, x_{j_2}, \cdots, x_{j_m}$称为**基变量**，其余变量$x_j$ $(j\neq j_1, j_2, \cdots, j_m)$称为**非基变量**。

对于线性规划(6-2)，当选定一组基向量时，令所有非基变量均为零，则方程组：

$$\boldsymbol{p}^{j_1}x_{j_1} + \boldsymbol{p}^{j_2}x_{j_2} + \cdots + \boldsymbol{p}^{j_m}x_{j_m} = \boldsymbol{b}$$

有唯一解，设为$\boldsymbol{x}_B=(x_{j_1}^*, x_{j_2}^*, \cdots, x_{j_m}^*)^{\mathrm{T}}$，从而得线性规划(6-2)的一个解：$\boldsymbol{x}=(x_1, x_2, \cdots, x_n)^{\mathrm{T}}$，其中基变量为$x_{j_1}^*, x_{j_2}^*, \cdots, x_{j_m}^*$，非基变量均为零。这样的解称为线性规划(6-2)的**基本解**。如果它还满足非负，则称为**基本可行解**。$\boldsymbol{B}$称为**可行基**。显然，此时有$\boldsymbol{B}\boldsymbol{x}_B=\boldsymbol{b}$。如果一个基本可行解同时还是最优解，则对应的可行基就被称为**最优基**。由于基的个数不超过C_n^m个，而每个基所对应的基本解是唯一的，所以基本解乃至基本可行解的个数也不超过C_n^m个。

由于当线性规划(6-2)的系数矩阵$\boldsymbol{A}$的秩为m时，总可以调整线性规划中决策变量的

顺序使得其前 m 个列向量线性无关，所以下面我们总假定所讨论的线性规划问题的系数矩阵 $\boldsymbol{A}$ 的秩为 m，且其前 m 列构成可逆子阵，即构成一个基。

定理 6.2　设 $\boldsymbol{x}$ 是标准线性规划的可行解，则 $\boldsymbol{x}$ 是基本可行解的充分必要条件是：$\boldsymbol{x}$ 的正分量所对应的系数列向量是线性无关的。

证　先证必要性。不失一般性，设 $\boldsymbol{x}=(x_1,x_2,\cdots,x_k,0,\cdots,0)^{\mathrm{T}}(x_j>0;j=1,2,\cdots,k)$ 是线性规划(6-2)的基本可行解，它对应的基矩阵为 $\boldsymbol{B}=(\boldsymbol{p}^1,\boldsymbol{p}^2,\cdots,\boldsymbol{p}^k,\cdots,\boldsymbol{p}^m)$，则由于 $\boldsymbol{B}$ 非奇异，所以 $\boldsymbol{p}^1,\boldsymbol{p}^2,\cdots,\boldsymbol{p}^m$ 线性无关，从而其部分组 $\boldsymbol{p}^1,\boldsymbol{p}^2,\cdots,\boldsymbol{p}^k$ 线性无关。必要性得证。

再证充分性。设 $\boldsymbol{x}^*=(x_1^*,x_2^*,\cdots,x_k^*,0,\cdots,0)^{\mathrm{T}}(x_j^*>0;\ j=1,2,\cdots,k)$ 是可行解，其正分量 $x_1^*,x_2^*,\cdots,x_k^*$ 所对应的系数矩阵列向量 $\boldsymbol{p}^1,\boldsymbol{p}^2,\cdots,\boldsymbol{p}^k$ 线性无关。由于 $\boldsymbol{x}$ 是可行解，所以

$$\boldsymbol{A}\boldsymbol{x}=\boldsymbol{b}$$

即

$$x_1^*\boldsymbol{p}^1+x_2^*\boldsymbol{p}^2+\cdots+x_k^*\boldsymbol{p}^k+0\boldsymbol{p}^{k+1}+\cdots+0\,\boldsymbol{p}^n=\boldsymbol{b}$$

又由于 $x_1^*,x_2^*,\cdots,x_k^*$ 对应的系数列向量 $\boldsymbol{p}^1,\boldsymbol{p}^2,\cdots,\boldsymbol{p}^k$ 线性无关，且 $\boldsymbol{p}^j(j=1,2,\cdots,k)$ 为 m 维向量，所以必有 $k\leqslant m$(否则这些向量必线性相关)。若 $k=m$，则令 $\boldsymbol{B}=(\boldsymbol{p}^1,\boldsymbol{p}^2,\cdots,\boldsymbol{p}^m)$，即有 $x_1^*\boldsymbol{p}^1+x_2^*\boldsymbol{p}^2+\cdots+x_m^*\boldsymbol{p}^m+0\boldsymbol{p}^{m+1}+\cdots+0\boldsymbol{p}^n=\boldsymbol{0}$，亦即 $\boldsymbol{x}^*$ 为基 $\boldsymbol{B}$ 所对应的基本可行解。如果 $k<m$，则由于 $\boldsymbol{A}$ 的秩为 m，故必可在 $\boldsymbol{A}$ 中另选出列向量 $\boldsymbol{p}^{k+1},\boldsymbol{p}^{k+2},\cdots,\boldsymbol{p}^m$ 使得 $\boldsymbol{p}^1,\boldsymbol{p}^2,\cdots,\boldsymbol{p}^k,\boldsymbol{p}^{k+1},\boldsymbol{p}^{k+2},\cdots,\boldsymbol{p}^m$ 线性无关，从而得 $\boldsymbol{B}=(\boldsymbol{p}^1,\boldsymbol{p}^2,\cdots,\boldsymbol{p}^k,\boldsymbol{p}^{k+1},\boldsymbol{p}^{k+2},\cdots,\boldsymbol{p}^m)$ 为 $\boldsymbol{A}$ 的一个基，$\boldsymbol{B}$ 所对应的基变量为 $x_1,x_2,\cdots,x_k,\ x_{k+1},\cdots,x_m$。由

$$\boldsymbol{A}\boldsymbol{x}=x_1^*\boldsymbol{p}^1+x_2^*\boldsymbol{p}^2+\cdots+x_k^*\boldsymbol{p}^k+0\boldsymbol{p}^{k+1}+\cdots+0\boldsymbol{p}^n=\boldsymbol{b}$$

得

$$x_1^*\boldsymbol{p}^1+x_2^*\boldsymbol{p}^2+\cdots+x_k^*\boldsymbol{p}^k+0\,\boldsymbol{p}^{k+1}+\cdots+0\,\boldsymbol{p}^m=\boldsymbol{b}$$

注意到基所对应的基本可行解是唯一的，所以 $\boldsymbol{x}^*$ 就是 $\boldsymbol{B}$ 所对应的基本可行解。

定理 6.3　设 $\boldsymbol{x}$ 是标准线性规划的可行解，则 $\boldsymbol{x}$ 是基本可行解的充分必要条件是：$\boldsymbol{x}$ 为可行域的极点(顶点)。

证　先证必要性。不失一般性，设 $\boldsymbol{x}=(x_1,x_2,\cdots,x_m,0,\cdots,0)^{\mathrm{T}}$ 是标准线性规划(6-2)的基本可行解，$x_1,x_2,\cdots,x_m$ 是基变量，对应的可行基为 $\boldsymbol{B}=(\boldsymbol{p}^1,\boldsymbol{p}^2,\cdots,\boldsymbol{p}^m)$。注意到可行域的极点必不能表示为可行域内任意两个不同点的凸组合。用反证法。如果有可行解 $\boldsymbol{x}^1=(x_1^1,x_2^1,\cdots,x_n^1)^{\mathrm{T}}$，$\boldsymbol{x}^2=(x_1^2,x_2^2,\cdots,x_n^2)^{\mathrm{T}}$ 及 $0<\alpha<1$，使得 $\boldsymbol{x}=\alpha\boldsymbol{x}^1+(1-\alpha)\boldsymbol{x}^2$，则

$$0=\alpha x_j^1+(1-\alpha)x_j^2\qquad(j=m+1,m+2,\cdots,n)$$

由于 $0<\alpha<1$，且 $x_j^1\geqslant0$，$x_j^2\geqslant0$，所以必有 $x_j^1=0$，$x_j^2=0$，$j=m+1,m+2,\cdots,n$。另一方面由假设：

$$\boldsymbol{A}\boldsymbol{x}^1=(\boldsymbol{p}^1,\boldsymbol{p}^2,\cdots,\boldsymbol{p}^n)\boldsymbol{x}^1=\boldsymbol{b}$$

$$\boldsymbol{A}\boldsymbol{x}^2=(\boldsymbol{p}^1,\boldsymbol{p}^2,\cdots,\boldsymbol{p}^n)\boldsymbol{x}^2=\boldsymbol{b}$$

从而有

$$\sum_{j=1}^{m} \boldsymbol{p}^j x_j^1 = \boldsymbol{b},\ \sum_{j=1}^{m} \boldsymbol{p}^j x_j^2 = \boldsymbol{b}$$

于是

$$\sum_{j=1}^{m} \boldsymbol{p}^j (x_j^1 - x_j^2) = \boldsymbol{0}$$

由于 $\boldsymbol{B}$ 为基矩阵，所以 $\boldsymbol{p}^1, \boldsymbol{p}^2, \cdots, \boldsymbol{p}^m$ 线性无关，所以 $x_j^1 - x_j^2 = 0$，$j=1,2,\cdots,m$，即 $\boldsymbol{x}^1 = \boldsymbol{x}^2$，故 $\boldsymbol{x}$ 必是极点。

再证充分性。设 $\boldsymbol{x}$ 是可行域的极点。不失一般性，设 $\boldsymbol{x} = (x_1, x_2, \cdots, x_k, 0, \cdots, 0)^{\mathrm{T}}$，$x_j > 0$，$j=1,2,\cdots,k$。由定理 6.2 知只需证明 $\boldsymbol{p}^1, \boldsymbol{p}^2, \cdots, \boldsymbol{p}^k$ 线性无关。用反证法。如果 $\boldsymbol{p}^1, \boldsymbol{p}^2, \cdots, \boldsymbol{p}^k$ 线性相关，则存在不全为零的数 $\delta_1, \delta_2, \cdots, \delta_k$ 及任意的 $\lambda > 0$，使得

$$\lambda\delta_1 \boldsymbol{p}^1 + \lambda\delta_2 \boldsymbol{p}^2 + \cdots + \lambda\delta_k \boldsymbol{p}^k = \boldsymbol{0} \tag{6-3}$$

而 $\boldsymbol{x}$ 在可行域内，所以 $\boldsymbol{A}\boldsymbol{x} = \boldsymbol{b}$，写成向量形式即为

$$x_1 \boldsymbol{p}^1 + x_2 \boldsymbol{p}^2 + \cdots + x_k \boldsymbol{p}^k = \boldsymbol{b} \tag{6-4}$$

分别用式(6－4)加式(6－3)、用式(6－4)减式(6－3)得

$$(x_1 + \lambda\delta_1)\boldsymbol{p}^1 + (x_2 + \lambda\delta_2)\boldsymbol{p}^2 + \cdots + (x_k + \lambda\delta_k)\boldsymbol{p}^k = \boldsymbol{b}$$

$$(x_1 - \lambda\delta_1)\boldsymbol{p}^1 + (x_2 - \lambda\delta_2)\boldsymbol{p}^2 + \cdots + (x_k - \lambda\delta_k)\boldsymbol{p}^k = \boldsymbol{b}$$

令

$$\boldsymbol{x}^1 = (x_1 + \lambda\delta_1,\ x_2 + \lambda\delta_2,\ \cdots,\ x_k + \lambda\delta_k,\ 0,\ \cdots,\ 0)^{\mathrm{T}}$$

$$\boldsymbol{x}^2 = (x_1 - \lambda\delta_1,\ x_2 - \lambda\delta_2,\ \cdots,\ x_k - \lambda\delta_k,\ 0,\ \cdots,\ 0)^{\mathrm{T}}$$

则由于 $\delta_1, \delta_2, \cdots, \delta_k$ 不全为零，所以必有 $\boldsymbol{x}^1 \neq \boldsymbol{x}^2$。为使 $\boldsymbol{x}^1$，$\boldsymbol{x}^2$ 成为可行解，只需 $x_j \pm \lambda\delta_j \geqslant 0$ $(j=1,2,\cdots,k)$ 即可。即只要

$$x_j \pm \lambda\,\delta_j = x_j \left(1 \pm \lambda \frac{\delta_j}{x_j}\right) \geqslant 0$$

注意到 $x_j > 0$，所以只要 $\left(1 \pm \lambda \dfrac{\delta_j}{x_j}\right) \geqslant 0$，亦即只要

$$\left|\lambda \frac{\delta_j}{x_j}\right| \leqslant 1$$

即

$$\lambda \leqslant \frac{x_j}{|\delta_j|} \qquad (j=1,2,\cdots,k)$$

故取 $\lambda = \min\limits_{\substack{1 \leqslant j \leqslant k \\ \delta_j \neq 0}} \left\{ \dfrac{x_j}{|\delta_j|} \right\}$，则 $\boldsymbol{x}^1, \boldsymbol{x}^2$ 必为可行解，且 $\boldsymbol{x}^1 \neq \boldsymbol{x}^2$，而此时有

$$\boldsymbol{x} = \frac{1}{2}\boldsymbol{x}^1 + \frac{1}{2}\boldsymbol{x}^2$$

即$\boldsymbol{x}$不是可行域的极点，与题设矛盾，所以必有$\boldsymbol{p}^1,\boldsymbol{p}^2,\cdots,\boldsymbol{p}^k$线性无关。由定理6.2知，$\boldsymbol{x}$是基本可行解。

定理6.4 如果标准线性规划(6-2)存在最优解，则目标函数的最优值必可在某个极点上达到。

证 设$\boldsymbol{x}^0$为标准线性规划(6-2)的最优解，最优值为$f(\boldsymbol{x}^0)=\boldsymbol{c}^{\mathrm{T}}\boldsymbol{x}^0$。

如果$\boldsymbol{x}^0=\boldsymbol{0}$，则它必不可以表示为任意两个含有非零正分量的向量的凸组合(详细证明可参考定理6.3的必要性证明)，故$\boldsymbol{x}^0$必为极点。

如果最优解(同时必为可行解)$\boldsymbol{x}^0\neq\boldsymbol{0}$，设其非零正分量为$x_{j_1}^0,x_{j_2}^0,\cdots,x_{j_k}^0$，其约束条件中的系数矩阵$\mathbf{A}=(\boldsymbol{p}^1,\boldsymbol{p}^2,\cdots,\boldsymbol{p}^n)$，则正分量所对应的列向量为$\boldsymbol{p}^{j_1},\boldsymbol{p}^{j_2},\cdots,\boldsymbol{p}^{j_k}$。

如果$\boldsymbol{p}^{j_1},\boldsymbol{p}^{j_2},\cdots,\boldsymbol{p}^{j_k}$线性无关，则依定理6.2知$\boldsymbol{x}^0$必是基本可行解，再依定理6.3知$\boldsymbol{x}^0$必为极点。

如果$\boldsymbol{p}^{j_1},\boldsymbol{p}^{j_2},\cdots,\boldsymbol{p}^{j_k}$线性相关，则必存在不全为零的数$\delta_1,\delta_2,\cdots,\delta_k$及任意的$\lambda>0$，使得

$$\lambda\delta_1\boldsymbol{p}^{j_1}+\lambda\delta_2\boldsymbol{p}^{j_2}+\cdots+\lambda\delta_k\boldsymbol{p}^{j_k}=\boldsymbol{0} \tag{6-5}$$

而由$\mathbf{A}\boldsymbol{x}^0=\boldsymbol{b}$得

$$\boldsymbol{p}^{j_1}x_{j_1}^0+\boldsymbol{p}^{j_2}x_{j_2}^0+\cdots+\boldsymbol{p}^{j_k}x_{j_k}^0=\boldsymbol{b} \tag{6-6}$$

分别由式(6-6)加式(6-5)、式(6-6)减式(6-5)得

$$(x_{j_1}^0+\lambda\delta_1)\boldsymbol{p}^{j_1}+(x_{j_2}^0+\lambda\delta_2)\boldsymbol{p}^{j_2}+\cdots+(x_{j_k}^0+\lambda\delta_k)\boldsymbol{p}^{j_k}=\boldsymbol{b}$$
$$(x_{j_1}^0-\lambda\delta_1)\boldsymbol{p}^{j_1}+(x_{j_2}^0-\lambda\delta_2)\boldsymbol{p}^{j_2}+\cdots+(x_{j_k}^0-\lambda\delta_k)\boldsymbol{p}^{j_k}=\boldsymbol{b}$$

由此可以构造

$$\boldsymbol{x}^1:\begin{cases}x_{j_1}^1=x_{j_1}^0+\lambda\delta_1\\ x_{j_2}^1=x_{j_2}^0+\lambda\delta_2\\ \quad\vdots\\ x_{j_k}^1=x_{j_k}^0+\lambda\delta_k\\ x_j^1=0\qquad(j\neq j_1,j_2,\cdots,j_k)\end{cases},\quad \boldsymbol{x}^2:\begin{cases}x_{j_1}^2=x_{j_1}^0-\lambda\delta_1\\ x_{j_2}^2=x_{j_2}^0-\lambda\delta_2\\ \quad\vdots\\ x_{j_k}^2=x_{j_k}^0-\lambda\delta_k\\ x_j^2=0\qquad(j\neq j_1,j_2,\cdots,j_k)\end{cases}$$

同定理6.3的充分性证明一样，取$\lambda=\min\limits_{\substack{1\leqslant i\leqslant k\\ \delta_i\neq 0}}\left\{\dfrac{x_{j_i}}{|\delta_i|}\right\}$，则可确保$\boldsymbol{x}^1,\boldsymbol{x}^2$非负，从而均为可行解，且其中至少有一个比$\boldsymbol{x}^0$多一个零分量，并且

$$f(\boldsymbol{x}^1)=\boldsymbol{c}^{\mathrm{T}}\boldsymbol{x}^1=\sum_{i=1}^{k}c_{j_i}(x_{j_i}^0+\lambda\delta_i)=f(\boldsymbol{x}^0)+\lambda\sum_{i=1}^{k}c_{j_i}\delta_i$$
$$f(\boldsymbol{x}^2)=\boldsymbol{c}^{\mathrm{T}}\boldsymbol{x}^2=\sum_{i=1}^{k}c_{j_i}(x_{j_i}^0-\lambda\delta_i)=f(\boldsymbol{x}^0)-\lambda\sum_{i=1}^{k}c_{j_i}\delta_i$$

由上面两式知，必有$\sum\limits_{t=1}^{k}c_{j_t}\delta_t=0$。否则，若$\sum\limits_{i=1}^{k}c_{j_i}\delta_i>0$，则$f(\boldsymbol{x}^2)<f(\boldsymbol{x}^0)$，与$f(\boldsymbol{x}^0)$为

最小值矛盾；若 $\sum_{i=1}^{k} c_{j_i}\delta_i < 0$，则 $f(\boldsymbol{x}^1) < f(\boldsymbol{x}^0)$，与 $f(\boldsymbol{x}^0)$ 为最小值矛盾。所以必有

$$f(\boldsymbol{x}^1) = f(\boldsymbol{x}^2) = f(\boldsymbol{x}^0)$$

这样总可以得到一个比原来的解 $\boldsymbol{x}^0$ 正分量更少但目标函数值不变的解，重复这一做法，直到正分量所对应的列向量线性无关为止。这是一定可以做到的，事实上，如果一直没有做到，最终将得到一个各个分量全为零的解，即零解。依前面的结论，它必然为极点。

定理 6.5 对于标准线性规划(6-1)有如下结论：

(1) 若有可行解，则一定有基本可行解；

(2) 若有最优解，则一定有取得最优值的基本可行解。

证 (1)如果零解在可行域内，则由于其必为极点，故由定理 6.3 知其必为基本可行解。命题成立。

如果零解不在可行域内，由于有可行解，所以可设有可行解 $\boldsymbol{x}^0 \neq \boldsymbol{0}$，若 $\boldsymbol{x}^0$ 是极点，则由定理 6.3 知 $\boldsymbol{x}^0$ 必为基本可行解。若 $\boldsymbol{x}^0$ 不是极点，如果设约束方程组的系数矩阵 $\boldsymbol{A} = (\boldsymbol{p}^1, \boldsymbol{p}^2, \cdots, \boldsymbol{p}^n)$，$\boldsymbol{x}^0$ 的正分量 $\boldsymbol{x}_{j_1}^0, \boldsymbol{x}_{j_2}^0, \cdots, \boldsymbol{x}_{j_k}^0$ 所对应的系数列向量为 $\boldsymbol{p}^{j_1}, \boldsymbol{p}^{j_2}, \cdots, \boldsymbol{p}^{j_k}$，如果该向量组线性无关，则由定理 6.1 知，$\boldsymbol{x}^0$ 必为基本可行解。如果 $\boldsymbol{p}^{j_1}, \boldsymbol{p}^{j_2}, \cdots, \boldsymbol{p}^{j_k}$ 线性相关，则由定理 6.3 的证明知，利用 $\boldsymbol{x}^0$ 必可找到一个可行解 $\boldsymbol{x}^1$，其正分量的个数比 $\boldsymbol{x}^0$ 的正分量的个数少。如果 $\boldsymbol{x}^1$ 的正分量所对应的系数列向量线性无关，则 $\boldsymbol{x}^1$ 就是基本可行解，否则，再利用 $\boldsymbol{x}^1$，可找到比 $\boldsymbol{x}^1$ 的正分量个数更少的可行解 $\boldsymbol{x}^2$，如此做下去，一定可以找到正分量所对应的系数列向量线性无关的解，从而根据定理 6.1 知，可找到基本可行解。否则应该找到一个所有正分量都为零的可行解，这与假设 $\boldsymbol{x}^0 \neq \boldsymbol{0}$ 矛盾。

(2) 由定理 6.4 知，如果有最优解，则必可在极点上达到，而由定理 6.3 知，极点一定是基本可行解。即必有达到最优值的基本可行解。

6.4 求解线性规划的单纯形法

6.3 节的定理告诉我们，线性规划问题的最优解必可在可行域的顶点即极点上达到，而极点必是基本可行解，而可行基的个数是有限的，如果约束矩阵 $\boldsymbol{A}$ 为 $m \times n$ 矩阵，则可行基 $\boldsymbol{B}$ 小于等于 C_n^m 个，从而它所对应的基本可行解也不超过 C_n^m 个，所以只要找到所有的可行基后求出对应的基本可行解，再将其一一比较就可找出最优解。从理论上讲，这样做是可以的，但是当 m、n 较大时，这个工作量是相当大的，所以实际实施起来还是有很大困难的。因此考虑是否可以首先找到以一个可行基和相应的可行解，然后判断其是否为最优可行解，如果不是，再找出一个比它还要优的新的可行解，如此进行下去，显然最多可在 C_n^m 步内找到最优可行解。为此就需要解决三个问题：

(1) 找到第一个可行基和基本可行解；

(2) 判断其是否为最优解；

(3) 如果不是，如何找到下一个更优的可行基和基本可行解。

1947 年，由丹西格(G. B. Dantzig)提出的单纯形法解决了以上三个问题。

6.4.1 消去法

下面通过一个例子来说明怎样通过消去法找到线性规划的基矩阵以及怎样从一个基矩阵变换到另一个基矩阵。基矩阵就是约束方程组系数矩阵的可逆子矩阵，而基本可行解就是在选定基矩阵后，令非基变量为零，求出基变量所得到的解。

【例 6.6】 求解：

$$\begin{cases}\max \quad f(\boldsymbol{x})=2x_1+x_2 \\ \text{s.t.} \quad x_1-3\leqslant 0 \\ \qquad x_2-4\leqslant 0 \\ \qquad 3x_1+2x_2\leqslant 11 \\ \qquad x_1\geqslant 0,\ x_2\geqslant 0\end{cases}$$

解 先化为标准形：

$$\begin{cases}\min \quad f(\boldsymbol{x})=-2x_1-x_2 \\ \text{s.t.} \quad x_1+x_3=3 \\ \qquad x_2+x_4=4 \\ \qquad 3x_1+2x_2+x_5=11 \\ \qquad x_1,\ x_2,\ x_3,\ x_4,\ x_5\geqslant 0\end{cases}$$

等价于

$$\begin{cases}\min \quad f(\boldsymbol{x})+2x_1+x_2=0 \\ \text{s.t.} \quad x_1+x_3=3 \\ \qquad x_2+x_4=4 \\ \qquad 3x_1+2x_2+x_5=11 \\ \qquad x_1,\ x_2,\ x_3,\ x_4,\ x_5\geqslant 0\end{cases} \tag{6-7}$$

这里我们选取 x_3、x_4、x_5 为基变量，x_1、x_2 为非基变量。令非基变量为零，得到一组解 $\boldsymbol{x}^1=(0,0,3,4,11)^{\mathrm{T}}$，对应的函数值为 $f(\boldsymbol{x}^1)=0$。从 $f(\boldsymbol{x})$ 的表达式可以看出，如果让非基变量 x_1 增加，则可使 $f(\boldsymbol{x})$ 的函数值更小。为此我们利用约束方程组，将目标函数中的变量 x_1 消去，即用第一个约束方程乘以 -2 加到目标函数所在的等式中；第一个约束方程乘以 -3 加到第三个约束方程中，则原问题就等价地化为

$$\begin{cases} \min & f(\boldsymbol{x})+x_2-2x_3=-6 \\ \text{s.t.} & x_1+x_3=3 \\ & x_2+x_4=4 \\ & 2x_2-3x_3+x_5=2 \\ & x_1,\ x_2,\ x_3,\ x_4,\ x_5 \geqslant 0 \end{cases} \tag{6-8}$$

重新选取 x_1、x_4、x_5 为基变量，x_2、x_3 为非基变量。令非基变量为零，得到一组解 $\boldsymbol{x}^1=(3,0,0,4,2)^{\mathrm{T}}$，对应的函数值为 $f(\boldsymbol{x}^1)=-6$。这里从问题(6-7)中消去第三个约束方程中的 x_1，而不消去第一个方程中的 x_1，为的是保证新产生的解的非负性。从问题(6-8)中 $f(\boldsymbol{x})$ 的表达式可以看出，如果让 x_2 增加，还可使函数值更小。为确保右端列向量非负，用第三个约束方程将第二个约束方程中的 x_2 消去，同样，利用第三个约束方程将目标函数中的变量 x_2 消去，将目标函数用 x_3、x_5 表示出来，从而原问题进一步化为

$$\begin{cases} \min & f(\boldsymbol{x})-\frac{1}{2}x_3-\frac{1}{2}x_5=-7 \\ \text{s.t.} & x_1+x_3=3 \\ & \frac{3}{2}x_3+x_4-\frac{1}{2}x_5=3 \\ & x_2-\frac{3}{2}x_3+\frac{1}{2}x_5=1 \\ & x_1,\ x_2,\ x_3,\ x_4,\ x_5 \geqslant 0 \end{cases}$$

选取 x_1、x_2、x_4 为基变量。x_3、x_5 为非基变量。令非基变量为零，得到一组解 $\boldsymbol{x}^*=(3,1,0,3,0)^{\mathrm{T}}$。此时再观察目标函数，可以看出，无论自变量怎么取，目标函数值已经无法更小了，所以得标准线性规划的最优解为 $\boldsymbol{x}^*=(3,1,0,3,0)^{\mathrm{T}}$，最小值为 $f(\boldsymbol{x}^*)=-7$，从而原问题的最优解为 $\boldsymbol{x}^*=(3,1)^{\mathrm{T}}$，最大值为 $f(\boldsymbol{x}^*)=7$。

本例与6.1节中例6.2用图解法得到的结果相同。

从以上例子可以看出，在求解过程中先求出一个基及相应的基本可行解，如果不是最优解，则按一定的规则再求另一个基及对应的基本可行解(即从一个基到另外一个基，再不断地变换基及相应的基本可行解)；在求解过程中所探测过的可行解(0，0)，(3，0)，(3，1)正好是可行域的顶点，即我们实际上是在验证不同顶点的目标函数值，每一个新的顶点都比前一个顶点更优，最后依据目标函数的表达式来判断是否已经达到最优解。

下面要介绍的单纯形法正是对这种解法的一个总结、归纳和公式化。

6.4.2 单纯形法

为了计算简便起见，上述方法被公式化，形成一个被称为单纯形表的数表，然后所有运算都在该数表中进行。为此需要知道标准线性规划的一个初始可行基，下面我们先假定

这个可行基是已知的，在后面章节中再给出求初始可行基的方法。

设所讨论的标准线性规划问题为

$$\begin{cases}\min \ f(\boldsymbol{x})=\boldsymbol{c}^{\mathrm{T}}\boldsymbol{x} \\ \text{s.t.}\ \ \boldsymbol{A}\boldsymbol{x}=\boldsymbol{b} \\ \qquad \boldsymbol{x}\geqslant \boldsymbol{0}\end{cases} \tag{6-9}$$

其中 $\boldsymbol{A}=(\boldsymbol{p}_1,\boldsymbol{p}_1,\cdots,\boldsymbol{p}_n)=(\boldsymbol{B},\boldsymbol{N})$。$R(\boldsymbol{A})=m$，不失一般性，假设 $\boldsymbol{B}=(\boldsymbol{p}_1,\boldsymbol{p}_1,\cdots,\boldsymbol{p}_m)$ 是基；$\boldsymbol{x}=(\boldsymbol{x}_B^{\mathrm{T}},\ \boldsymbol{x}_N^{\mathrm{T}})^{\mathrm{T}}=(x_1,x_2,\cdots,x_m,x_{m+1},\cdots,x_n)^{\mathrm{T}}$，其中 $\boldsymbol{x}_B=(x_1,x_2,\cdots,x_m)^{\mathrm{T}}$ 为基变量，$\boldsymbol{x}_N=(x_{m+1},\cdots,x_n)^{\mathrm{T}}$ 为非基变量；$\boldsymbol{c}=(\boldsymbol{c}_B^{\mathrm{T}},\ \boldsymbol{c}_N^{\mathrm{T}})^{\mathrm{T}}=(c_1,c_2,\cdots,c_m,c_{m+1},\cdots,c_n)^{\mathrm{T}}$，其中 $\boldsymbol{c}_B=(c_1,c_2,\cdots,c_m)^{\mathrm{T}}$，$\boldsymbol{c}_N=(c_{m+1},\cdots,c_n)^{\mathrm{T}}$。则约束条件 $\boldsymbol{A}\boldsymbol{x}=\boldsymbol{b}$ 化为

$$(\boldsymbol{B},\boldsymbol{N})\begin{pmatrix}\boldsymbol{x}_B\\ \boldsymbol{x}_N\end{pmatrix}=\boldsymbol{b}$$

即

$$\boldsymbol{B}\boldsymbol{x}_B+\boldsymbol{N}\boldsymbol{x}_N=\boldsymbol{b}$$

两边左乘 $\boldsymbol{B}^{-1}$ 得

$$\boldsymbol{x}_B=\boldsymbol{B}^{-1}\boldsymbol{b}-\boldsymbol{B}^{-1}\boldsymbol{N}\boldsymbol{x}_N$$

于是目标函数就可以由非基变量表示为

$$\begin{aligned}f(\boldsymbol{x})=\boldsymbol{c}^{\mathrm{T}}\boldsymbol{x}=(\boldsymbol{c}_B^{\mathrm{T}},\ \boldsymbol{c}_N^{\mathrm{T}})\begin{pmatrix}\boldsymbol{x}_B\\ \boldsymbol{x}_N\end{pmatrix}&=\boldsymbol{c}_B^{\mathrm{T}}\boldsymbol{x}_B+\boldsymbol{c}_N^{\mathrm{T}}\boldsymbol{x}_N=\boldsymbol{c}_B^{\mathrm{T}}(\boldsymbol{B}^{-1}\boldsymbol{b}-\boldsymbol{B}^{-1}\boldsymbol{N}\boldsymbol{x}_N)+\boldsymbol{c}_N^{\mathrm{T}}\boldsymbol{x}_N\\ &=\boldsymbol{c}_B^{\mathrm{T}}\boldsymbol{B}^{-1}\boldsymbol{b}-\boldsymbol{c}_B^{\mathrm{T}}\boldsymbol{B}^{-1}\boldsymbol{N}\boldsymbol{x}_N+\boldsymbol{c}_N^{\mathrm{T}}\boldsymbol{x}_N=\boldsymbol{c}_B^{\mathrm{T}}\boldsymbol{B}^{-1}\boldsymbol{b}-(\boldsymbol{c}_B^{\mathrm{T}}\boldsymbol{B}^{-1}\boldsymbol{N}-\boldsymbol{c}_N^{\mathrm{T}})\boldsymbol{x}_N\end{aligned}$$

从上面的推导可以看出，在基 $\boldsymbol{B}$ 确定后，若令 $\boldsymbol{x}_N=\boldsymbol{0}$，可得 $\boldsymbol{x}_B=\boldsymbol{B}^{-1}\boldsymbol{b}$，从而得基本解 $\boldsymbol{x}^*=(\boldsymbol{x}_B^{\mathrm{T}},\ \boldsymbol{x}_N^{\mathrm{T}})^{\mathrm{T}}=\begin{pmatrix}\boldsymbol{B}^{-1}\boldsymbol{b}\\ \boldsymbol{0}\end{pmatrix}$，如果还满足 $\boldsymbol{B}^{-1}\boldsymbol{b}\geqslant\boldsymbol{0}$，则 $\boldsymbol{x}^*$ 是基本可行解，$\boldsymbol{B}$ 为可行基。如果还满足 $\boldsymbol{c}_B^{\mathrm{T}}\boldsymbol{B}^{-1}\boldsymbol{N}-\boldsymbol{c}_N^{\mathrm{T}}\leqslant\boldsymbol{0}$，则可以断定 $\boldsymbol{x}^*$ 必定是最优解。事实上，当 $\boldsymbol{c}_B^{\mathrm{T}}\boldsymbol{B}^{-1}\boldsymbol{N}-\boldsymbol{c}_N^{\mathrm{T}}\leqslant\boldsymbol{0}$ 时，如果 $\boldsymbol{x}=(\boldsymbol{x}_B^{\mathrm{T}},\boldsymbol{x}_N^{\mathrm{T}})^{\mathrm{T}}$ 是任一可行解，则有

$$\begin{aligned}f(\boldsymbol{x})=\boldsymbol{c}^{\mathrm{T}}\boldsymbol{x}=(\boldsymbol{c}_B^{\mathrm{T}},\boldsymbol{c}_N^{\mathrm{T}})\begin{pmatrix}\boldsymbol{x}_B\\ \boldsymbol{x}_N\end{pmatrix}&=\boldsymbol{c}_B^{\mathrm{T}}\boldsymbol{x}_B+\boldsymbol{c}_N^{\mathrm{T}}\boldsymbol{x}_N=\boldsymbol{c}_B^{\mathrm{T}}(\boldsymbol{B}^{-1}\boldsymbol{b}-\boldsymbol{B}^{-1}\boldsymbol{N}\boldsymbol{x}_N)+\boldsymbol{c}_N^{\mathrm{T}}\boldsymbol{x}_N\\ &=\boldsymbol{c}_B^{\mathrm{T}}\boldsymbol{B}^{-1}\boldsymbol{b}-\boldsymbol{c}_B^{\mathrm{T}}\boldsymbol{B}^{-1}\boldsymbol{N}\boldsymbol{x}_N+\boldsymbol{c}_N^{\mathrm{T}}\boldsymbol{x}_N\\ &=\boldsymbol{c}_B^{\mathrm{T}}\boldsymbol{B}^{-1}\boldsymbol{b}-(\boldsymbol{c}_B^{\mathrm{T}}\boldsymbol{B}^{-1}\boldsymbol{N}-\boldsymbol{c}_N^{\mathrm{T}})\boldsymbol{x}_N\\ &\geqslant\boldsymbol{c}_B^{\mathrm{T}}\boldsymbol{B}^{-1}\boldsymbol{b}=f(\boldsymbol{x}^*)\end{aligned}$$

从而知当 $\boldsymbol{c}_B^{\mathrm{T}}\boldsymbol{B}^{-1}\boldsymbol{N}-\boldsymbol{c}_N^{\mathrm{T}}\leqslant\boldsymbol{0}$ 时 $\boldsymbol{x}^*$ 必是线性规划问题(6-9)的最优解。

又因为

$$\begin{aligned}\boldsymbol{c}_B^{\mathrm{T}}\boldsymbol{B}^{-1}\boldsymbol{A}-\boldsymbol{c}^{\mathrm{T}}=\boldsymbol{c}_B^{\mathrm{T}}\boldsymbol{B}^{-1}(\boldsymbol{B},\ \boldsymbol{N})-(\boldsymbol{c}_B^{\mathrm{T}},\ \boldsymbol{c}_N^{\mathrm{T}})&=\boldsymbol{c}_B^{\mathrm{T}}(\boldsymbol{B}^{-1}\boldsymbol{B},\ \boldsymbol{B}^{-1}\boldsymbol{N})-(\boldsymbol{c}_B^{\mathrm{T}},\ \boldsymbol{c}_N^{\mathrm{T}})\\ &=(\boldsymbol{c}_B^{\mathrm{T}},\ \boldsymbol{c}_B^{\mathrm{T}}\boldsymbol{B}^{-1}\boldsymbol{N})-(\boldsymbol{c}_B^{\mathrm{T}},\ \boldsymbol{c}_N^{\mathrm{T}})=(\boldsymbol{0},\ \boldsymbol{c}_B^{\mathrm{T}}\boldsymbol{B}^{-1}\boldsymbol{N}-\boldsymbol{c}_N^{\mathrm{T}})\end{aligned}$$

所以 $\boldsymbol{c}_B^{\mathrm{T}}\boldsymbol{B}^{-1}\boldsymbol{N}-\boldsymbol{c}_N^{\mathrm{T}}\leqslant\boldsymbol{0}$ 等价于 $\boldsymbol{c}_B^{\mathrm{T}}\boldsymbol{B}^{-1}\boldsymbol{A}-\boldsymbol{c}^{\mathrm{T}}\leqslant\boldsymbol{0}$，而 $(\boldsymbol{c}_B^{\mathrm{T}}\boldsymbol{B}^{-1}\boldsymbol{A}-\boldsymbol{c}^{\mathrm{T}})\boldsymbol{x}=(\boldsymbol{c}_B^{\mathrm{T}}\boldsymbol{B}^{-1}\boldsymbol{N}-\boldsymbol{c}_N^{\mathrm{T}})\boldsymbol{x}_N$，所以任意一点 $\boldsymbol{x}=(\boldsymbol{x}_B^{\mathrm{T}},\boldsymbol{x}_N^{\mathrm{T}})^{\mathrm{T}}$ 处目标函数的函数值又可以表示为

$$f(\boldsymbol{x})=\boldsymbol{c}_B^{\mathrm{T}}\boldsymbol{B}^{-1}\boldsymbol{b}-(\boldsymbol{c}_B^{\mathrm{T}}\boldsymbol{B}^{-1}\boldsymbol{N}-\boldsymbol{c}_N^{\mathrm{T}})\boldsymbol{x}_N=\boldsymbol{c}_B^{\mathrm{T}}\boldsymbol{B}^{-1}\boldsymbol{b}-(\boldsymbol{c}_B^{\mathrm{T}}\boldsymbol{B}^{-1}\boldsymbol{A}-\boldsymbol{c}^{\mathrm{T}})\boldsymbol{x}$$

由此知，当 $\boldsymbol{c}_B^{\mathrm{T}}\boldsymbol{B}^{-1}\boldsymbol{A}-\boldsymbol{c}^{\mathrm{T}}\leqslant\boldsymbol{0}$ 时，$\boldsymbol{x}^*=\begin{pmatrix}\boldsymbol{B}^{-1}\boldsymbol{b}\\ \boldsymbol{0}\end{pmatrix}$ 必为线性规划问题(6-9)的最优解。因此称向量 $\boldsymbol{c}_B^{\mathrm{T}}\boldsymbol{B}^{-1}\boldsymbol{A}-\boldsymbol{c}^{\mathrm{T}}$ 为**检验数向量**，其分量为**检验数**。根据以上讨论可得如下判定定理。

定理 6.6　对于基矩阵 $\boldsymbol{B}$，如果 $\boldsymbol{B}^{-1}\boldsymbol{b}\geqslant\boldsymbol{0}$ 且所有的检验数都非正，即 $\boldsymbol{c}_B^{\mathrm{T}}\boldsymbol{B}^{-1}\boldsymbol{A}-\boldsymbol{c}^{\mathrm{T}}\leqslant\boldsymbol{0}$，则对应于 $\boldsymbol{B}$ 的基本可行解 $\boldsymbol{x}^*=\begin{pmatrix}\boldsymbol{B}^{-1}\boldsymbol{b}\\ \boldsymbol{0}\end{pmatrix}$ 就是线性规划问题(6-9)的最优解。

此时的 $\boldsymbol{x}^*$ 称为最优解，基矩阵 $\boldsymbol{B}$ 称为最优基。显然，当 $\boldsymbol{B}$ 为可行基时，只需检查检验数是否为非正即可。

注意到

$$f(\boldsymbol{x})=\boldsymbol{c}_B^{\mathrm{T}}\boldsymbol{B}^{-1}\boldsymbol{b}-(\boldsymbol{c}_B^{\mathrm{T}}\boldsymbol{B}^{-1}\boldsymbol{N}-\boldsymbol{c}_N^{\mathrm{T}})\boldsymbol{x}_N=\boldsymbol{c}_B^{\mathrm{T}}\boldsymbol{B}^{-1}\boldsymbol{b}-(\boldsymbol{c}_B^{\mathrm{T}}\boldsymbol{B}^{-1}\boldsymbol{A}-\boldsymbol{c}^{\mathrm{T}})\boldsymbol{x}$$

当 $\boldsymbol{c}_B^{\mathrm{T}}\boldsymbol{B}^{-1}\boldsymbol{A}-\boldsymbol{c}^{\mathrm{T}}\leqslant\boldsymbol{0}$ 时，$\boldsymbol{x}^*=\begin{pmatrix}\boldsymbol{B}^{-1}\boldsymbol{b}\\ \boldsymbol{0}\end{pmatrix}$ 必为最优解。据此我们将上式改写为

$$f(\boldsymbol{x})+(\boldsymbol{c}_B^{\mathrm{T}}\boldsymbol{B}^{-1}\boldsymbol{A}-\boldsymbol{c}^{\mathrm{T}})\boldsymbol{x}=\boldsymbol{c}_B^{\mathrm{T}}\boldsymbol{B}^{-1}\boldsymbol{b}$$

再用 $\boldsymbol{B}^{-1}$ 左乘 $\boldsymbol{A}\boldsymbol{x}=\boldsymbol{b}$ 得 $\boldsymbol{B}^{-1}\boldsymbol{A}\boldsymbol{x}=\boldsymbol{B}^{-1}\boldsymbol{b}$，联立此二式得方程组

$$\begin{cases}f(\boldsymbol{x})+(\boldsymbol{c}_B^{\mathrm{T}}\boldsymbol{B}^{-1}\boldsymbol{A}-\boldsymbol{c}^{\mathrm{T}})\boldsymbol{x}=\boldsymbol{c}_B^{\mathrm{T}}\boldsymbol{B}^{-1}\boldsymbol{b}\\ \boldsymbol{B}^{-1}\boldsymbol{A}\boldsymbol{x}=\boldsymbol{B}^{-1}\boldsymbol{b}\end{cases}$$

写成矩阵形式为

$$\begin{pmatrix}1 & \boldsymbol{c}_B^{\mathrm{T}}\boldsymbol{B}^{-1}\boldsymbol{A}-\boldsymbol{c}^{\mathrm{T}}\\ 0 & \boldsymbol{B}^{-1}\boldsymbol{A}\end{pmatrix}\begin{pmatrix}f(\boldsymbol{x})\\ \boldsymbol{x}\end{pmatrix}=\begin{pmatrix}\boldsymbol{c}_B^{\mathrm{T}}\boldsymbol{B}^{-1}\boldsymbol{b}\\ \boldsymbol{B}^{-1}\boldsymbol{b}\end{pmatrix}$$

除去固定不变的第一列，称矩阵 $\begin{pmatrix}\boldsymbol{c}_B^{\mathrm{T}}\boldsymbol{B}^{-1}\boldsymbol{b} & \boldsymbol{c}_B^{\mathrm{T}}\boldsymbol{B}^{-1}\boldsymbol{A}-\boldsymbol{c}^{\mathrm{T}}\\ \boldsymbol{B}^{-1}\boldsymbol{b} & \boldsymbol{B}^{-1}\boldsymbol{A}\end{pmatrix}$ 为对应于基 $\boldsymbol{B}$ 的**单纯形表**，记为 $T(\boldsymbol{B})$。当这个单纯形表写出来之后，我们就已经知道了对应于基 $\boldsymbol{B}$ 的一个基本解 $\boldsymbol{x}^*=(\boldsymbol{x}_B^{\mathrm{T}},\ \boldsymbol{x}_N^{\mathrm{T}})^{\mathrm{T}}=\begin{pmatrix}\boldsymbol{B}^{-1}\boldsymbol{b}\\ \boldsymbol{0}\end{pmatrix}$，并且知道了目标函数对应于该基本解的目标函数值 $f(\boldsymbol{x}^*)=\boldsymbol{c}_B^{\mathrm{T}}\boldsymbol{B}^{-1}\boldsymbol{b}$，另外还知道了对应于当前基本解的检验数，即 $\boldsymbol{c}_B^{\mathrm{T}}\boldsymbol{B}^{-1}\boldsymbol{A}-\boldsymbol{c}^{\mathrm{T}}$ 的所有分量。根据前面的假设 $\boldsymbol{A}=(\boldsymbol{B},\ \boldsymbol{N})$，则此时的单纯形表实际上是这样的：

$$\begin{pmatrix}\boldsymbol{c}_B^{\mathrm{T}}\boldsymbol{B}^{-1}\boldsymbol{b} & \boldsymbol{c}_B^{\mathrm{T}}(\boldsymbol{E}\quad \boldsymbol{B}^{-1}\boldsymbol{N})-(\boldsymbol{c}_B^{\mathrm{T}},\boldsymbol{c}_N^{\mathrm{T}})\\ \boldsymbol{B}^{-1}\boldsymbol{b} & \boldsymbol{E}\quad \boldsymbol{B}^{-1}\boldsymbol{N}\end{pmatrix}=\begin{pmatrix}\boldsymbol{c}_B^{\mathrm{T}}\boldsymbol{B}^{-1}\boldsymbol{b} & \boldsymbol{0}_B & \boldsymbol{c}_B^{\mathrm{T}}\boldsymbol{B}^{-1}\boldsymbol{N}-\boldsymbol{c}_N^{\mathrm{T}}\\ \boldsymbol{B}^{-1}\boldsymbol{b} & \boldsymbol{E} & \boldsymbol{B}^{-1}\boldsymbol{N}\end{pmatrix}$$

也就是说，表中是存在一个单位矩阵的。

由例 6.5 的计算过程不难知道，此时如果 $\boldsymbol{x}_N$ 的所有系数全部非负，即现在的检验数

$\boldsymbol{c}_B^{\mathrm{T}}\boldsymbol{B}^{-1}\boldsymbol{A}-\boldsymbol{c}^{\mathrm{T}}$的所有分量全部非正，则对应的基本可行解必为最优解，否则可以选择$\boldsymbol{x}_N$中系数为负的，即检验数$\boldsymbol{c}_B^{\mathrm{T}}\boldsymbol{B}^{-1}\boldsymbol{A}-\boldsymbol{c}^{\mathrm{T}}$中符号为正的那个分量所对应的变量作为新的基变量，称为进基变量，而离基变量(即将要被新基变量取代的那个旧基变量)的选择则要看系数矩阵$\boldsymbol{B}^{-1}\boldsymbol{N}$中进基变量所在的列中大于零的元素去除$\boldsymbol{B}^{-1}\boldsymbol{b}$中对应元素的结果，取商最小的那个元素所在的行所对应的原基变量为离基变量，然后再进行进一步的运算，具体运算方法在下一节的转轴运算中作介绍。

如果记$\boldsymbol{c}_B^{\mathrm{T}}\boldsymbol{B}^{-1}\boldsymbol{b}=b_{00}$，$\boldsymbol{c}_B^{\mathrm{T}}\boldsymbol{B}^{-1}\boldsymbol{A}-\boldsymbol{c}^{\mathrm{T}}=(b_{01},b_{02},\cdots,b_{0n})$，这里

$$\boldsymbol{c}_B^{\mathrm{T}}\boldsymbol{B}^{-1}\boldsymbol{p}_j-c_j=b_{0j}\qquad(j=1,2,\cdots,n)$$

$$\boldsymbol{B}^{-1}\boldsymbol{A}=\boldsymbol{B}^{-1}(\boldsymbol{p}_1,\boldsymbol{p}_1,\cdots,\boldsymbol{p}_n)=(\boldsymbol{B}^{-1}\boldsymbol{p}_1,\cdots,\boldsymbol{B}^{-1}\boldsymbol{p}_j,\cdots,\boldsymbol{B}^{-1}\boldsymbol{p}_n)$$

$$=\begin{pmatrix} b_{11} & \cdots & b_{1j} & \cdots & b_{1n}\\ b_{21} & \cdots & b_{2j} & \cdots & b_{2n}\\ \vdots & & \vdots & & \vdots\\ b_{m1} & \cdots & b_{mj} & \cdots & b_{mn}\end{pmatrix}$$

$$\boldsymbol{B}^{-1}\boldsymbol{b}=\begin{pmatrix} b_{10}\\ b_{20}\\ \vdots\\ b_{m0}\end{pmatrix}$$

则

$$T(\boldsymbol{B})=\begin{pmatrix} b_{00} & b_{01} & \cdots & b_{0n}\\ b_{10} & b_{11} & \cdots & b_{1n}\\ \vdots & \vdots & & \vdots\\ b_{m0} & b_{m1} & \cdots & b_{mn}\end{pmatrix}$$

于是对可行基$\boldsymbol{B}$，我们就可以判断相应的基本可行解是否为最优解。检验数全非正，则基本可行解就是最优解。为使表达更清晰，我们通常将单纯形表连同变量、基变量、目标函数等用一个真正的表来表示，见表 6.1。表中最左边两列分别是目标函数和基变量。

表 6.1　单纯形表的基本形式

		x_1	x_2	$\cdots$	x_s	$\cdots$	x_n
f	b_{00}	b_{01}	b_{02}	$\cdots$	b_{0s}	$\cdots$	b_{0n}
x_1	b_{10}	b_{11}	b_{12}	$\cdots$	b_{1s}	$\cdots$	b_{1n}
x_2	b_{20}	b_{21}	b_{22}	$\cdots$	b_{2s}	$\cdots$	b_{2n}
$\vdots$	$\vdots$	$\vdots$	$\vdots$		$\vdots$		$\vdots$
x_m	b_{m0}	b_{m1}	b_{m2}	$\cdots$	b_{ms}	$\cdots$	b_{mn}

【例 6.7】 求解线性规划问题：

$$\begin{cases} \min & f(\boldsymbol{x})=5x_1+3x_2+x_3 \\ \text{s. t.} & x_1+x_2+3x_3=6 \\ & 5x_1+3x_2+6x_3=15 \\ & x_1\geqslant 0,\ x_2\geqslant 0,\ x_3\geqslant 0 \end{cases}$$

解　因为

$$\boldsymbol{A}=(\boldsymbol{p}^1,\ \boldsymbol{p}^2,\ \boldsymbol{p}^3)=\begin{pmatrix}1 & 1 & 3\\ 5 & 3 & 6\end{pmatrix},\ \boldsymbol{b}=\begin{pmatrix}6\\ 15\end{pmatrix},\ \boldsymbol{c}=\begin{pmatrix}5\\ 3\\ 1\end{pmatrix}$$

共有三个基，其中

$$\boldsymbol{B}_1=(\boldsymbol{p}^1,\ \boldsymbol{p}^2)=\begin{pmatrix}1 & 1\\ 5 & 3\end{pmatrix},\ \boldsymbol{B}_1^{-1}=\begin{pmatrix}-\frac{3}{2} & \frac{1}{2}\\ \frac{5}{2} & -\frac{1}{2}\end{pmatrix},\ \boldsymbol{B}_1^{-1}\boldsymbol{b}=\begin{pmatrix}-\frac{3}{2}\\ \frac{15}{2}\end{pmatrix}$$

不满足非负，所以 $\boldsymbol{B}_1$ 不是可行基，不再继续进行。

$$\boldsymbol{B}_2=(\boldsymbol{p}^1,\ \boldsymbol{p}^3)=\begin{pmatrix}1 & 3\\ 5 & 6\end{pmatrix},\ \boldsymbol{B}_2^{-1}=\begin{pmatrix}-\frac{2}{3} & \frac{1}{3}\\ \frac{5}{9} & -\frac{1}{9}\end{pmatrix}$$

$$\boldsymbol{B}_2^{-1}\boldsymbol{b}=\begin{pmatrix}-\frac{2}{3} & \frac{1}{3}\\ \frac{5}{9} & -\frac{1}{9}\end{pmatrix}\begin{pmatrix}6\\ 15\end{pmatrix}=\begin{pmatrix}1\\ \frac{5}{3}\end{pmatrix}$$

基变量非负，所以 $\boldsymbol{B}_2$ 是可行基。

又

$$\boldsymbol{B}_2^{-1}\boldsymbol{A}=\begin{pmatrix}-\frac{2}{3} & \frac{1}{3}\\ \frac{5}{9} & -\frac{1}{9}\end{pmatrix}\begin{pmatrix}1 & 1 & 3\\ 5 & 3 & 6\end{pmatrix}=\begin{pmatrix}1 & \frac{1}{3} & 0\\ 0 & \frac{2}{9} & 1\end{pmatrix}$$

$$\boldsymbol{c}_{B_2}=\begin{pmatrix}5\\ 1\end{pmatrix},\ \boldsymbol{c}_{B_2}^{\mathrm{T}}\boldsymbol{B}_2^{-1}\boldsymbol{b}=\frac{20}{3}$$

$$\boldsymbol{c}_{B_2}^{\mathrm{T}}\boldsymbol{B}_2^{-1}\boldsymbol{A}-\boldsymbol{c}^{\mathrm{T}}=(5,\ 1)\begin{pmatrix}1 & \frac{1}{3} & 0\\ 0 & \frac{2}{9} & 1\end{pmatrix}-(5,\ 3,\ 1)=\left(0,\ -\frac{10}{9},\ 0\right)$$

其单纯形表如下：

$$T(\boldsymbol{B}_2)=$$

		x_1	x_2	x_3
f	$\frac{20}{3}$	0	$-\frac{10}{9}$	0
x_1	1	1	$\frac{1}{3}$	0
x_3	$\frac{5}{3}$	0	$\frac{2}{9}$	1

检验数全非正，所以 $\boldsymbol{x}^*=\left(1,0,\frac{5}{3}\right)^{\mathrm{T}}$ 是最优解，最优值为 $f(\boldsymbol{x}^*)=\frac{20}{3}$。

$$\boldsymbol{B}_3=(\boldsymbol{p}^2,\ \boldsymbol{p}^3)=\begin{pmatrix}1 & 3\\ 3 & 6\end{pmatrix}$$

$$\boldsymbol{B}_3^{-1}=\begin{pmatrix}-2 & 1\\ 1 & -\frac{1}{3}\end{pmatrix}$$

$$\boldsymbol{B}_3^{-1}\boldsymbol{b}=\begin{pmatrix}-2 & 1\\ 1 & -\frac{1}{3}\end{pmatrix}\begin{pmatrix}6\\ 15\end{pmatrix}=\begin{pmatrix}3\\ 1\end{pmatrix}$$

基变量非负,所以 $\boldsymbol{B}_3$ 是可行基。

又

$$\boldsymbol{B}_3^{-1}\boldsymbol{A}=\begin{pmatrix}-2 & 1\\ 1 & -\frac{1}{3}\end{pmatrix}\begin{pmatrix}1 & 1 & 3\\ 5 & 3 & 6\end{pmatrix}=\begin{pmatrix}3 & 1 & 0\\ -\frac{2}{3} & 0 & 1\end{pmatrix}$$

$$\boldsymbol{c}_{B_3}=\begin{pmatrix}3\\ 1\end{pmatrix},\quad \boldsymbol{c}_{B_3}^{\mathrm{T}}\boldsymbol{B}_3^{-1}\boldsymbol{b}=10$$

$$\boldsymbol{c}_{B_3}^{\mathrm{T}}\boldsymbol{B}_3^{-1}\boldsymbol{A}-\boldsymbol{c}^{\mathrm{T}}=(3,1)\begin{pmatrix}3 & 1 & 0\\ -\frac{2}{3} & 0 & 1\end{pmatrix}-(5,\ 3,\ 1)=\left(\frac{10}{3},\ 0,\ 0\right)$$

其单纯形表如下：

$$T(\boldsymbol{B}_3)=$$

		x_1	x_2	x_3
f	10	$\frac{10}{3}$	0	0
x_2	3	3	1	0
x_3	1	$-\frac{2}{3}$	0	1

检验数中有正数,所以 $\boldsymbol{x}^*=(0,\ 3,\ 1)^{\mathrm{T}}$ 不是最优解。

以上仅就已知某个基 $\boldsymbol{B}$ 时，给出单纯形表，然后根据该表判断所得的解是否为可行解，如果是可行解，再根据检验数是否非正判断是否为最优解。如果 $\boldsymbol{B}$ 不是可行基，或者所得可行解不是最优解，就要换一个新的基进行判断。当线性规划的规模较小时，该方法还可以；当线性规划的规模较大时，基本上是不可行的。但是由例 6.6 的计算过程不难看出，我们总是可以在前一次计算的基础上设法得到新的基以及新基所对应的基本可行解，直至得到最优解。这就是下面介绍的换基迭代方法。

6.4.3 换基迭代

首先通过一个例子，给出换基迭代的基本运算过程。

【例 6.8】 求解线性规划问题：

$$\begin{cases}\min & f(\boldsymbol{x})=-3x_1-4x_2\\ \text{s.t.} & 2x_1+3x_2\leqslant 12\\ & 2x_1+x_2\leqslant 8\\ & x_1,\ x_2\geqslant 0\end{cases}$$

解 首先，添加松弛变量 x_3、x_4，将原问题化为标准形：

$$\begin{cases}\min & f(\boldsymbol{x})=-3x_1-4x_2\\ \text{s.t.} & 2x_1+3x_2+x_3=12\\ & 2x_1+x_2+x_4=8\\ & x_1,\ x_2,\ x_3,\ x_4\geqslant 0\end{cases}$$

于是

$$\boldsymbol{A}=(\boldsymbol{p}^1,\boldsymbol{p}^2,\boldsymbol{p}^3,\boldsymbol{p}^4)=\begin{pmatrix}2 & 3 & 1 & 0\\ 2 & 1 & 0 & 1\end{pmatrix}$$

$$\boldsymbol{b}=\begin{pmatrix}12\\ 8\end{pmatrix},\ \boldsymbol{c}=(-3,\ -4,\ 0,\ 0)^{\mathrm{T}}$$

选取尽可能简单的可逆矩阵 $\boldsymbol{B}_1=(\boldsymbol{p}^3,\ \boldsymbol{p}^4)=\begin{pmatrix}1 & 0\\ 0 & 1\end{pmatrix}$ 为初始可行基。于是

$$\boldsymbol{B}_1^{-1}=\begin{pmatrix}1 & 0\\ 0 & 1\end{pmatrix}$$

$$\boldsymbol{c}_{B_1}=\begin{pmatrix}0\\ 0\end{pmatrix}$$

$$\boldsymbol{B}_1^{-1}\boldsymbol{b}=\begin{pmatrix}12\\ 8\end{pmatrix}\geqslant 0$$

$$\boldsymbol{B}_1^{-1}\boldsymbol{A}=\begin{pmatrix}2 & 3 & 1 & 0\\ 2 & 1 & 0 & 1\end{pmatrix}$$

$$c_{B_1}^{\mathrm{T}} \boldsymbol{B}_1^{-1} \boldsymbol{b} = (0,0)\begin{pmatrix}12\\8\end{pmatrix} = 0$$

$$c_{B_1}^{\mathrm{T}} \boldsymbol{B}_1^{-1} \boldsymbol{A} - \boldsymbol{c}^{\mathrm{T}} = (3,\ 4,\ 0,\ 0)$$

据此列表得

$T(\boldsymbol{B}_1)=$

		x_1	x_2	x_3	x_4
f	0	3	4	0	0
x_3	12	2	3	1	0
x_4	8	$\boxed{2}$	1	0	1

这里基变量为 x_3、x_4。此表所对应的等价线性规划问题为

$$\begin{cases} \min & f(\boldsymbol{x}) + 3x_1 + 4x_2 = 0 \\ \text{s. t.} & 2x_1 + 3x_2 + x_3 = 12 \\ & 2x_1 + x_2 + x_4 = 8 \\ & x_1,\ x_2,\ x_3,\ x_4 \geqslant 0 \end{cases}$$

检验数中有正数，所以要进行基变量的变换。增加 x_1 的值可使目标函数 $f(\boldsymbol{x})$ 变小，所以选 x_1 为进基变量。为保证新的基仍然是可行基，注意到约束方程中 x_1 的系数满足 $\frac{8}{2} < \frac{12}{2}$，所以选择保留第二个约束方程中的 x_1，而消去其他方程以及目标函数中的 x_1。从单纯形表中看，我们选择了 x_1 为进基变量，其对应的检验数为 $3>0$，其下方的正元素有两个，都是 2，用每个正元素去除所在行的第一列元素，选择商较小的一个 $\frac{8}{2}$，其对应基变量 x_4 选为离基变量。而新选择的进基变量 x_1 所在的列与离基变量 x_4 所在的行的交叉点的元素 2 被称为**旋转元**，即表中用方框所标注的那个。然后通过线性代数中的初等行变换，将该元素化为 1，而将该元素上下方的所有元素都化为 0，就得到新的单纯形表：

$T(\boldsymbol{B}_2)=$

		x_1	x_2	x_3	x_4
f	-12	0	$\frac{5}{2}$	0	$-\frac{3}{2}$
x_3	4	0	$\boxed{2}$	1	-1
x_1	4	1	$\frac{1}{2}$	0	$\frac{1}{2}$

此时新基是 $\boldsymbol{B}_2 = (\boldsymbol{p}^3,\ \boldsymbol{p}^1)$，它所对应的等价线性规划问题为

$$\begin{cases} \min & f(\boldsymbol{x})+\dfrac{5}{2}x_2-\dfrac{3}{2}x_4=-12 \\ \text{s.t.} & 2x_2+x_3-x_4=4 \\ & x_1+\dfrac{1}{2}x_2+\dfrac{1}{2}x_4=4 \\ & x_1,\ x_2,\ x_3,\ x_4\geqslant 0 \end{cases}$$

从检验数看，检验数中仍有正数，从线性规划问题看，增加 x_2 的值仍可使目标函数的值变小。因而，我们考察正检验数 $\dfrac{5}{2}$ 下方的正元素。用每个正元素去除它们所在行的第一列元素得 $\dfrac{4}{2}=2<\dfrac{4}{1/2}=8$。同理，为保证新基的可行性，选择 x_2 为进基变量，x_3 为离基变量。再次通过初等行变换得新的单纯形表：

$T(\boldsymbol{B}_3)=$

		x_1	x_2	x_3	x_4
f	-17	0	0	$-\dfrac{5}{4}$	$-\dfrac{1}{4}$
x_2	2	0	1	$\dfrac{1}{2}$	$-\dfrac{1}{2}$
x_1	3	1	0	$-\dfrac{1}{4}$	$\dfrac{3}{4}$

此时新基是 $\boldsymbol{B}_3=(\boldsymbol{p}^2,\ \boldsymbol{p}^1)$，它所对应的等价线性规划问题为

$$\begin{cases} \min & f(\boldsymbol{x})-\dfrac{5}{4}x_3-\dfrac{1}{4}x_4=-17 \\ \text{s.t.} & x_2+\dfrac{1}{2}x_3-\dfrac{1}{2}x_4=2 \\ & x_1-\dfrac{1}{4}x_3+\dfrac{3}{4}x_4=3 \\ & x_1,\ x_2,\ x_3,\ x_4\geqslant 0 \end{cases}$$

显然，无论非基变量 x_3、x_4 怎样变化，目标函数都只会增加而不会减少。从单纯形表中看，检验数全部为非正，因而对应的基本可行解 $\boldsymbol{x}^*=\begin{pmatrix}3\\2\\0\\0\end{pmatrix}$ 必为标准线性规划的最优解，从而原问题的最优解为 $\boldsymbol{x}^*=\begin{pmatrix}3\\2\end{pmatrix}$，最优值为 $f(\boldsymbol{x}^*)=-17$。

单纯形法的一般步骤如下：

设已知 $\boldsymbol{B}=(\boldsymbol{p}^{j_1},\boldsymbol{p}^{j_2},\cdots,\ \boldsymbol{p}^{j_r},\cdots,\boldsymbol{p}^{j_m})$ 为可行基，$x_{j_1},x_{j_2},\cdots,\ x_{j_r},\cdots,x_{j_m}$ 为基变量，相应的单纯形表如表 6.2 所示。

表 6.2　单纯形表的一般形式

		x_1	x_2	$\cdots$	x_s	$\cdots$	x_n
f	b_{00}	b_{01}	b_{02}	$\cdots$	b_{0s}	$\cdots$	b_{0n}
x_{j_1}	b_{10}	b_{11}	b_{12}	$\cdots$	b_{1s}	$\cdots$	b_{1n}
x_{j_2}	b_{20}	b_{21}	b_{22}	$\cdots$	b_{2s}	$\cdots$	b_{2n}
$\vdots$	$\vdots$	$\vdots$	$\vdots$		$\vdots$		$\vdots$
x_{j_r}	b_{r0}	b_{r1}	b_{r2}	$\cdots$	$\boxed{b_{rs}}$	$\cdots$	b_{rn}
$\vdots$	$\vdots$	$\vdots$	$\vdots$		$\vdots$		$\vdots$
x_{j_m}	b_{m0}	b_{m1}	b_{m2}	$\cdots$	b_{ms}	$\cdots$	b_{mn}

(1) 如果所有的检验数全部非正：$b_{0j}\leqslant 0, j=1,2,\cdots,n$，则 $\boldsymbol{B}$ 是最优基，相应的基本可行解就是最优解。

(2) 如果检验数中有正数：

① 如果这些正数中有某个 $b_{0s}>0$，而其所在的列的其余元素都非正，即$(b_{1s},b_{2s},\cdots,b_{ms})^{\mathrm{T}}\leqslant 0$，则原线性规划问题无解。事实上，此时对任意的 $\lambda>0$，只要取$\boldsymbol{x}$：

$$
\begin{aligned}
x_s &= \lambda \\
x_{j_1} &= b_{j_1 0} - b_{j_1 s}\lambda \\
x_{j_2} &= b_{j_2 0} - b_{j_2 s}\lambda \\
&\vdots \\
x_{j_m} &= b_{j_m 0} - b_{j_m s}\lambda \\
x_j &= 0 \qquad (j\neq j_1, j_2, \cdots, j_m)
\end{aligned}
$$

则 $\boldsymbol{x}$ 是可行解，且有

$$f(\boldsymbol{x})=\boldsymbol{c}_B^{\mathrm{T}}\boldsymbol{B}^{-1}\boldsymbol{b}-(\boldsymbol{c}_B^{\mathrm{T}}\boldsymbol{B}^{-1}\boldsymbol{N}-\boldsymbol{c}_N^{\mathrm{T}})\boldsymbol{x}_N=b_{00}-b_{0s}\lambda$$

因为当 $\lambda\to+\infty$时，$f(\boldsymbol{x})\to-\infty$，所以没有最优解。

② 如果没有发生①中所述的情况，可设位于最左边的一个正检验数为 b_{0s}，选择 x_s 为进基变量，此时由于没有发生①中所述的情况，所以 $b_{is}(i=1,2,\cdots,m)$中必有正数，设

$$\frac{b_{r0}}{b_{rs}}=\min\left\{\frac{b_{i0}}{b_{is}}\,\middle|\, b_{is}>0, 1\leqslant i\leqslant m\right\}$$

则选择 x_{j_r} 为离基变量，元素 b_{rs} 称为**旋转元**。然后令

$$\bar{b}_{rj}=\frac{b_{rj}}{b_{rs}} \qquad (j=0,1,2,\cdots, n)$$

$$\bar{b}_{ij}=b_{ij}-b_{is}\frac{b_{rj}}{b_{rs}} \qquad (i=0,1,2,\cdots, r-1,r+1,\cdots, m;\ j=0,1,2,\cdots, n)$$

则原单纯形表 6.2 化为新的单纯形表 6.3，此即为可行基

$$B=(p^{j_1},p^{j_2},\cdots,p^{j_{r-1}},p^{s},p^{j_{r+1}},\cdots,p^{j_m})$$

的单纯形表，基变量为 $x_{j_1},x_{j_2},\cdots,x_{j_{r-1}},x_s,x_{j_{r+1}},\cdots,x_{j_m}$。如此完成了一次迭代，再次判断检验数。如果不能保证非正，则重新开始选择旋转元，进入下一次迭代。由于基的个数是有限的，所以经过有限次换基迭代，必定可以达到最优可行基，从而取得最优解。这种方法被称为**转轴运算**。

表 6.3　转轴运算原理表 1

		x_1	x_2	$\cdots$	x_s	$\cdots$	x_n
f	$b_{00}-b_{0s}\dfrac{b_{r0}}{b_{rs}}$	$b_{01}-b_{0s}\dfrac{b_{r1}}{b_{rs}}$	$b_{02}-b_{0s}\dfrac{b_{r2}}{b_{rs}}$	$\cdots$	0	$\cdots$	$b_{0n}-b_{0s}\dfrac{b_{rn}}{b_{rs}}$
x_{j_1}	$b_{10}-b_{1s}\dfrac{b_{r0}}{b_{rs}}$	$b_{11}-b_{1s}\dfrac{b_{r1}}{b_{rs}}$	$b_{12}-b_{1s}\dfrac{b_{r2}}{b_{rs}}$	$\cdots$	0	$\cdots$	$b_{1n}-b_{1s}\dfrac{b_{rn}}{b_{rs}}$
x_{j_2}	$b_{20}-b_{2s}\dfrac{b_{r0}}{b_{rs}}$	$b_{21}-b_{2s}\dfrac{b_{r1}}{b_{rs}}$	$b_{22}-b_{2s}\dfrac{b_{r2}}{b_{rs}}$	$\cdots$	0	$\cdots$	$b_{2n}-b_{2s}\dfrac{b_{rn}}{b_{rs}}$
$\vdots$	$\vdots$	$\vdots$	$\vdots$		$\vdots$		$\vdots$
x_s	$\dfrac{b_{r0}}{b_{rs}}$	$\dfrac{b_{r1}}{b_{rs}}$	$\dfrac{b_{r2}}{b_{rs}}$	$\cdots$	1	$\cdots$	$\dfrac{b_{rn}}{b_{rs}}$
$\vdots$	$\vdots$	$\vdots$	$\vdots$		$\vdots$		$\vdots$
x_{j_m}	$b_{m0}-b_{ms}\dfrac{b_{r0}}{b_{rs}}$	$b_{m1}-b_{ms}\dfrac{b_{r1}}{b_{rs}}$	$b_{m2}-b_{ms}\dfrac{b_{r2}}{b_{rs}}$	$\cdots$	0	$\cdots$	$b_{mn}-b_{ms}\dfrac{b_{rn}}{b_{rs}}$

可以证明，这里用这种方法得到的新的基本解一定是可行解，即必有 $\bar{b}_{i0}\geqslant 0,i=0,1,2,\cdots,m$。

首先，我们将表 6.3 重新记为表 6.4，即将表 6.3 中的元素的表达式用表 6.4 中的新元素来代表。于是，由于 $b_{rs}>0$，$b_{r0}\geqslant 0$，所以，对 $i=1,2,\cdots,r-1,r+1,\cdots,n$：

表 6.4　转轴运算原理表 2

		x_1	x_2	$\cdots$	x_s	$\cdots$	x_n
f	$\bar{b}_{00}$	$\bar{b}_{01}$	$\bar{b}_{02}$	$\cdots$	$\bar{b}_{0s}$	$\cdots$	$\bar{b}_{0n}$
x_{j_1}	$\bar{b}_{10}$	$\bar{b}_{11}$	$\bar{b}_{12}$	$\cdots$	$\bar{b}_{1s}$	$\cdots$	$\bar{b}_{1n}$
x_{j_2}	$\bar{b}_{20}$	$\bar{b}_{21}$	$\bar{b}_{22}$	$\cdots$	$\bar{b}_{2s}$	$\cdots$	$\bar{b}_{2n}$
$\vdots$	$\vdots$	$\vdots$	$\vdots$		$\vdots$		$\vdots$
x_s	$\bar{b}_{r0}$	$\bar{b}_{r1}$	$\bar{b}_{r2}$	$\cdots$	$\bar{b}_{rs}$	$\cdots$	$\bar{b}_{rn}$
$\vdots$	$\vdots$	$\vdots$	$\vdots$		$\vdots$		$\vdots$
x_{j_m}	$\bar{b}_{m0}$	$\bar{b}_{m1}$	$\bar{b}_{m2}$	$\cdots$	$\bar{b}_{ms}$	$\cdots$	$\bar{b}_{mn}$

当 $b_{is}<0$ 时，

$$\bar{b}_{i0}=b_{i0}-b_{is}\frac{b_{r0}}{b_{rs}}>0$$

当 $b_{is}>0$ 时，根据离基变量的选择方法知$\frac{b_{r0}}{b_{rs}}\leqslant\frac{b_{i0}}{b_{is}}$，所以

$$\bar{b}_{i0}=b_{i0}-b_{is}\frac{b_{r0}}{b_{rs}}=b_{is}\left(\frac{b_{i0}}{b_{is}}-\frac{b_{r0}}{b_{rs}}\right)\geqslant 0$$

另外，显然有

$$\bar{b}_{r0}=\frac{b_{r0}}{b_{rs}}\geqslant 0$$

因为新基是由旧基经过有限次初等变换所得到的，所以仍然非奇异，故新基仍是可行基。事实上，由于旧基 $\boldsymbol{B}=(\boldsymbol{p}^{j_1},\boldsymbol{p}^{j_2},\cdots,\boldsymbol{p}^{j_r},\cdots,\boldsymbol{p}^{j_m})$可逆，所以

$$\boldsymbol{B}^{-1}\boldsymbol{B}=\boldsymbol{E}$$

即

$$(\boldsymbol{B}^{-1}\boldsymbol{p}^{j_1},\ \boldsymbol{B}^{-1}\boldsymbol{p}^{j_2},\ \cdots,\ \boldsymbol{B}^{-1}\boldsymbol{p}^{j_r},\ \cdots,\ \boldsymbol{B}^{-1}\boldsymbol{p}^{j_m})=(\boldsymbol{\varepsilon}^1,\ \boldsymbol{\varepsilon}^2,\ \cdots,\ \boldsymbol{\varepsilon}^n)=\boldsymbol{E}$$

从而知单纯形表中的第 $j_1,j_2,\cdots,j_m$列实际上一定是单位列向量，而表中第 s 列实际上是 $\boldsymbol{B}^{-1}\boldsymbol{p}^s$，将上述消元变换对下列矩阵

$$(\boldsymbol{B}^{-1}\boldsymbol{p}^{j_1},\ \boldsymbol{B}^{-1}\boldsymbol{p}^{j_2},\ \cdots,\ \boldsymbol{B}^{-1}\boldsymbol{p}^{j_r},\ \cdots,\ \boldsymbol{B}^{-1}\boldsymbol{p}^{j_m},\ \boldsymbol{B}^{-1}\boldsymbol{p}^{s})$$

的运算单独拿出来看，就是对其进行了一系列初等行变换，相当于左乘了可逆矩阵 $\boldsymbol{P}$，并且所做的变换是将第 r 行乘以常数加到其余各行，故仅对第 r 列和最后一列起作用，即变换后的矩阵为

$$\begin{aligned}&(\boldsymbol{PB}^{-1}\boldsymbol{p}^{j_1},\ \boldsymbol{PB}^{-1}\boldsymbol{p}^{j_2},\ \cdots,\ \boldsymbol{PB}^{-1}\boldsymbol{p}^{j_r},\ \cdots,\ \boldsymbol{PB}^{-1}\boldsymbol{p}^{j_m},\ \boldsymbol{PB}^{-1}\boldsymbol{p}^{s})\\&=(\boldsymbol{\varepsilon}^1,\ \boldsymbol{\varepsilon}^2,\ \cdots,\ \boldsymbol{\varepsilon}^{r-1},\ \boldsymbol{PB}^{-1}\boldsymbol{p}^{j_r},\ \boldsymbol{\varepsilon}^{r+1},\ \cdots,\ \boldsymbol{\varepsilon}^m,\ \boldsymbol{\varepsilon}^r)\end{aligned}$$

这里的最后一列被化为单位列向量 $\boldsymbol{\varepsilon}^r$，因此用最后一列取代第 $\boldsymbol{r}$ 列互换后前 $\boldsymbol{m}$ 列构成的矩阵仍为一单位矩阵，所以 $\boldsymbol{PB}^{-1}\boldsymbol{p}^{j_1}$，$\boldsymbol{PB}^{-1}\boldsymbol{p}^{j_2}$，$\cdots$，$\boldsymbol{PB}^{-1}\boldsymbol{p}^{s}$，$\cdots$，$\boldsymbol{PB}^{-1}\boldsymbol{p}^{j_m}$ 线性无关，从而 $\boldsymbol{p}^{j_1}$，$\boldsymbol{p}^{j_2}$，$\cdots$，$\boldsymbol{p}^{s}$，$\cdots$，$\boldsymbol{p}^{j_m}$ 线性无关，即$\overline{\boldsymbol{B}}=(\boldsymbol{p}^{j_1},\boldsymbol{p}^{j_2},\cdots,\boldsymbol{p}^{s},\cdots,\boldsymbol{p}^{j_m})$可逆，是新基。显然有 $\overline{\boldsymbol{B}}^{-1}=\boldsymbol{PB}^{-1}$，此时原单纯形表中的 $\boldsymbol{B}^{-1}\boldsymbol{A}$ 被化为 $\boldsymbol{PB}^{-1}\boldsymbol{A}=\overline{\boldsymbol{B}}^{-1}\boldsymbol{A}$，而最左边的一列 $\boldsymbol{B}^{-1}\boldsymbol{b}$ 被化为 $\boldsymbol{PB}^{-1}\boldsymbol{b}=\overline{\boldsymbol{B}}^{-1}\boldsymbol{b}$。

下面我们来说明第一行中的两部分 $\boldsymbol{c}_B^{\mathrm{T}}\boldsymbol{B}^{-1}\boldsymbol{b}$ 和 $\boldsymbol{c}_B^{\mathrm{T}}\boldsymbol{B}^{-1}\boldsymbol{A}-\boldsymbol{c}^{\mathrm{T}}$，此时已经分别变为 $\boldsymbol{c}_{\overline{B}}^{\mathrm{T}}\overline{\boldsymbol{B}}^{-1}\boldsymbol{b}$ 和 $\boldsymbol{c}_{\overline{B}}^{\mathrm{T}}\overline{\boldsymbol{B}}^{-1}\boldsymbol{A}-\boldsymbol{c}^{\mathrm{T}}$，亦即要证明$\bar{b}_{00}=\boldsymbol{c}_{\overline{B}}^{\mathrm{T}}\overline{\boldsymbol{B}}^{-1}\boldsymbol{b}$，$\boldsymbol{c}_{\overline{B}}^{\mathrm{T}}\overline{\boldsymbol{B}}^{-1}\boldsymbol{p}^j-c_j=\bar{b}_{0j}$($j=1,\ 2,\ \cdots,\ n$)。

注意到 $b_{00}=\boldsymbol{c}_B^{\mathrm{T}}\boldsymbol{B}^{-1}\boldsymbol{b}$，$\boldsymbol{c}_B^{\mathrm{T}}\boldsymbol{B}^{-1}\boldsymbol{p}^j-c_j=b_{0j}$($j=1,\ 2,\ \cdots,\ n$)。令$\boldsymbol{p}^0=\boldsymbol{b}$，依照前面的讨论可知$\overline{\boldsymbol{B}}^{-1}\boldsymbol{p}^j=(\bar{b}_{1j},\ \bar{b}_{2j},\ \cdots,\ \bar{b}_{mj})^{\mathrm{T}}$，$j=0,\ 1,\ 2,\ \cdots,\ n$。由此知

$$\boldsymbol{c}_{\bar{B}}^{\mathrm{T}}\overline{\boldsymbol{B}}^{-1}\boldsymbol{p}^{j}=(c_{j_1},\cdots,c_{j_{r-1}},c_s,c_{j_{r+1}},\cdots,c_{j_m})\begin{pmatrix}\bar{b}_{1j}\\ \bar{b}_{2j}\\ \vdots\\ \bar{b}_{mj}\end{pmatrix}$$

$$=c_{j_1}\bar{b}_{1j}+\cdots+c_{j_{r-1}}\bar{b}_{r-1,j}+c_s\bar{b}_{rj}+c_{j_{r+1}}\bar{b}_{r+1,j}+\cdots+c_{j_m}\bar{b}_{mj}$$

$$=c_{j_1}\left(b_{1j}-b_{1s}\frac{b_{rj}}{b_{rs}}\right)+\cdots+c_{j_{s-1}}\left(b_{r-1,j}-b_{r-1,s}\frac{b_{rj}}{b_{rs}}\right)+c_s\frac{b_{rj}}{b_{rs}}$$

$$+c_{j_{r+1}}\left(b_{r+1,j}-b_{r+1,s}\frac{b_{rj}}{b_{rs}}\right)+\cdots+c_{j_m}\left(b_{mj}-b_{ms}\frac{b_{rj}}{b_{rs}}\right)$$

$$=(c_{j_1}b_{1j}+\cdots+c_{j_r}b_{rj}+\cdots+c_{j_m}b_{mj})-\frac{b_{rj}}{b_{rs}}(c_{j_1}b_{1s}+\cdots+c_{j_r}b_{rs}+\cdots+c_{j_m}b_{ms})+c_s\frac{b_{rj}}{b_{rs}}$$

$$=\boldsymbol{c}_B^{\mathrm{T}}\boldsymbol{B}^{-1}\boldsymbol{p}^{j}-\frac{b_{rj}}{b_{rs}}\boldsymbol{c}_B^{\mathrm{T}}\boldsymbol{B}^{-1}\boldsymbol{p}^{s}+c_s\frac{b_{rj}}{b_{rs}}$$

$$=\boldsymbol{c}_B^{\mathrm{T}}\boldsymbol{B}^{-1}\boldsymbol{p}^{j}-\frac{b_{rj}}{b_{rs}}(\boldsymbol{c}_B^{\mathrm{T}}\boldsymbol{B}^{-1}\boldsymbol{p}^{s}-c_s)=\boldsymbol{c}_B^{\mathrm{T}}\boldsymbol{B}^{-1}\boldsymbol{p}^{j}-\frac{b_{rj}}{b_{rs}}b_{0s}$$

即有

$$\boldsymbol{c}_{\bar{B}}^{\mathrm{T}}\overline{\boldsymbol{B}}^{-1}\boldsymbol{p}^{j}=\boldsymbol{c}_B^{\mathrm{T}}\boldsymbol{B}^{-1}\boldsymbol{p}^{j}-\frac{b_{rj}}{b_{rs}}b_{0s}\qquad(j=0,1,2,\cdots,n)$$

当 $j=0$ 时，有

$$\boldsymbol{c}_{\bar{B}}^{\mathrm{T}}\overline{\boldsymbol{B}}^{-1}\boldsymbol{p}^{0}=\boldsymbol{c}_{\bar{B}}^{\mathrm{T}}\overline{\boldsymbol{B}}^{-1}\boldsymbol{b}=\boldsymbol{c}_B^{\mathrm{T}}\boldsymbol{B}^{-1}\boldsymbol{b}-\frac{b_{r0}}{b_{rs}}b_{0s}=b_{00}-\frac{b_{r0}}{b_{rs}}b_{0s}=\bar{b}_{00}$$

当 $j=1,2,\cdots,n$ 时，有

$$\boldsymbol{c}_{\bar{B}}^{\mathrm{T}}\overline{\boldsymbol{B}}^{-1}\boldsymbol{p}^{j}-c_j=\boldsymbol{c}_B^{\mathrm{T}}\boldsymbol{B}^{-1}\boldsymbol{p}^{j}-c_j-\frac{b_{rj}}{b_{rs}}b_{0s}=b_{0j}-\frac{b_{rj}}{b_{rs}}b_{0s}=\bar{b}_{0j}$$

以上证明了经过换基迭代后得到的新表是新基的单纯形表。这样就知道经过有限次换基迭代，或者得到原线性规划无解，或者得到原线性规划的最优解。

【例 6.9】 用单纯形法求解线性规划问题：

$$\begin{cases}\min\ \ f(\boldsymbol{x})=-6x_1-4x_2\\ \text{s. t.}\ \ x_1-3\leqslant 0\\ \qquad\ x_2-4\leqslant 0\\ \qquad\ 3x_1+2x_2\leqslant 11\\ \qquad\ x_1\geqslant 0,\ x_2\geqslant 0\end{cases}$$

解 先将原问题化为标准线性规划：

$$\begin{cases} \min & f(\boldsymbol{x})=-6x_1-4x_2 \\ \text{s.t.} & x_1+x_3=3 \\ & x_2+x_4=4 \\ & 3x_1+2x_2+x_5=11 \\ & x_1,\ x_2,\ x_3,\ x_4,\ x_5\geqslant 0 \end{cases}$$

则

$$\boldsymbol{A}=\begin{pmatrix}1&0&1&0&0\\0&1&0&1&0\\3&2&0&0&1\end{pmatrix},\ \boldsymbol{b}=\begin{pmatrix}3\\4\\11\end{pmatrix},\ \boldsymbol{c}=\begin{pmatrix}-6\\-4\\0\\0\\0\end{pmatrix}$$

取

$$\boldsymbol{B}_1=(\boldsymbol{p}^3,\boldsymbol{p}^4,\boldsymbol{p}^5)=\begin{pmatrix}1&0&0\\0&1&0\\0&0&1\end{pmatrix}$$

基变量为 x_3、x_4、x_5，则

$$\boldsymbol{B}_1^{-1}\boldsymbol{b}=\boldsymbol{b}=\begin{pmatrix}3\\4\\11\end{pmatrix}$$

$$\boldsymbol{c}_{B_1}=(0,\ 0,\ 0)^{\mathrm{T}}$$

$$\boldsymbol{c}_{B_1}^{\mathrm{T}}\boldsymbol{B}_1^{-1}\boldsymbol{b}=(0,\ 0,\ 0)\begin{pmatrix}3\\4\\11\end{pmatrix}=0$$

$$\boldsymbol{c}_{B_1}^{\mathrm{T}}\boldsymbol{B}_1^{-1}\boldsymbol{A}-\boldsymbol{c}^{\mathrm{T}}=(6,\ 4,\ 0,\ 0,\ 0)$$

$$\boldsymbol{B}_1^{-1}\boldsymbol{A}=\boldsymbol{A}$$

由此得单纯形表：

$T(\boldsymbol{B}_1)=$

		x_1	x_2	x_3	x_4	x_5
f	0	6	4	0	0	0
x_3	3	$\boxed{1}$	0	1	0	0
x_4	4	0	1	0	1	0
x_5	11	3	2	0	0	1

检验数中有正数 6、4。从左边的 6 开始，其下方有两个正元素 1、3，由于$\frac{3}{1}<\frac{11}{3}$，所以选择 1 为旋转元，如表中方框所示，从而 x_1 为进基变量，x_3 为离基变量，开始转轴运算。第一次转轴运算完成后得新的单纯形表：

$T(\boldsymbol{B}_2)=$

		x_1	x_2	x_3	x_4	x_5
f	-18	0	4	-6	0	0
x_1	3	1	0	1	0	0
x_4	4	0	1	0	1	0
x_5	2	0	$\boxed{2}$	-3	0	1

其中 $\boldsymbol{B}_2=(\boldsymbol{p}^1,\boldsymbol{p}^4,\boldsymbol{p}^5)$为新的基矩阵，$x_1$、$x_4$、$x_5$为新的基变量。此时，检验数中仍有正数 4，所以选择 x_2为进基变量，其下方元素中共有两个正数 1、2，且由于$\frac{2}{2}<\frac{4}{1}$，所以选择 2 为旋转元，从而 x_5为离基变量。再次进行转轴运算得新的单纯形表：

$T(\boldsymbol{B}_3)=$

		x_1	x_2	x_3	x_4	x_5
f	-22	0	0	0	0	-2
x_1	3	1	0	1	0	0
x_4	3	0	0	$\frac{3}{2}$	1	$-\frac{1}{2}$
x_2	1	0	1	$-\frac{3}{2}$	0	$\frac{1}{2}$

现在检验数中已经没有正数，所以已经得到最优基 $\boldsymbol{B}_3=(\boldsymbol{p}^1,\boldsymbol{p}^4,\boldsymbol{p}^2)$，标准线性规划问题的最优解为 $\boldsymbol{x}^*=(3,1,0,3,0)^{\mathrm{T}}$，从而原线性规划的最优解为$\boldsymbol{x}^*=\begin{pmatrix}3\\1\end{pmatrix}$，最优值为 $f(\boldsymbol{x}^*)=-22$。

6.5 两阶段法

在上面的讨论中，总是先假设已经知道一个可行基，然后经过换基迭代找到最优基和最优解。这一点，对于规模比较小的线性规划问题是可行的。但是当问题规模比较大的时候就很困难了，通常很难找到一个初始可行基。因此有了下面专门求可行基的两阶段法。

设所讨论的标准线性规划问题为

$$
(\mathrm{LP})\begin{cases}\min & s=\boldsymbol{c}^{\mathrm{T}}\boldsymbol{x}\\ \text{s. t.} & \boldsymbol{A}\boldsymbol{x}=\boldsymbol{b}\\ & \boldsymbol{x}\geqslant\boldsymbol{0}\end{cases}
$$

其中 $\boldsymbol{b}\geqslant\boldsymbol{0}$，$\boldsymbol{A}$ 为 $m\times n$ 矩阵，$m<n$，但不必假设 $\boldsymbol{A}$ 满秩。通过解一个辅助问题，可以获得标准线性规划问题(LP)的初始可行基，进而求解标准线性规划问题(LP)。构造辅助问题为

$$
(\mathrm{ALP})\begin{cases}\min & z=y_1+y_2+\cdots+y_m\\ \text{s. t.} & s-c_1x_1-c_2x_2-\cdots-c_nx_n=0\\ & y_1+a_{11}x_1+a_{12}x_2+\cdots+a_{1n}x_n=b_1\\ & y_2+a_{21}x_1+a_{22}x_2+\cdots+a_{2n}x_n=b_2\\ & \qquad\vdots\\ & y_m+a_{m1}x_1+a_{m2}x_2+\cdots+a_{mn}x_n=b_m\\ & y_1,\ y_2,\ \cdots,\ y_m,\ x_1,\ x_2,\ \cdots,\ x_n\geqslant 0\end{cases}
$$

其中，$y_1, y_2, \cdots, y_m$ 称为人工变量。这里将等式 $s-c_1x_1-c_2x_2-\cdots-c_nx_n=0$ 也列入方程组，目的是在运算过程中直接计算出原规划问题的最优解和最优值。实际上在进行下面单纯形法的转轴运算时，该行仅参与消元运算，而不参与旋转元的确定。因此约束方程的系数矩阵仍为

$$
\boldsymbol{A}=\begin{pmatrix}1 & 0 & \cdots & 0 & a_{11} & a_{12} & \cdots & a_{1n}\\ 0 & 1 & \cdots & 0 & a_{21} & a_{22} & \cdots & a_{2n}\\ \vdots & \vdots & & \vdots & \vdots & \vdots & & \vdots\\ 0 & 0 & \cdots & 1 & a_{m1} & a_{m2} & \cdots & a_{mn}\end{pmatrix}_{m\times(m+n)}
$$

$$
\boldsymbol{b}=\begin{pmatrix}b_1\\ b_2\\ \vdots\\ b_m\end{pmatrix},\quad \boldsymbol{c}=\begin{pmatrix}1\\ \vdots\\ 1\\ 0\\ \vdots\\ 0\end{pmatrix}_{(m+n)\times 1}
$$

向量 $\boldsymbol{c}$ 中共有 m 个 1，n 个 0。显然对于辅助问题(ALP)有现成的可行基：

$$
\boldsymbol{B}=\begin{pmatrix}1 & 0 & 0 & \cdots & 0\\ 0 & 1 & 0 & \cdots & 0\\ \vdots & \vdots & \vdots & & \vdots\\ 0 & 0 & 0 & \cdots & 1\end{pmatrix}_{m\times m},\quad \boldsymbol{c}_B=\begin{pmatrix}1\\ 1\\ \vdots\\ 1\end{pmatrix}\in\mathbf{R}^m
$$

从而得

$$c_B^{\mathrm{T}}\boldsymbol{B}^{-1}\boldsymbol{b} = (1,1,\cdots,1)\boldsymbol{b} = \sum_{j=1}^{m} b_j$$

$$\boldsymbol{B}^{-1}\boldsymbol{b} = \boldsymbol{b}$$

$$\boldsymbol{B}^{-1}\boldsymbol{A} = \boldsymbol{A}$$

$$\boldsymbol{c}_B^{\mathrm{T}}\boldsymbol{B}^{-1}\boldsymbol{A} - \boldsymbol{c}^{\mathrm{T}} = \boldsymbol{c}_B^{\mathrm{T}}\boldsymbol{A} - \boldsymbol{c}^{\mathrm{T}}$$

$$= (1,\ 1,\ \cdots,\ 1)\begin{pmatrix} 1 & 0 & \cdots & 0 & a_{11} & a_{12} & \cdots & a_{1n} \\ 0 & 1 & \cdots & 0 & a_{21} & a_{22} & \cdots & a_{2n} \\ \vdots & \vdots & & \vdots & \vdots & \vdots & & \vdots \\ 0 & 0 & \cdots & 1 & a_{m1} & a_{m2} & \cdots & a_{mn} \end{pmatrix} - (1,\ 1,\ \cdots,\ 1,\ 0,\ \cdots,\ 0)$$

$$= \left(0,\ 0,\ \cdots,\ 0,\ \sum_{i=1}^{m} a_{i1},\ \sum_{i=1}^{m} a_{i2},\ \cdots,\ \sum_{i=1}^{m} a_{in}\right)$$

所以基 $\boldsymbol{B}$ 的单纯形表如表 6.5 所示。

表 6.5　辅助问题的单纯形表

		s	y_1	y_1	$\cdots$	y_m	x_1	x_2	$\cdots$	x_n
z	$\sum_{j=1}^{m} b_j$	0	0	0	$\cdots$	0	$\sum_{i=1}^{m} a_{i1}$	$\sum_{i=1}^{m} a_{i2}$	$\cdots$	$\sum_{i=1}^{m} a_{in}$
s	0	1	0	0	$\cdots$	0	$-c_1$	$-c_2$	$\cdots$	$-c_n$
y_1	b_1	0	1	0	$\cdots$	0	a_{11}	a_{12}	$\cdots$	a_{1n}
y_2	b_2	0	0	1	$\cdots$	0	a_{21}	a_{22}	$\cdots$	a_{2n}
$\vdots$	$\vdots$	$\vdots$	$\vdots$	$\vdots$		$\vdots$	$\vdots$	$\vdots$		$\vdots$
y_m	b_m	0	0	0	$\cdots$	1	a_{m1}	a_{m2}	$\cdots$	a_{mn}

表 6.5 中 s 所在的行的元素的构成是：等式右端的 0 写在第一个位置，后面是等式左端表达式中 $s, y_1, y_2, \cdots, y_m, x_1, x_2, \cdots, x_n$ 的系数。$\boldsymbol{B}$ 称为人造基，对应的基本可行解为

$$\begin{cases} y_i = b_i & (i=1,2,\cdots,m) \\ x_j = 0 & (j=1,2,\cdots,n) \end{cases}$$

从这个人造基出发，必可以求得辅助问题（ALP）的最优基 $\boldsymbol{B}^*$。这是因为 $y_i \geqslant 0$ $(i=1,2,\cdots,m)$，$x_j \geqslant 0 (j=1,2,\cdots,n)$，所以 $z \geqslant 0$，必有最优值(最小值)，因而辅助问题(ALP)必有最优解。对于这个辅助问题我们有如下结论：

(1) 如果对应于最优基 $\boldsymbol{B}^*$ 的最优解的函数值 $\min z > 0$，则标准线性规划问题(LP)无可行解。

这是因为如果标准线性规划问题(LP)有可行解 $x_j = d_j (j = 1,2,\cdots,n)$，则

$$\begin{cases} y_i = 0 & (i = 1,2,\cdots,m) \\ x_j = d_j & (j = 1,2,\cdots,n) \end{cases}$$

就是辅助问题(ALP)的可行解，从而 $z = y_1 + y_2 + \cdots + y_m = 0$，与 $\min z > 0$ 矛盾。所以标准线性规划问题(LP)必无可行解。

(2) 如果对应于最优基 $\boldsymbol{B}^*$ 的最优解的函数值 $\min z = 0$，则显然有 $y_i = 0\ (i = 1,2,\cdots,m)$，这时：

① 若 $\boldsymbol{B}^*$ 的基变量全部都是 x 变量，则 $\boldsymbol{B}^*$ 已经是标准线性规划问题(LP)的可行基了。于是，只要在 $\boldsymbol{B}^*$ 的单纯形表中去掉 z 所在的行和 $s, y_1, y_2, \cdots, y_m$ 所在的列，将其余变量和元素按原来的位置保留下来即可直接得到标准线性规划问题(LP)的对应于 $\boldsymbol{B}^*$ 的单纯形表。

② 若 $\boldsymbol{B}^*$ 的基变量中含有 y 变量，如含有基变量 $y_r(1 \leqslant r \leqslant m)$，此时 $\boldsymbol{B}^*$ 的单纯形表中第 r 行所对应的方程为

$$y_r + \sum_{k \in K} b_{rk} y_k + \sum_{j \in J} b_{rj} x_j = b_{r0} = 0$$

这里 K 是某些非基变量 y_k 的下标集，J 是某些非基变量 x_j 的下标集。而 b_{r0} 之所以为零是因为此时最优解为 $\min z = 0$，所以必有 $y_i = 0(i = 1,2,\cdots,m)$，而 $y_r = b_{r0}$，所以 $b_{r0} = 0$。于是：

a. 当所有的 $b_{rj} = 0(j \in J)$ 时，上述方程实际上为

$$y_r + \sum_{k \in K} b_{rk} y_k = 0$$

这意味着标准线性规划问题(LP)中这个约束方程不起作用。可以将第 r 个方程去掉，因为上面的方程是原方程组经过初等行变换得到的，现在含 x 的项全为零，如果只考虑 x，则原方程已化为 $0 = 0$，所以该方程已经可以去掉了。于是我们将单纯形表中的第 r 行以及人工变量 y_r 所在的列全部去掉，重新开始本步骤。

b. 当有某个 $b_{rj} \neq 0(j \in J)$ 时，如 $b_{rs} \neq 0$，无论其是正还是负，均以其为旋转元，将 x_s 作为进基变量，y_r 作为离基变量，做转轴运算，则得新的可行基 $\boldsymbol{B}^*$，它的单纯形表中的第 0 列依然满足 $\bar{b}_{i0} = b_{i0} \geqslant 0(i = 1,2,\cdots,m)$，这是因为 y_r 原本是基变量，当原来的基 $\boldsymbol{B}^*$ 是最优基时，$y_r = b_{r0} = 0$，而转轴运算只进行了行变换，所以第 0 列在运算过程中不变。这样就得到一个新的可行基 $\boldsymbol{B}^*$，它的基变量中多了一个 x 变量，而少了一个 y 变量。

重复上述做法，经过有限次迭代，必可将所有 y 变量均转为非基变量，从而得到只含有 x 的可行基，即标准线性规划问题(LP)的可行基。由于前面我们已经将原来的目标函数作为约束带入单纯形表进行运算了，所以此时只要将辅助问题的单纯形表中 z 所在的行和 $s, y_1, y_2, \cdots, y_m$ 所在的列去掉，即可得标准线性规划问题(LP)的单纯形表，再继续进行转轴运算，直至获得标准线性规划问题(LP)的最优解。

提示　s 所在的行在整个求初始基的过程中都只参加消元时的行变换，在选择旋转元的过程中不考虑 s 所在的行的元素的符号。

【例 6.10】　求解线性规划问题：

$$\begin{cases} \min & s=4x_1+3x_3 \\ \text{s.t.} & 3x_1+6x_2+3x_3-4x_4=12 \\ & 6x_1+3x_3=12 \\ & 3x_1-6x_2+4x_4=0 \\ & x_1,\ x_2,\ x_3,\ x_4\geqslant 0 \end{cases}$$

解　构造辅助问题：

$$\begin{cases} \min & z=y_1+y_2+y_3 \\ \text{s.t.} & s-4x_1-3x_3=0 \\ & y_1+3x_1+6x_2+3x_3-4x_4=12 \\ & y_2+6x_1+3x_3=12 \\ & y_3+3x_1-6x_2+4x_4=0 \\ & y_1,\ y_2,\ y_3\geqslant 0;\ x_1,\ x_2,\ x_3,\ x_4\geqslant 0 \end{cases}$$

则

$$\boldsymbol{A}=\begin{pmatrix} 1 & 0 & 0 & 3 & 6 & 3 & -4 \\ 0 & 1 & 0 & 6 & 0 & 3 & 0 \\ 0 & 0 & 1 & 3 & -6 & 0 & 4 \end{pmatrix}$$

$$\boldsymbol{b}=\begin{pmatrix} 12 \\ 12 \\ 0 \end{pmatrix},\ \boldsymbol{c}=(1,\ 1,\ 1,\ 0,\ 0,\ 0,\ 0)^{\mathrm{T}}$$

单纯形表为

$T(\boldsymbol{B}_1)=$

		s	y_1	y_2	y_3	x_1	x_2	x_3	x_4
z	24	0	0	0	0	12	0	6	0
s	0	1	0	0	0	−4	0	−3	0
y_1	12	0	1	0	0	3	6	3	−4
y_2	12	0	0	1	0	6	0	3	0
y_3	0	0	0	0	1	$\boxed{3}$	−6	0	4

此时，检验数中有正数 12、6。第一个正数 12 下方的正元素为 3、6、3。由于$\dfrac{0}{3}<\dfrac{12}{6}<\dfrac{12}{3}$，

所以选择 x_1 为进基变量，y_3 为离基变量。进行转轴运算得新的单纯形表为

$T(\boldsymbol{B}_2)=$

		s	y_1	y_2	y_3	x_1	x_2	x_3	x_4
z	24	0	0	0	-4	0	24	6	-16
s	0	1	0	0	$\frac{4}{3}$	0	-8	-3	$\frac{16}{3}$
y_1	12	0	1	0	-1	0	$\boxed{12}$	3	-8
y_2	12	0	0	1	-2	0	12	3	-8
x_1	0	0	0	0	$\frac{1}{3}$	1	-2	0	$\frac{4}{3}$

此时，检验数中有正数 24、6。第一个正数 24 下方的正元素为 12、12。由于 $\frac{12}{12}=\frac{12}{12}$，所以选择 x_2 为进基变量，y_1 为离基变量。进行转轴运算得新的单纯形表为

$T(\boldsymbol{B}_3)=$

		s	y_1	y_2	y_3	x_1	x_2	x_3	x_4
z	0	0	-2	0	-2	0	0	0	0
s	8	1	$\frac{2}{3}$	0	$\frac{2}{3}$	0	0	-1	0
x_2	1	0	$\frac{1}{12}$	0	$-\frac{1}{12}$	0	1	$\frac{1}{4}$	$-\frac{2}{3}$
y_2	0	0	-1	1	-1	0	0	0	0
x_1	2	0	$\frac{1}{6}$	0	$\frac{1}{6}$	1	0	$\frac{1}{2}$	0

可行基分别为

$$\boldsymbol{B}_1=(\boldsymbol{p}^1,\ \boldsymbol{p}^2,\ \boldsymbol{p}^3),\ \boldsymbol{B}_2=(\boldsymbol{p}^1,\ \boldsymbol{p}^2,\ \boldsymbol{p}^4),\ \boldsymbol{B}_3=(\boldsymbol{p}^5,\boldsymbol{p}^2,\boldsymbol{p}^4)$$

由于表 $T(\boldsymbol{B}_3)$ 中 y_2 所在的行的 x 变量的系数全部为零，所以该方程可以去掉。去掉后的基变量全部都为 x，从而得到原问题的最优基及相应的单纯形表 $T(\boldsymbol{B})$，即

$T(\boldsymbol{B})=$

		x_1	x_2	x_3	x_4
s	8	0	0	-1	0
x_2	1	0	1	$\frac{1}{4}$	$-\frac{2}{3}$
x_1	2	1	0	$\frac{1}{2}$	0

由于其中的检验数全都非正，所以原线性规划中的第二个约束方程被去掉后新得规划的最优基为 $\boldsymbol{B}=(\boldsymbol{p}^2,\ \boldsymbol{p}^1)$，最优解为 $\boldsymbol{x}^*=(2,\ 1,\ 0,\ 0)^{\mathrm{T}}$，最优值为 $s=8$。

【例 6.11】 求解线性规划问题：

$$\begin{cases}\min\ s=-x_1+2x_2+x_3\\ \text{s. t.}\ -2x_1+x_2-x_3+x_4=4\\ \quad x_1+2x_2=6\\ \quad x_1,\ x_2,\ x_3,\ x_4\geqslant 0\end{cases}$$

解 构造辅助问题：

$$\begin{cases}\min\ z=y_1+y_2\\ \text{s. t.}\ s+x_1-2x_2-x_3=0\\ \quad y_1-2x_1+x_2-x_3+x_4=4\\ \quad y_2+x_1+2x_2=6\\ \quad y_1,\ y_2,\ x_1,\ x_2,\ x_3,\ x_4\geqslant 0\end{cases}$$

从而得单纯形表为

$T(\boldsymbol{B}_1)=$

		s	y_1	y_2	x_1	x_2	x_3	x_4
z	10	0	0	0	-1	3	-1	1
s	0	1	0	0	1	-2	-1	0
y_1	4	0	1	0	-2	1	-1	1
y_2	6	0	0	1	1	$\boxed{2}$	0	0

此时，检验数中有正数 3。正数 3 下方的正元素为 1、2。由于$\frac{6}{2}<\frac{4}{1}$，所以旋转元为 2，进基变量为 x_2，离基变量为 y_2。进行转轴运算得新的单纯形表为

$T(\boldsymbol{B}_2)=$

		s	y_1	y_2	x_1	x_2	x_3	x_4
z	1	0	0	$-\frac{3}{2}$	$-\frac{5}{2}$	0	-1	1
s	6	1	0	1	2	0	-1	0
y_1	1	0	1	$-\frac{1}{2}$	$-\frac{5}{2}$	0	-1	$\boxed{1}$
x_2	3	0	0	$\frac{1}{2}$	$\frac{1}{2}$	1	0	0

此时，检验数中有正数 1。正数 1 下方的正元素为 1，所以旋转元为 1，进基变量为 x_4，离基变量为 y_1。进行转轴运算得新的单纯形表为

$T(\boldsymbol{B}_3)=$

		s	y_1	y_2	x_1	x_2	x_3	x_4
z	0	0	-1	-1	0	0	0	0
s	6	1	0	1	2	0	-1	0
x_4	1	0	1	$-\frac{1}{2}$	$-\frac{5}{2}$	0	-1	1
x_2	3	0	0	$\frac{1}{2}$	$\frac{1}{2}$	1	0	0

检验数全非正，辅助问题的最优解为 0，且此时，可行基中已经没有 y 变量，于是去掉 s，y_1，y_2 所在的列以及 z 所在的行后，得原线性规划问题的单纯形表为

$T(\overline{\boldsymbol{B}}_1)=$

		x_1	x_2	x_3	x_4
s	6	2	0	-1	0
x_4	1	$-\frac{5}{2}$	0	-1	1
x_2	3	$\boxed{\frac{1}{2}}$	1	0	0

检验数中有正数 2，所以不是最优解。选择唯一可选的旋转元 $\frac{1}{2}$，x_1 为进基变量，x_2 为离基变量。进一步做转轴运算得单纯形表为

$T(\overline{\boldsymbol{B}}_2)=$

		x_1	x_2	x_3	x_4
s	-6	0	-4	-1	0
x_4	16	0	5	-1	1
x_1	6	1	2	0	0

现在检验数全非正，所以最优解为 $\boldsymbol{x}^{\mathrm{T}}=(6,0,0,16)$，最优值为 -6。

【例 6.12】 求解线性规划问题：

$$\begin{cases}\min\ s=4x_1+3x_3\\ \text{s.t.}\ 3x_1+6x_2+3x_3-4x_4=12\\ \quad 3x_1-x_3=6\\ \quad 3x_1-6x_2+4x_4=0\\ \quad x_1,x_2,x_3,x_4\geqslant 0\end{cases}$$

解 构造辅助问题：

$$\begin{cases} \min & z=y_1+y_2+y_3 \\ \text{s.t.} & s-4x_1-3x_3=0 \\ & y_1+3x_1+6x_2+3x_3-4x_4=12 \\ & y_2+3x_1-x_3=6 \\ & y_3+3x_1-6x_2+4x_4=0 \\ & y_1,\ y_2,\ y_3\geqslant 0;\ x_1,\ x_2,\ x_3,\ x_4\geqslant 0 \end{cases}$$

计算得单纯形表分别为

$T(\boldsymbol{B}_1)=$

		s	y_1	y_2	y_3	x_1	x_2	x_3	x_4
z	18	0	0	0	0	9	0	2	0
s	0	1	0	0	0	-4	0	-3	0
y_1	12	0	1	0	0	3	6	3	-4
y_2	6	0	0	1	0	3	0	-1	0
y_3	0	0	0	0	1	$\boxed{3}$	-6	0	4

$T(\boldsymbol{B}_2)=$

		s	y_1	y_2	y_3	x_1	x_2	x_3	x_4
z	18	0	0	0	-3	0	18	2	-12
s	0	1	0	0	$\frac{4}{3}$	0	-8	-3	$\frac{16}{3}$
y_1	12	0	1	0	-1	0	$\boxed{12}$	3	-8
y_2	6	0	0	1	-1	0	6	-1	-4
x_1	0	0	0	0	$\frac{1}{3}$	1	-2	0	$\frac{4}{3}$

$T(\boldsymbol{B}_3)=$

		s	y_1	y_2	y_3	x_1	x_2	x_3	x_4
z	0	0	$-\frac{3}{2}$	0	$-\frac{3}{2}$	0	0	$-\frac{5}{2}$	0
s	8	1	$\frac{2}{3}$	0	$\frac{2}{3}$	0	0	-1	0
x_2	1	0	$\frac{1}{12}$	0	$-\frac{1}{12}$	0	1	$\frac{1}{4}$	$-\frac{2}{3}$
y_2	0	0	$-\frac{1}{2}$	1	$-\frac{1}{2}$	0	0	$\boxed{-\frac{5}{2}}$	0
x_1	2	0	$\frac{1}{6}$	0	$\frac{1}{6}$	1	0	$\frac{1}{2}$	0

$T(\boldsymbol{B}_3)$表中检验数非正，所以是最优解，但是基变量中仍含有 y 变量 y_2，并且 y_2所在行中 x 非基变量 x_3、x_4的系数不为全零，所以选择将系数非零的 x_3旋入。此时不管该系数的符号是否为正，均将该变量旋入，而将该行的原基变量 y_2旋出，即作为离基变量，从而得新的单纯形表为

$T(\boldsymbol{B}_4)=$

		s	y_1	y_2	y_3	x_1	x_2	x_3	x_4
z	0	0	-1	-1	-1	0	0	0	0
s	8	1	$\frac{13}{15}$	$-\frac{2}{5}$	$\frac{13}{15}$	0	0	0	0
x_2	1	0	$\frac{1}{30}$	$\frac{1}{10}$	$-\frac{2}{15}$	0	1	0	$-\frac{2}{3}$
x_3	0	0	$\frac{1}{5}$	$-\frac{2}{5}$	$\frac{1}{5}$	0	0	1	0
x_1	2	0	$\frac{1}{15}$	$\frac{1}{5}$	$\frac{1}{15}$	1	0	0	0

此时，检验数全非正，基变量全为 x 变量，得到初始可行基，去掉 z 所在的行以及 s，y_1，y_2，y_3所在的列，得原线性规划问题的单纯形表为

$T(\overline{\boldsymbol{B}})=$

		x_1	x_2	x_3	x_4
s	8	0	0	0	0
x_2	1	0	1	0	$-\frac{2}{3}$
x_3	0	0	0	1	0
x_1	2	1	0	0	0

其中，$\overline{\boldsymbol{B}}=(\boldsymbol{p}^2, \boldsymbol{p}^3, \boldsymbol{p}^1)$。由于该单纯形表中检验数全部非正，所以最优解为 $\boldsymbol{x}^{\mathrm{T}}=(2, 1, 0, 0)$，最优值为 8。

6.6 大 M 法

在找不到初始可行基的时候，除了上面介绍的两阶段法以外，人们也常常采用下面的大 M 法来求解。该方法的解题思路和外罚函数法有些类似，就是在标准线性规划基础上，构造一个含有明显可行基的、可行域范围更大的辅助标准线性规划，然后通过求解该辅助问题来求解原规划问题的解。

假设标准线性规划问题为

$$\begin{cases}\min & s(\boldsymbol{x})=\boldsymbol{c}^{\mathrm{T}}\boldsymbol{x}\\ \text{s. t.} & \boldsymbol{A}\boldsymbol{x}=\boldsymbol{b}\\ & \boldsymbol{x}\geqslant\boldsymbol{0}\end{cases}\tag{6-10}$$

设其可行域为 $D=\{\boldsymbol{x}\mid\boldsymbol{A}\boldsymbol{x}=\boldsymbol{b},\ \boldsymbol{x}\geqslant\boldsymbol{0}\}$。

像外罚函数法那样，在目标函数中引入一个含有我们可以控制参数的惩罚项。为此先定义两个 m 维向量：$\boldsymbol{e}=(1,1,\cdots,1)^{\mathrm{T}}$，$\boldsymbol{x}_M=(x_{n+1},x_{n+2},\cdots,x_{n+m})^{\mathrm{T}}$。这里 x_{n+1}，x_{n+2}，$\cdots$，x_{n+m}称为人工变量。于是原问题被改造为一个辅助标准线性规划：

$$\begin{cases}\min & s_1(\boldsymbol{x},\boldsymbol{x}_M)=\boldsymbol{c}^{\mathrm{T}}\boldsymbol{x}+M\boldsymbol{e}^{\mathrm{T}}\boldsymbol{x}_M\\ \text{s. t.} & \boldsymbol{A}\boldsymbol{x}+\boldsymbol{x}_M=\boldsymbol{b}\\ & \boldsymbol{x}\geqslant\boldsymbol{0},\ \boldsymbol{x}_M\geqslant\boldsymbol{0}\end{cases}\tag{6-11}$$

写为分量形式即

$$\begin{cases}\min & s_1(\boldsymbol{x},\boldsymbol{x}_M)=c_1x_1+c_2x_2+\cdots+c_nx_n+M(x_{n+1}+\cdots+x_{n+m})\\ \text{s. t.} & a_{11}x_1+a_{12}x_2+\cdots+a_{1n}x_n+x_{n+1}=b_1\\ & a_{21}x_1+a_{22}x_2+\cdots+a_{2n}x_n+x_{n+2}=b_2\\ & \qquad\vdots\\ & a_{m1}x_1+a_{m2}x_2+\cdots+a_{mn}x_n+x_{n+m}=b_m\\ & x_i\geqslant 0\quad(i=1,2,\cdots,n,n+1,\cdots,n+m)\end{cases}$$

设 $D_1=\left\{\begin{pmatrix}\boldsymbol{x}\\ \boldsymbol{x}_M\end{pmatrix}\middle|\ \boldsymbol{A}\boldsymbol{x}+\boldsymbol{x}_M=\boldsymbol{b},\ \boldsymbol{x}\geqslant\boldsymbol{0},\ \boldsymbol{x}_M\geqslant\boldsymbol{0}\right\}$。

显然，$\begin{pmatrix}\boldsymbol{x}\\ \boldsymbol{x}_M\end{pmatrix}=\begin{pmatrix}\boldsymbol{b}\\ \boldsymbol{0}\end{pmatrix}\geqslant\boldsymbol{0}$ 是问题(6-11)的一个基本可行解。所以可行域 D_1 必非空。

标准线性规划(6-10)又可以等价地写成：

$$\begin{cases}\min & s(\boldsymbol{x})=s_1(\boldsymbol{x},\boldsymbol{x}_M)=\boldsymbol{c}^{\mathrm{T}}\boldsymbol{x}+M\boldsymbol{e}^{\mathrm{T}}\boldsymbol{x}_M\\ \text{s. t.} & \boldsymbol{A}\boldsymbol{x}+\boldsymbol{x}_M=\boldsymbol{b}\\ & \boldsymbol{x}\geqslant\boldsymbol{0},\ \boldsymbol{x}_M=\boldsymbol{0}\end{cases}\tag{6-12}$$

设 $D_2=\left\{\begin{pmatrix}\boldsymbol{x}\\ \boldsymbol{0}_M\end{pmatrix}\middle|\ \boldsymbol{A}\boldsymbol{x}+\boldsymbol{0}_M=\boldsymbol{b},\ \boldsymbol{x}\geqslant\boldsymbol{0},\ \boldsymbol{0}_M\geqslant\boldsymbol{0}\right\}$，显然 D_2 是 D_1 的子集。

这样表示以后，不难看出，和外罚函数法一样，当 $\begin{pmatrix}\boldsymbol{x}\\ \boldsymbol{x}_M\end{pmatrix}\in D_2$ 时，$\boldsymbol{x}\in D$，且

$$s_1(\boldsymbol{x},\boldsymbol{x}_M)=s_1(\boldsymbol{x},\boldsymbol{0}_M)=s(\boldsymbol{x})$$

而当 $\begin{pmatrix}\boldsymbol{x}\\ \boldsymbol{x}_M\end{pmatrix}\in D_1$ 且 $\begin{pmatrix}\boldsymbol{x}\\ \boldsymbol{x}_M\end{pmatrix}\notin D_2$ 时，

$$s_1(\boldsymbol{x}, \boldsymbol{x}_M)=\boldsymbol{c}^{\mathrm{T}}\boldsymbol{x}+M\boldsymbol{e}^{\mathrm{T}}\boldsymbol{x}_M>\boldsymbol{c}^{\mathrm{T}}\boldsymbol{x}+M\boldsymbol{e}^{\mathrm{T}}\boldsymbol{0}_M=s_1(\boldsymbol{x}, \boldsymbol{0}_M)=\boldsymbol{s}(\boldsymbol{x})$$

即在子集 D_2 内部两个目标函数值相等，而在子集外部辅助问题的目标函数值大于原问题的目标函数值。和外罚函数法类似，可以不断加大 M，直至 $M\to\infty$，以使辅助问题(6-11)的最优解 $\boldsymbol{y}^*=\begin{bmatrix}\boldsymbol{x}^*\\ \boldsymbol{0}\end{bmatrix}$ 落入 D_2，此时 $\boldsymbol{y}^*=\begin{bmatrix}\boldsymbol{x}^*\\ \boldsymbol{0}\end{bmatrix}$ 也必是问题(6-12)的最优解，从而 $\boldsymbol{x}^*$ 就是原标准线性规划(6-10)的最优解。

可以证明，如果对任意大的 M，辅助问题(6-11)都没有最优解，则原问题(6-10)也没有最优解。具体来说有如下结论：

(1) 辅助问题(6-11)有最优解，假设最优解为 $\begin{bmatrix}\boldsymbol{x}^*\\ \boldsymbol{x}_M^*\end{bmatrix}$，则又分两种情形：

① 人工变量全为零，即 $\boldsymbol{x}_M=\boldsymbol{0}_M$，此时 $\boldsymbol{x}^*$ 必为原问题(6-10)的最优解；

② 人工变量不全为零，即 $\boldsymbol{x}_M\neq\boldsymbol{0}_M$，则原问题(6-10)没有可行解。

(2) 辅助问题(6-11)没有最优解，则原问题(6-10)没有最优解或者没有可行解。

我们之所以要将问题(6-10)改造成为等价的问题(6-11)，是因为问题(6-11)中有一个天然的可行基，即人工变量 $x_{n+1}, x_{n+2}, \cdots, x_{n+m}$ 所在的系数列向量，显然它是个单位矩阵，这样就避免了要求初始可行基的问题。基于这个原因，如果系数矩阵中已经有单位列向量，则人工变量的个数不一定非要和约束方程的个数完全相同，可以少于约束方程的个数。

下面通过例子说明大 M 法的求解过程。

【例 6.13】 求解线性规划问题：

$$\begin{cases}\min & s=-3x_1+x_2+x_3\\ \text{s.t.} & x_1-2x_2+x_3\leqslant 11\\ & -4x_1+x_2+2x_3\geqslant 3\\ & -2x_1+x_3=1\\ & x_1, x_2, x_3\geqslant 0\end{cases}$$

解 先化为标准形

$$\begin{cases}\min & s=-3x_1+x_2+x_3\\ \text{s.t.} & x_1-2x_2+x_3+x_4=11\\ & -4x_1+x_2+2x_3-x_5=3\\ & -2x_1+x_3=1\\ & x_1, x_2, x_3, x_4, x_5\geqslant 0\end{cases}$$

为使约束中出现一个 m 阶单位子矩阵，给第二、三个方程分别加上人工变量 x_6、x_7，将原问题化为辅助标准线性规划：

$$
\begin{cases}
\min & s=-3x_1+x_2+x_3+0x_4+0x_5+Mx_6+Mx_7 \\
\text{s. t.} & x_1-2x_2+x_3+x_4=11 \\
& -4x_1+x_2+2x_3-x_5+x_6=3 \\
& -2x_1+x_3+x_7=1 \\
& x_1,\ x_2,\ x_3,\ x_4,\ x_5,\ x_6,\ x_7\geqslant 0
\end{cases}
$$

于是

$$
\boldsymbol{A}=\begin{pmatrix} 1 & -2 & 1 & 1 & 0 & 0 & 0 \\ -4 & 1 & 2 & 0 & -1 & 1 & 0 \\ -2 & 0 & 1 & 0 & 0 & 0 & 1 \end{pmatrix},\ \boldsymbol{b}=\begin{pmatrix} 11 \\ 3 \\ 1 \end{pmatrix},\ \boldsymbol{c}=\begin{pmatrix} -3 \\ 1 \\ 1 \\ 0 \\ 0 \\ M \\ M \end{pmatrix}
$$

取单位子阵 $\boldsymbol{B}_1=(\boldsymbol{p}^4,\ \boldsymbol{p}^6,\ \boldsymbol{p}^7)$ 为初始可行基，则有

$$\boldsymbol{c}_{B_1}^{\mathrm{T}}=(0,\ M,\ M)$$

$$\boldsymbol{B}_1^{-1}=\boldsymbol{E},\ \boldsymbol{B}_1^{-1}\boldsymbol{b}=\boldsymbol{b}$$

$$\boldsymbol{c}_{B_1}^{\mathrm{T}}\boldsymbol{B}_1^{-1}\boldsymbol{b}=(0,\ M,\ M)\begin{pmatrix} 11 \\ 3 \\ 1 \end{pmatrix}=4M$$

$$
\begin{aligned}
\boldsymbol{c}_{B_1}^{\mathrm{T}}\boldsymbol{B}_1^{-1}\boldsymbol{A}-\boldsymbol{c}^{\mathrm{T}}&=(0,\ M,\ M)\begin{pmatrix} 1 & -2 & 1 & 1 & 0 & 0 & 0 \\ -4 & 1 & 2 & 0 & -1 & 1 & 0 \\ -2 & 0 & 1 & 0 & 0 & 0 & 1 \end{pmatrix}-(-3,\ 1,\ 1,\ 0,\ 0,\ M,\ M) \\
&=(-6M,\ M,\ 3M,\ 0,\ -M,\ M,\ M)-(-3,\ 1,\ 1,\ 0,\ 0,\ M,\ M) \\
&=(3-6M,\ M-1,\ 3M-1,\ 0,\ -M,\ 0,\ 0)
\end{aligned}
$$

由此得单纯形表为

$T(\boldsymbol{B}_1)=$

		x_1	x_2	x_3	x_4	x_5	x_6	x_7
s	$4M$	$3-6M$	$M-1$	$3M-1$	0	$-M$	0	0
x_4	11	1	-2	1	1	0	0	0
x_6	3	-4	$\boxed{1}$	2	0	-1	1	0
x_7	1	-2	0	1	0	0	0	1

注意到 M 充分大，故旋转元选第三列的 1。由此迭代得新的单纯形表为

$T(\boldsymbol{B}_2)=$

		x_1	x_2	x_3	x_4	x_5	x_6	x_7
s	$M+3$	$-2M-1$	0	$M+1$	0	-1	$1-M$	0
x_4	17	-7	0	5	1	-2	2	0
x_2	3	-4	1	2	0	-1	1	0
x_7	1	-2	0	$\boxed{1}$	0	0	0	1

这里$\boldsymbol{B}_2=(\boldsymbol{p}^4,\boldsymbol{p}^2,\boldsymbol{p}^7)$。注意到$M$充分大，故旋转元选第四列的1。再次迭代得新的单纯形表为

$T(\boldsymbol{B}_3)=$

		x_1	x_2	x_3	x_4	x_5	x_6	x_7
s	2	1	0	0	0	-1	$1-M$	$-1-M$
x_4	12	$\boxed{3}$	0	0	1	-2	2	-5
x_2	1	0	1	0	0	-1	1	-2
x_3	1	-2	0	1	0	0	0	1

这里$\boldsymbol{B}_3=(\boldsymbol{p}^4,\boldsymbol{p}^2,\boldsymbol{p}^3)$，仍不是最优基，所以再次迭代，旋转元选第二列的3。再次迭代得新的单纯形表为

$T(\boldsymbol{B}_4)=$

		x_1	x_2	x_3	x_4	x_5	x_6	x_7
s	-2	0	0	0	$-\frac{1}{3}$	$-\frac{1}{3}$	$\frac{1}{3}-M$	$\frac{2}{3}-M$
x_1	4	1	0	0	$\frac{1}{3}$	$-\frac{2}{3}$	$\frac{2}{3}$	$-\frac{5}{3}$
x_2	1	0	1	0	0	-1	1	-2
x_3	9	0	0	1	$\frac{2}{3}$	$-\frac{4}{3}$	$\frac{4}{3}$	$-\frac{7}{3}$

这里$\boldsymbol{B}_4=(\boldsymbol{p}^1,\boldsymbol{p}^2,\boldsymbol{p}^3)$。注意到$M$充分大，检验数全为负，所以$\boldsymbol{B}_4$是最优基。辅助标准线性规划问题的最优解为$\boldsymbol{x}^*=(4,1,9,0,0,0,0)^{\mathrm{T}}$，原问题的最优解为$\boldsymbol{x}^*=(4,1,9)^{\mathrm{T}}$，最优值为$s(\boldsymbol{x}^*)=-2$。

6.7 线性规划的对偶理论

6.7.1 对偶问题的提出

线性规划中，常常有这样的问题，用同样的条件和数据从不同的角度描述问题建立起

了两个不同的数学模型，这两个数学模型有着密切的关系，研究它们之间的关系，可以对线性规划理论有进一步的认识，并且可以从中导出求解线性规划的方法。

【例 6.14】 某工厂有用来生产甲、乙、丙三种产品的 A、B 两种设备。生产每件产品需要占用的机时、每件产品的利润以及两种设备每日可用的机时如表 6.6 所示。

表 6.6　例 6.14 用表

	A	B	利润/(元/千克)
甲	2	1	60
乙	2	5	80
丙	0	4	50
每日设备总机时/小时	150	200	

现有一公司，揽到一批生产甲、乙、丙产品的订单，该公司想利用工厂的 A、B 两种设备完成公司的订单。公司应如何给工厂每种设备的机时付费，才能既使工厂觉得有利可图愿意替公司完成这批订单，又使公司所付的总机时费用最少？

解　设 x_1、x_2 分别为付给 A、B 两种设备每机时的价格，那么公司每日所付机时费用总数为 $f=150x_1+200x_2$，公司的目标是每日所付机时费用总数最小，即

$$\min f=150x_1+200x_2$$

但公司对设备付费的定价不能太低，至少不能低于工厂生产产品所得到的利润，否则工厂会觉得无利可图而不会替公司完成这批订单。因此所定的 x_1、x_2 值应能保证公司付给生产每千克甲产品占用的各设备机时的费用和不低于工厂生产每千克甲产品能得到的利润，即

$$2x_1+x_2\geqslant 60$$

也应能保证付给生产每千克乙产品占用的各设备机时的费用和不低于工厂生产每千克乙产品能得到的利润，即

$$2x_1+5x_2\geqslant 80$$

同理

$$4x_2\geqslant 50$$

因此公司在能让工厂替它加工订单的条件下，使公司每日所付机时费最小的数学模型为

$$\begin{cases}\min & f=150x_1+200x_2 \\ \text{s. t.} & 2x_1+x_2\geqslant 60 \\ & 2x_1+5x_2\geqslant 80 \\ & 4x_2\geqslant 50 \\ & x_1,\ x_2\geqslant 0\end{cases} \tag{6-13}$$

用单纯形法解得最优解为 $\boldsymbol{x}^* = (23.75, 12.25)$，最优值为 $f^* = 6062.5$。

现在我们从另一角度来考虑问题：工厂不接订单，工厂自己生产甲、乙、丙产品，那么工厂应如何安排生产才能使每日利润最大？

设工厂每日安排生产甲产品 y_1 千克，乙产品 y_2 千克，丙产品 y_3 千克，则生产这些产品占用 A 设备的机时为 $2y_1 + 2y_2$，占用 B 设备的机时为 $y_1 + 5y_2 + 4y_3$，工厂所得利润为 $60y_1 + 80y_2 + 50y_3$。那么，工厂在两种设备机时限制的条件下，追求利润最大的数学模型为

$$\begin{cases} \max \quad w = 60y_1 + 80y_2 + 50y_3 \\ \text{s. t.} \quad 2y_1 + 2y_2 \leqslant 150 \\ \qquad\quad y_1 + 5y_2 + 4y_3 \leqslant 200 \\ \qquad\quad y_1, y_2, y_3 \geqslant 0 \end{cases} \tag{6-14}$$

用单纯形法解得最优解为 $\boldsymbol{y}^* = (75, 0, 31.25)$，最优值为 $w^* = 6062.5$。

将线性规划模型(6-13)和(6-14)称为一对对偶的线性规划模型。两者使用的都是工厂生产甲、乙、丙产品的同一批数据，但两者从不同角度对问题进行分析研究。事实上，对每一个线性规划问题，都可以构造与之对应的另一个线性规划问题，若称前者为**原问题**，那么后者就称为它的**对偶问题**。可以看到：原问题的价值系数在对偶问题中成为约束方程的右端项，而原问题的右端项在对偶问题中成为价值系数；原问题的第 i 个约束中各决策变量的系数成为对偶问题各约束中第 i 个决策变量的系数，而原问题的各约束中第 i 个决策变量的系数成为对偶问题第 i 个约束中各决策变量的系数。原问题与对偶问题的数据、形式有密切的关系，因此下面抽象到一般形式来研究原问题与对偶问题的关系。

6.7.2　对偶规划的形式

下面先对线性规划的对称形式给出其对偶问题，再得出其他形式的线性规划的对偶问题。

线性规划的**对称形式**又称**规范形式**，是指具有如下形式的线性规划：

$$\begin{cases} \min \quad f = \boldsymbol{c}^{\mathrm{T}} \boldsymbol{x} \\ \text{s. t.} \quad \boldsymbol{A}\boldsymbol{x} \geqslant \boldsymbol{b} \\ \qquad\quad \boldsymbol{x} \geqslant \boldsymbol{0} \end{cases} \tag{6-15}$$

或

$$\begin{cases} \max \quad f = \boldsymbol{c}^{\mathrm{T}} \boldsymbol{x} \\ \text{s. t.} \quad \boldsymbol{A}\boldsymbol{x} \leqslant \boldsymbol{b} \\ \qquad\quad \boldsymbol{x} \geqslant \boldsymbol{0} \end{cases} \tag{6-16}$$

线性规划的对称形式不同于线性规划的标准形式，线性规划的对称形式(6-15)与(6-16)的约束都是不等式，若目标函数求极小，则约束为“大于等于”，若目标函数求极

大，则约束为“小于等于”，但变量都有非负限制。

线性规划(6－15)的对偶问题为

$$\begin{cases} \max \quad w = \boldsymbol{b}^{\mathrm{T}}\boldsymbol{y} \\ \text{s.t.} \quad \boldsymbol{A}^{\mathrm{T}}\boldsymbol{y} \leqslant \boldsymbol{c} \\ \qquad\quad \boldsymbol{y} \geqslant \boldsymbol{0} \end{cases} \tag{6-17}$$

反之，线性规划(6－17)的对偶问题就是线性规划(6－15)。线性规划(6－15)与线性规划(6－17)是一对对称形式的对偶问题。

线性规划(6－16)的对偶问题为

$$\begin{cases} \min \quad w = \boldsymbol{b}^{\mathrm{T}}\boldsymbol{y} \\ \text{s.t.} \quad \boldsymbol{A}^{\mathrm{T}}\boldsymbol{y} \geqslant \boldsymbol{c} \\ \qquad\quad \boldsymbol{y} \geqslant \boldsymbol{0} \end{cases} \tag{6-18}$$

线性规划(6－16)与线性规划(6－18)是一对对称形式的对偶问题。

可以看出对称形式的线性规划与其对偶问题之间有如下对应关系：

(1) 若原问题为目标函数极小化，约束为“$\geqslant$”，则对偶问题为目标函数极大化，约束为“$\leqslant$”。

(2) 若原问题有 m 个约束，n 个变量 $\boldsymbol{x}=(x_1, x_2, \cdots, x_n)^{\mathrm{T}}$，则它的对偶问题有 n 个约束，m 个变量 $\boldsymbol{y}=(y_1, y_2, \cdots, y_m)^{\mathrm{T}}$。

(3) 若原问题约束的系数矩阵为 $\boldsymbol{A}$，则对偶问题中约束的系数矩阵为 $\boldsymbol{A}^{\mathrm{T}}$。

(4) 在原问题与对偶问题中，对换 $\boldsymbol{b}$ 与 $\boldsymbol{c}$ 的位置。

对于对称形式的线性规划可根据以上这些关系，直接给出它的对偶问题。

【例 6.15】 写出下列线性规划的对偶问题：

$$\begin{cases} \min \quad f=6x_1+4x_2+7x_3 \\ \text{s.t.} \quad x_1+x_3 \geqslant 2 \\ \qquad\quad 3x_1+2x_2+x_3 \geqslant 4 \\ \qquad\quad x_1,\ x_2,\ x_3 \geqslant 0 \end{cases}$$

解　这是一个对称形式的线性规划，有两个约束，因此设 $\boldsymbol{y}=(y_1,\ y_2)^{\mathrm{T}}$，则对偶问题为

$$\begin{cases} \max \quad w=2y_1+4y_2 \\ \text{s.t.} \quad y_1+3y_2 \leqslant 6 \\ \qquad\quad 2y_2 \leqslant 4 \\ \qquad\quad y_1+y_2 \leqslant 7 \\ \qquad\quad y_1,\ y_2 \geqslant 0 \end{cases}$$

对于非对称形式的线性规划，可以将其化为对称形式，再求其对偶问题。

【例 6.16】 写出下列线性规划的对偶问题：

$$
\begin{cases}
\min \quad f = x_1 + x_2 \\
\text{s. t.} \quad x_1 + 2x_2 = 1 \\
\qquad 3x_1 - x_2 \geqslant 3 \\
\qquad x_1 \geqslant 0
\end{cases}
\tag{6-19}
$$

解　将等式约束 $x_1+2x_2=1$ 等价地用 $-x_1-2x_2\geqslant -1$ 与 $x_1+2x_2\geqslant 1$ 代换，并设没有非负限制的 $x_2=x'_2-x''_2$，将原问题(6-19)转化为对称形式

$$
\begin{cases}
\min \quad f=x_1+x'_2-x''_2 \\
\text{s. t.} \quad -x_1-2x'_2+2x''_2\geqslant -1 \\
\qquad x_1+2x'_2-2x''_2\geqslant 1 \\
\qquad 3x_1-x'_2+x''_2\geqslant 3 \\
\qquad x_1,\ x'_2,\ x''_2\geqslant 0
\end{cases}
$$

与上式的3个约束相对应，其对偶问题的决策变量为3个，分别设为 y'_1、y''_1、y_2，则对偶问题为

$$
\begin{cases}
\max \quad w=-y'_1+y''_1+3y_2 \\
\text{s. t.} \quad -y'_1+y''_1+3y_2\leqslant 1 \\
\qquad -2y'_1+2y''_1-y_2\leqslant 1 \\
\qquad 2y'_1-2y''_1+y_2\leqslant -1 \\
\qquad y'_1,\ y''_1,\ y_2\geqslant 0
\end{cases}
\tag{6-20}
$$

令 $y_1=-y'_1+y''_1$，并将问题(6-20)的第二个和第三个不等式约束等价地用一个等式约束表示，则问题(6-20)化为

$$
\begin{cases}
\max \quad w = y_1 + 3y_2 \\
\text{s. t.} \quad y_1 + 3y_2 \leqslant 1 \\
\qquad 2y_1 - y_2 = 1 \\
\qquad y_2 \geqslant 0
\end{cases}
\tag{6-21}
$$

对比问题(6-19)与问题(6-21)可知，原问题中的第一个约束为等式约束，那么在对偶问题中第一个变量无非负限制，原问题中的第二个变量无非负限制，对应地在对偶问题中的第二个约束即为等式约束。因此，一般的线性规划的对偶问题可以按下述步骤直接给出：

(1) 根据目标函数求极小(或极大)，将不等式约束统一为“$\geqslant$”(或“$\leqslant$”)，按前述对称形式的线性规划与其对偶问题的对应关系给出对偶问题的决策变量、目标和不等式约束等。

(2) 对于等式约束，在对偶问题中与其对应的变量取值不受非负限制。

(3) 对于无非负限制的变量，在对偶问题中与该变量对应的那个约束为等式约束。

【例 6.17】　写出下列线性规划的对偶问题：

$$\begin{cases}\max & f=x_1-x_2-5x_3-7x_4\\ \text{s.t.} & x_1+3x_2+2x_3+x_4=25\\ & 2x_1-7x_3+2x_4\geqslant -60\\ & 2x_1+2x_2+4x_3\leqslant 30\\ & -5\leqslant x_4\leqslant 10\\ & x_1\leqslant 0\\ & x_2,\ x_3\geqslant 0\end{cases}$$

解 根据目标函数求极大，将不等式约束统一为"$\leqslant$"形式，并令 $x_1'=-x_1$，将问题变为

$$\begin{cases}\max & f=-x'_1-x_2-5x_3-7x_4\\ \text{s.t.} & -x_1'+3x_2+2x_3+x_4=25\\ & 2x_1'+7x_3-2x_4\leqslant 60\\ & -2x_1'+2x_2+4x_3\leqslant 30\\ & x_4\leqslant 10\\ & -x_4\leqslant 5\\ & x_1',\ x_2,\ x_3\geqslant 0\end{cases}$$

上式中有5个约束，因此对偶问题对应的有5个决策变量，分别设为 y_1、y_2、y_3、y_4、y_5，其中由于上式的第一个约束为等式约束，则对偶问题的第一个变量 y_1 无非负限制；对偶问题的第三、四个约束因上式中第三、四个变量无非负限制应为等式，故对偶问题为

$$\begin{cases}\min & w=25y_1+60y_2+30y_3+10y_4+5y_5\\ \text{s.t.} & -y_1+2y_2-2y_3\geqslant -1\\ & 3y_1+2y_3\geqslant -1\\ & 2y_1+7y_2+4y_3\geqslant -5\\ & y_1-2y_2+y_4-y_5=-7\\ & y_2,\ y_3,\ y_4,\ y_5\geqslant 0\end{cases}$$

6.7.3 对偶定理

非对称形式的线性规划总可以转化为对称形式的线性规划。为了讨论方便，下面仅对对称形式的一对对偶问题(6-15)和(6-17)给出基本定理和基本性质。将线性规划(6-15)与其对偶规划(6-17)分别记为(LP)和(DP)。

定理6.7 若 $\boldsymbol{x}$ 和 $\boldsymbol{y}$ 分别为问题(LP)和(DP)的任意可行解，则 $\boldsymbol{c}^{\mathrm{T}}\boldsymbol{x}\geqslant\boldsymbol{b}^{\mathrm{T}}\boldsymbol{y}$。

证 因为 $\boldsymbol{x}$、$\boldsymbol{y}$ 分别为问题(LP)和(DP)的可行解，故有 $\boldsymbol{Ax}\geqslant\boldsymbol{b}$，$\boldsymbol{x}\geqslant\boldsymbol{0}$ 及 $\boldsymbol{A}^{\mathrm{T}}\boldsymbol{y}\leqslant\boldsymbol{c}$，$\boldsymbol{y}\geqslant\boldsymbol{0}$，于是

$$\boldsymbol{y}^{\mathrm{T}}\boldsymbol{A}\boldsymbol{x}\geqslant\boldsymbol{y}^{\mathrm{T}}\boldsymbol{b} \tag{6-22}$$

$$x^{\mathrm{T}}A^{\mathrm{T}}y \leqslant x^{\mathrm{T}}c \text{ 即 } y^{\mathrm{T}}Ax \leqslant c^{\mathrm{T}}x \tag{6-23}$$

比较式(6-22)与式(6-23)，即得 $c^{\mathrm{T}}x \geqslant b^{\mathrm{T}}y$。

该定理说明两个线性规划互为对偶时，求极小的线性规划的任意目标值都不会小于求极大的线性规划的任意目标值。

推论 6.1 问题(LP)和(DP)均有最优解的充分必要条件是它们都有可行解。

证 必要性是显然的，下面证明充分性。设 x^0 和 y^0 分别为问题(LP)和(DP)的可行解，对于问题(LP)的任意可行解 x，由定理 6.7 知，$c^{\mathrm{T}}x \geqslant b^{\mathrm{T}}y^0$，即目标函数 $c^{\mathrm{T}}x$ 在可行域上有下界，所以问题(LP)的最优解存在；而对于问题(DP)的任意可行解 y，由定理 6.7 知，$c^{\mathrm{T}}x^0 \geqslant b^{\mathrm{T}}y$，即目标函数 $b^{\mathrm{T}}y$ 在可行域上有上界，所以问题(DP)的最优解存在。

推论 6.2 若问题(LP)的目标函数无界，则其对偶问题(DP)必无可行解。

证 设问题(LP)的目标函数无界(无下界)，用反证法。

假设其对偶问题(DP)有可行解 y^0，则对问题(LP)的任意可行解 x，由定理 6.7 知，$c^{\mathrm{T}}x \geqslant b^{\mathrm{T}}y^0$，即 $b^{\mathrm{T}}y^0$ 为问题(LP)的目标函数 $c^{\mathrm{T}}x$ 的下界，与题设矛盾。故其对偶问题无可行解。同理可证问题(DP)的目标函数无界(无上界)，则问题(LP)无可行解。

推论 6.3 若 x^0 和 y^0 分别为问题(LP)和(DP)的可行解，且 $c^{\mathrm{T}}x^0 = b^{\mathrm{T}}y^0$，则 x^0、y^0 分别为问题(LP)和(DP)的最优解。

证 设 x 为问题(LP)的任意可行解，由定理 6.7 知，$c^{\mathrm{T}}x \geqslant b^{\mathrm{T}}y^0$，而 $c^{\mathrm{T}}x^0 = b^{\mathrm{T}}y^0$，故

$$c^{\mathrm{T}}x \geqslant c^{\mathrm{T}}x^0$$

所以 x^0 为问题(LP)的最优解，同理 y^0 为问题(DP)的最优解。

定理 6.8 若互为对偶的两个问题中的一个有最优解，则另一个必有最优解，且最优值相同。

证 设原问题(LP)有最优解。其标准形式为

$$\begin{cases} \min \quad \bar{f} = c^{\mathrm{T}}x + c_S^{\mathrm{T}}x_S \\ \text{s.t.} \quad Ax - ex_S = b \\ \qquad\quad x \geqslant 0,\ x_S \geqslant 0 \end{cases} \tag{6-24}$$

其中，x_S 为松弛变量，c_S 为松弛变量的目标系数($c_S = 0$)，$e = (1,1,\cdots,1)^{\mathrm{T}}$，最优解为

$$\bar{x} = \begin{pmatrix} x^0 \\ \bar{x}_S \end{pmatrix}$$

相应的基矩阵为 B，则 $x_B = B^{-1}b$ 为其基变量，最优值为

$$\bar{f}^* = c_B^{\mathrm{T}}x_B = c^{\mathrm{T}}x^0 + c_S^{\mathrm{T}}\bar{x}_S = c^{\mathrm{T}}x^0$$

x^0 为问题(LP)的最优解，最优值为 $f^* = c^{\mathrm{T}}x^0$，故有

$$c_B^{\mathrm{T}}x_B = c^{\mathrm{T}}x^0 \tag{6-25}$$

由于 $\bar{x}$ 为问题(6-24)的最优解，因此检验数非正，即

$$c_B^{\mathrm{T}}\boldsymbol{B}^{-1}(\boldsymbol{A}\quad -\boldsymbol{E})-(\boldsymbol{c}^{\mathrm{T}}\quad \boldsymbol{c}_S^{\mathrm{T}})\leqslant \boldsymbol{0}^{\mathrm{T}}$$

于是有

$$\boldsymbol{c}_B^{\mathrm{T}}\boldsymbol{B}^{-1}\boldsymbol{A}-\boldsymbol{c}^{\mathrm{T}}\leqslant \boldsymbol{0}^{\mathrm{T}} \tag{6-26}$$

和

$$-\boldsymbol{c}_B^{\mathrm{T}}\boldsymbol{B}^{-1}-\boldsymbol{c}_S^{\mathrm{T}}\leqslant \boldsymbol{0}^{\mathrm{T}} \tag{6-27}$$

令$(\boldsymbol{y}^0)^{\mathrm{T}}=\boldsymbol{c}_B^{\mathrm{T}}\boldsymbol{B}^{-1}$，则由式(6-26)可得

$$\boldsymbol{A}^{\mathrm{T}}\boldsymbol{y}^0\leqslant \boldsymbol{c}$$

上式说明 $\boldsymbol{y}^0$满足对偶问题(DP)的约束条件。再由式(6-27)得 $\boldsymbol{y}^0\geqslant -\boldsymbol{c}_S$，而 $\boldsymbol{c}_S=\boldsymbol{0}$，故

$$\boldsymbol{y}^0\geqslant \boldsymbol{0}$$

因此 $\boldsymbol{y}^0$是对偶问题的一个可行解，对应的目标值为

$$w^* = \boldsymbol{b}^{\mathrm{T}}\boldsymbol{y}^0 = (\boldsymbol{y}^0)^{\mathrm{T}}\boldsymbol{b} = \boldsymbol{c}_B^{\mathrm{T}}\boldsymbol{B}^{-1}\boldsymbol{b} = \boldsymbol{c}_B^{\mathrm{T}}\boldsymbol{x}_B \tag{6-28}$$

由式(6-25)与式(6-28)知，$f^*=\boldsymbol{c}^{\mathrm{T}}\boldsymbol{x}^0=\boldsymbol{b}^{\mathrm{T}}\boldsymbol{y}^0=w^*$，因此由推论6.3知，$\boldsymbol{y}^0$为对偶问题(DP)的最优解。

同理可证：若问题(DP)有最优解，则其对偶问题(LP)也有最优解，且问题(DP)和(LP)的最优值相同。

由以上几个定理可知，原问题与对偶问题的解之间有如下三种关系：

(1) 两个问题都有可行解，从而都有最优解，且最优值相等。

(2) 一个问题存在可行解，但目标函数值无界，则另一个问题不存在可行解。

(3) 两个问题都不存在可行解。

6.7.4　对偶单纯形法

对偶单纯形法是利用对偶原理来求解原线性规划问题的一种方法，而不是直接求对偶问题的方法。前面介绍的单纯形法相对而言称为原始单纯形法。

用单纯形法求解线性规划问题(LP)，是由一个基本可行解迭代到下一个基本可行解，在迭代过程中始终保持解的可行性不变，检验数逐步变为全部为非正的过程，一旦所有检验数非正，则对应的基本可行解就是最优解。当所有检验数为非正时，由式(6-26)和式(6-27)可推得 $\boldsymbol{y}^0=(\boldsymbol{c}_B^{\mathrm{T}}\boldsymbol{B}^{-1})^{\mathrm{T}}$正是对偶问题(DP)的可行解，因此将原问题(LP)对应于检验数全部非正的基本解称为**对偶可行解**(或**正则解**)。

可以这样来解释用单纯形法解原线性规划问题的迭代过程：由一个基本可行解经迭代得到最优解是在迭代过程中始终保持解的可行性不变，其对偶问题的解由不可行逐步变为可行，对偶问题的解一旦成为可行解，原问题的可行解即成为最优解。由于原问题与对偶问题互为对偶问题，因此基于对称的想法，我们可以设想另一条求解思路：在迭代过程中始终保持对偶问题解的可行性不变，而原问题的解由不可行逐步变为可行，一旦原问题的解成为可行解，那么这时的对偶问题的可行解即为对偶问题的最优解，从而原问题的这个

可行解便是原问题的最优解。这就是对偶单纯形法的基本思路。按照这个思路，利用原问题与对偶问题的数据相同这一特点，可以直接在原问题的单纯形表上进行运算。

设 $\boldsymbol{x}^0$ 是原问题(LP)的对偶可行解，对应基为 $\boldsymbol{B}$，单纯形表为 $T(\boldsymbol{B})=(b_{ij})$，故检验数 $b_{0j}\leqslant 0(j\in J_N)$。如果 $b_{i0}\geqslant 0(i=1,2,\cdots,m)$，则 $\boldsymbol{x}^0$ 就是原问题(LP)的最优解；否则，若有 $b_{i0}<0$，说明当前解不是可行解。为迭代到可行解，令

$$b_{r0}=\min\{b_{i0}\mid b_{i0}<0\}\tag{6-29}$$

则 x_{j_r} 为离基变量，第 r 行为主行。

(1) 若在第 r 行中，所有 $b_{rj}\geqslant 0(j\in J_N)$，则问题(LP)无可行解。这是因为，如果有可行解 $\bar{\boldsymbol{x}}=(\bar{x}_1,\bar{x}_2,\cdots,\bar{x}_n)^{\mathrm{T}}$，代入第 r 个约束方程，有

$$\bar{x}_{j_r}=b_{r0}-\sum_{j\in J_N}b_{rj}\bar{x}_j$$

成立，但由于 $b_{r0}<0,b_{rj}\geqslant 0(j\in J_N)$ 及 $\bar{x}_j\geqslant 0(j\in J_N)$，故 $\bar{x}_{j_r}<0$，与 $\bar{\boldsymbol{x}}$ 为可行解矛盾。

(2) 若在第 r 行中存在 $b_{rj}<0$，则可在这些元素所在列对应的非基变量中选取进基变量。假设 x_s 为进基变量，则第 s 列为主列，b_{rs} 为主元素。以 b_{rs} 为旋转元进行旋转变换，为使迭代到的新解向可行解转化，则需

$$b'_{r0}=\frac{b_{r0}}{b_{rs}}>0$$

得 $b_{rs}<0$；新的检验数为

$$b'_{0j}=b_{0j}-b_{0s}\frac{b_{rj}}{b_{rs}}\qquad(j\in J_N)\tag{6-30}$$

为保持新解仍为对偶可行解，应使 $b'_{0j}\leqslant 0(j\in J_N)$。由于 $b_{0s}\leqslant 0$，$b_{rs}<0$，那么

① 当 $b_{rj}\geqslant 0$ 时，总有 $b'_{0j}=b_{0j}-b_{0s}\dfrac{b_{rj}}{b_{rs}}\leqslant b_{0j}\leqslant 0$；

② 当 $b_{rj}<0$ 时，要使 $b'_{0j}\leqslant 0$，由式(6-30)可知，只需 $\dfrac{b_{0s}}{b_{rs}}\leqslant\dfrac{b_{0j}}{b_{rj}}$。

因此，只要选择的 x_s 满足

$$\frac{b_{0s}}{b_{rs}}=\min\left\{\frac{b_{0j}}{b_{rj}}\,\middle|\,b_{rj}<0,j\in J_N\right\}\tag{6-31}$$

就有 $b'_{0j}\leqslant 0(j\in J_N)$。故只要按式(6-29)选择离基变量 x_{j_r}，并按式(6-31)选择进基变量 x_s，那么以 b_{rs} 为旋转元经旋转变换迭代到的新解总能保证其对偶可行性，并由原问题(LP)的不可行解逐步迭代得到可行解。

上述由一个对偶可行解迭代到另一个对偶可行解的方法，与原始单纯形法从一个基本可行解迭代到另一个基本可行解的方法都是用同样的数据表做旋转运算，仅是选取离基变量与进基变量的方法不同。下面给出用对偶单纯形法求解原问题(LP)的计算步骤：

(1) 确定初始表。给出问题(LP)的一个初始对偶可行解 $\boldsymbol{x}^0$，对应基为 $\boldsymbol{B}$，单纯形表为

$T(\boldsymbol{B})=(b_{ij})$。

(2) 最优性检验。若 $b_{i0}\geqslant 0(i=1,2,\cdots,m)$，则 $\boldsymbol{x}^0$ 为最优解，停止计算；否则，转下一步。

(3) 确定离基变量。若

$$b_{r0}=\min\{b_{i0} \mid b_{i0}<0, i=1,2,\cdots,m\}$$

则选取 x_{j_r} 为离基变量。

(4) 确定进基变量。检验单纯形表中第 r 行系数，若 $b_{rj}\geqslant 0(j\in J_N)$，则无可行解，停止计算；否则按

$$\frac{b_{0s}}{b_{rs}}=\min\left\{\frac{b_{0j}}{b_{rj}} \middle| b_{rj}<0, j\in J_N\right\}$$

确定进基变量 x_s。

(5) 以 b_{rs} 为旋转元做旋转变换，迭代到新的对偶可行解，转步骤(2)。

【例 6.18】 用对偶单纯形法求解线性规划问题：

$$\begin{cases}\min & f=4x_1+12x_2+18x_3 \\ \text{s. t.} & x_1+3x_3\geqslant 3 \\ & 2x_2+2x_3\geqslant 5 \\ & x_1, x_2, x_3\geqslant 0\end{cases}$$

解 将此线性规划标准化得

$$\begin{cases}\min & f=4x_1+12x_2+18x_3 \\ \text{s. t.} & x_1+3x_3-x_4=3 \\ & 2x_2+2x_3-x_5=5 \\ & x_1, x_2, x_3, x_4, x_5\geqslant 0\end{cases}$$

为了将 $\boldsymbol{B}_1=(\boldsymbol{p}^4, \boldsymbol{p}^5)$ 作为初始基，对两个约束方程的两边乘以 -1，得

$$\begin{cases}\min & f=4x_1+12x_2+18x_3 \\ \text{s. t.} & -x_1-3x_3+x_4=-3 \\ & -2x_2-2x_3+x_5=-5 \\ & x_1, x_2, x_3, x_4, x_5\geqslant 0\end{cases}$$

则相应的单纯形表为

$T(\boldsymbol{B}_1)=$

		x_1	x_2	x_3	x_4	x_5
f	0	-4	-12	-18	0	0
x_4	-3	-1	0	-3	1	0
x_5	-5	0	$\boxed{-2}$	-2	0	1

$\boldsymbol{x}^1=(0, 0, 0, -3, -5)^T$为非可行解，但为对偶可行解。因 $\min\{-3, -5\}=-5$，所以 $r=2$，则 $x_{j_2}=x_5$ 为离基变量。$J_N=\{1, 2, 3\}$，由 $b_{22}, b_{23}<0$，求得

$$\min\left\{\frac{-12}{-2}, \frac{-18}{-2}\right\}=6=\frac{b_{02}}{b_{22}}$$

故 $s=2$，x_2 为进基变量。以 $b_{22}=-2$ 为旋转元进行旋转变换，得新单纯形表为

$T(\boldsymbol{B}_2)=$

		x_1	x_2	x_3	x_4	x_5
f	30	-4	0	-6	0	-6
x_4	-3	-1	0	$\boxed{-3}$	1	0
x_2	$\frac{5}{2}$	0	1	1	0	$-\frac{1}{2}$

$\boldsymbol{x}^2=\left(0, \frac{5}{2}, 0, -3, 0\right)^T$ 仍为非可行解。因 $b_{10}=-3<0$，所以 $r=1$，则 $x_{j_1}=x_4$ 为离基变量。$J_N=\{1, 3, 5\}$，由 $b_{11}, b_{13}<0$，求得

$$\min\left\{\frac{-4}{-1}, \frac{-6}{-3}\right\}=2=\frac{b_{03}}{b_{13}}$$

故 $s=3$，x_3 为进基变量。以 $b_{13}=-3$ 为旋转元进行旋转变换，得新单纯形表为

$T(\boldsymbol{B}_3)=$

		x_1	x_2	x_3	x_4	x_5
f	36	-2	0	0	-2	-6
x_3	1	$\frac{1}{3}$	0	1	$-\frac{1}{3}$	0
x_2	$\frac{3}{2}$	$-\frac{1}{3}$	1	0	$\frac{1}{3}$	$-\frac{1}{2}$

由表 $T(\boldsymbol{B}_3)$ 可知，$\boldsymbol{x}^3=\left(0, \frac{3}{2}, 1, 0, 0\right)^T\geqslant 0$，因此最优解为 $\boldsymbol{x}^*=\left(0, \frac{3}{2}, 1\right)$，最优值为 $f(\boldsymbol{x}^*)=36$。

【例 6.19】 用对偶单纯形法求解线性规划问题：

$$\begin{cases}\min & f=7x_1+3x_2+x_3 \\ \text{s.t.} & -2x_1+x_2-x_3\geqslant 3 \\ & x_1-2x_2-x_3\geqslant 2 \\ & x_1, x_2, x_3\geqslant 0\end{cases}$$

解 将此线性规划标准化，再对两个约束方程两边乘以-1，得

$$\begin{cases} \min \quad f=7x_1+3x_2+x_3 \\ \text{s. t.} \quad 2x_1-x_2+x_3+x_4=-3 \\ \qquad -x_1+2x_2+x_3+x_5=-2 \\ \qquad x_1, x_2, x_3, x_4, x_5 \geqslant 0 \end{cases}$$

对应的初始单纯形表为

$T(\boldsymbol{B}_1)=$

		x_1	x_2	x_3	x_4	x_5
f	0	-7	-3	-1	0	0
x_4	-3	2	$\boxed{-1}$	1	1	0
x_5	-2	-1	2	1	0	1

$\boldsymbol{x}^1=(0, 0, 0, -3, -2)^{\mathrm{T}}$为对偶可行解。因 $\min\{-3, -2\}=-3$，所以 $r=1$，x_4为离基变量。由于只有 $b_{12}=-1<0$，故 $s=2$，x_2为进基变量。以 $b_{12}=-1$ 为旋转元进行旋转变换，得新单纯形表为

$T(\boldsymbol{B}_2)=$

		x_1	x_2	x_3	x_4	x_5
f	9	-13	0	-4	-3	0
x_2	3	-2	1	-1	-1	0
x_5	-8	3	0	3	2	1

$\boldsymbol{x}^2=(0, 3, 0, 0, -8)^{\mathrm{T}}$仍为对偶可行解。由于 $b_{20}=-8<0$，所以 $r=2$，x_5为离基变量。但 $b_{2j}\geqslant 0(j=1, 3, 4)$，因此原问题无可行解。

习　题　六

6.1　用图解法求解线性规划问题：

$$\begin{cases} \max \quad f(\boldsymbol{x})=x_1+2x_2 \\ \text{s. t.} \quad x_1 \leqslant 5 \\ \qquad x_2 \leqslant 3 \\ \qquad 2x_1+3x_2 \leqslant 13 \\ \qquad x_1, x_2 \geqslant 0 \end{cases}$$

6.2　用图解法求解线性规划问题：

$$\begin{cases} \max \quad f(\boldsymbol{x})=9x_1+6x_2-54 \\ \text{s.t.} \quad 2x_1+x_2\leqslant 10 \\ \qquad x_1+x_2\leqslant 8 \\ \qquad x_1\leqslant 4 \\ \qquad x_1, x_2\geqslant 0 \end{cases}$$

6.3　某公司生产三种化学药品 A、B 和 C，这些药品有两种生产方法：第一种方法每进行一个小时需要费用 4 元，可产生 3 个单位的 A、1 个单位的 B、1 个单位的 C；第二种方法每进行一个小时需要费用 1 元，可产生 1 个单位的 A、1 个单位的 B。为满足客户需要，每天至少需要生产 10 个单位的 A、5 个单位的 B、3 个单位的 C。建立线性规划模型，决定每种方法的生产时间，以使生产费用最少且能满足客户需要，并求解线性规划。

6.4　用消去法求解线性规划问题：

$$\begin{cases} \max \quad f(\boldsymbol{x})=x_1+2x_2 \\ \text{s.t.} \quad x_1\leqslant 5 \\ \qquad x_2\leqslant 3 \\ \qquad 2x_1+3x_2\leqslant 13 \\ \qquad x_1, x_2\geqslant 0 \end{cases}$$

6.5　利用单纯形法或两阶段法或大 M 法求解下列线性规划问题：

(1) $\begin{cases} \min \quad f(\boldsymbol{x})=-2x_1-3x_2 \\ \text{s.t.} \quad x_1+2x_2\leqslant 8 \\ \qquad 2x_1+x_2\leqslant 6 \\ \qquad x_1, x_2\geqslant 0 \end{cases}$；

(2) $\begin{cases} \max \quad f(\boldsymbol{x})=2x_1-x_2+x_3 \\ \text{s.t.} \quad 3x_1+x_2+x_3\leqslant 60 \\ \qquad x_1-x_2+2x_3\leqslant 10 \\ \qquad x_1+x_2-x_3\leqslant 20 \\ \qquad x_1, x_2, x_3\geqslant 0 \end{cases}$；

(3) $\begin{cases} \min \quad f(\boldsymbol{x})=x_1+x_2-4x_3 \\ \text{s.t.} \quad x_1+x_2+2x_3\leqslant 9 \\ \qquad x_1+x_2-x_3\leqslant 2 \\ \qquad -x_1+x_2+x_3\leqslant 4 \\ \qquad x_1, x_2, x_3\geqslant 0 \end{cases}$；

(4) $\begin{cases} \min \quad f=-x_1-27x_2 \\ \text{s.t.} \quad -x_1+x_2+x_3=1 \\ \qquad 24x_1+4x_2+x_4=25 \\ \qquad x_1, x_2, x_3, x_4\geqslant 0 \end{cases}$。

6.6　写出下列线性规划问题的对偶规划问题：

(1) $\begin{cases} \min \quad f=8x_1+12x_2 \\ \text{s.t.} \quad 2x_1+x_2\geqslant 2 \\ \qquad x_2\geqslant 1 \\ \qquad x_1+x_2\geqslant 5 \\ \qquad 2x_1+3x_2\geqslant 6 \\ \qquad x_1, x_2\geqslant 0 \end{cases}$；

(2) $\begin{cases} \min \quad f=5x_1-2x_2+3x_3 \\ \text{s.t.} \quad 4x_1+x_2-x_3\geqslant 4 \\ \qquad x_1-7x_2+5x_3\geqslant 1 \\ \qquad x_1, x_2, x_3\geqslant 0 \end{cases}$；

(3) $\begin{cases} \min & f=3x_1+2x_2+4x_4 \\ \text{s.t.} & x_1-2x_2+3x_3+4x_4\leqslant 3 \\ & x_2+3x_3+4x_4\geqslant -5 \\ & 2x_1-3x_2-7x_3-4x_4=2 \\ & x_1\geqslant 0,\ x_4\leqslant 0 \end{cases}$；

(4) $\begin{cases} \max & f=9x_1+8x_2+6x_3 \\ \text{s.t.} & 2x_1-3x_2+6x_3\leqslant 1 \\ & x_1+7x_2-3x_3=8 \\ & 7x_1-x_3\leqslant 3 \\ & x_1,\ x_2,\ x_3\geqslant 0 \end{cases}$。

6.7　用对偶单纯形法求解下列线性规划问题：

(1) $\begin{cases} \min & f=x_1+2x_2 \\ \text{s.t.} & x_1+2x_2\geqslant 4 \\ & x_1\leqslant 5 \\ & 3x_1+x_2\geqslant 6 \\ & x_1,\ x_2\geqslant 0 \end{cases}$；

(2) $\begin{cases} \min & f=x_1+x_2 \\ \text{s.t.} & 2x_1+x_2\geqslant 4 \\ & x_1+7x_2\geqslant 7 \\ & x_1,\ x_2\geqslant 0 \end{cases}$；

(3) $\begin{cases} \min & f=2x_1+3x_2+4x_3 \\ \text{s.t.} & x_1+2x_2+x_3\geqslant 3 \\ & 2x_1-x_2+3x_3\geqslant 4 \\ & x_1,\ x_2,\ x_3\geqslant 0 \end{cases}$；

(4) $\begin{cases} \min & f=3x_1+2x_2+x_3 \\ \text{s.t.} & x_1+x_2+x_3\leqslant 6 \\ & x_1-x_3\geqslant 4 \\ & x_2-x_3\geqslant 3 \\ & x_1,\ x_2,\ x_3\geqslant 0 \end{cases}$。

第七章　整数规划

前面各章讨论的问题中，绝大多数是连续变量问题，但在许多实际问题中常要求变量是整数。如所求的解是机器的台数、产品的件数、流水线的条数；又如决策方案的取与舍、电路的连通与切断、逻辑运算中的是与非等都涉及整数变量，因此许多规划问题中经常出现整数变量，这样的优化问题称为整数规划。本章首先介绍整数规划的一些简单实例和分类，然后主要介绍解整数规划的分枝定界法、割平面法以及小规模的 0－1 规划的解法，最后介绍一个特殊的整数规划——指派问题的解法。

7.1　整数规划问题

7.1.1　整数规划实例

【例 7.1】 某人有一旅行箱可以装 14 kg、0.09 m^3 的物品。他准备用来装甲、乙两种物品，每件物品的重量、体积和价值如表 7.1 所示。问两种物品各装多少件，所装物品的总价值最大？

表 7.1　例 7.1 用表

物品	每件重量/kg	每件体积/m^3	每件价值/百元
甲	2	0.02	3
乙	3	0.01	2

解　设 x_1、x_2分别为甲、乙两种物品各装的件数(是非负整数)，获得的总价值为 z，则数学模型为

$$\begin{cases} \max \quad z = 3x_1 + 2x_2 \\ \text{s.t.} \quad 2x_1 + 3x_2 \leqslant 14 \\ \qquad 2x_1 + x_2 \leqslant 9 \\ \qquad x_1 \geqslant 0,\ x_2 \geqslant 0 \\ \qquad x_1,\ x_2 \text{ 为整数} \end{cases} \tag{7-1}$$

【例 7.2】 现为空间飞行选择科学实验。备选的实验清单如表 7.2 所示，其中列出了各个实验的重量、体积、电力要求和“价值”的估计值。对总重量、总体积、总电力消耗的限制分别是 45 kg、5.6 m^3、1000 W 。“价值”是对实验的科学重要性赋予的一个值，这个值越大，说明实验的科学重要性越高。试对科学实验进行选择，使所选的实验的“价值”总和最大。

表 7.2　例 7.2 用表

实验	重量/kg	体积/m^3	功率/W	科学价值
1	9	0.4	100	5
2	11.5	1.1	200	3
3	18	1.7	150	8
4	13.5	1.7	300	2
5	5.4	2	500	9

解　引入 0-1 变量作为决策变量。设 $x_i=1$ 表示选做实验 i，$x_i=0$ 表示不选做实验 i。对这个问题我们希望所选的科学实验的价值总和达到最大，所选实验的总重量、总体积、总功率不超过限制。由表 7.2 所列出的数据，建立该问题的数学模型，即

$$\begin{cases} \max \quad z=5x_1+3x_2+8x_3+2x_4+9x_5 \\ \text{s.t.} \quad 9x_1+11.5x_2+18x_3+13.5x_4+5.4x_5\leqslant 45 \\ \qquad 0.4x_1+1.1x_2+1.7x_3+1.7x_4+2x_5\leqslant 5.6 \\ \qquad 100x_1+200x_2+150x_3+300x_4+500x_5\leqslant 1000 \\ \qquad x_i=0 \text{ 或 } 1 \quad (i=1,2,\cdots,5) \end{cases}$$

【例 7.3】 一工厂生产 A、B、C 三种不同类型的产品，各类型每单位产品对原材料、劳动时间、利润以及每月工厂原材料、劳动时间的现有量如表 7.3 所示。由于各种条件的限制，如果要生产某类产品，则至少要生产 80 单位。现制定月生产计划，使工厂的利润最大。

表 7.3　例 7.3 用表

	A	B	C	现有量
原材料/kg	1.5	3	5	600
劳动时间/h	280	250	400	60000
利润/万元	2	3	4	

解　设 x_1、x_2、x_3 分别为每月生产 A、B、C 三种产品的数量。

首先，在不考虑“如果要生产某类产品，则至少要生产 80 单位”的情况下，可得线性规划模型为

$$\begin{cases} \max \quad z=2x_1+3x_2+4x_3 \\ \text{s.t.} \quad 1.5x_1+3x_2+5x_3\leqslant 600 \\ \qquad 280x_1+250x_2+400x_3\leqslant 60\,000 \\ \qquad x_1, x_2, x_3\geqslant 0 \end{cases}$$

其次，引入 0 - 1 变量 $y_i(i=1,2,3)$。令 $y_1=1$ 表示生产 A 产品，$y_1=0$ 表示不生产 A 产品，则不生产 A 产品或生产 A 产品至少要生产 80 单位就等价地表示为

$$x_1\leqslant My_1, \ x_1\geqslant 80y_1$$

其中 M 是一相当大的正数，如本例可取 $M=1000$(根据约束条件，x_1不可能超过 1000)。类似地有

$$x_2\leqslant My_2, \ x_2\geqslant 80y_2$$
$$x_3\leqslant My_3, \ x_3\geqslant 80y_3$$

因此该问题的数学模型为

$$\begin{cases} \max \quad z=2x_1+3x_2+4x_3 \\ \text{s.t.} \quad 1.5x_1+3x_2+5x_3\leqslant 600 \\ \qquad 280x_1+250x_2+400x_3\leqslant 60\,000 \\ \qquad x_1\leqslant My_1, \ x_1\geqslant 80y_1 \\ \qquad x_2\leqslant My_2, \ x_2\geqslant 80y_2 \\ \qquad x_3\leqslant My_3, \ x_3\geqslant 80y_3 \\ \qquad x_1, x_2, x_3\geqslant 0; \ y_1, y_2, y_3=0 \text{ 或 } 1 \end{cases}$$

7.1.2 整数规划问题的一般形式

部分或全部决策变量取值均为整数的规划，称为**整数规划**。按对决策变量的不同整数要求，整数规划可分为以下几种类型：全部决策变量取值均为整数的整数规划，称之为**纯整数规划**；决策变量中既有取整数的变量也有取非整数的变量的整数规划，称之为**混合整数规划**；决策变量只取 0 或 1 两个值的整数规划，称之为 **0 - 1 规划**。如果模型是线性的，则称之为**整数线性规划**。本章只讨论整数线性规划，以下简称整数规划。整数规划的一般形式为

$$\begin{cases} \max \quad z=c_1x_1+c_2x_2+\cdots+c_nx_n \\ \text{s.t.} \quad a_{11}x_1+a_{12}x_2+\cdots+a_{1n}x_n=b_1 \\ \qquad a_{12}x_1+a_{22}x_2+\cdots+a_{2n}x_n=b_2 \\ \qquad \vdots \\ \qquad a_{m1}x_1+a_{m2}x_2+\cdots+a_{mn}x_n=b_m \\ \qquad x_1, x_2, \cdots, x_n\geqslant 0 \\ \qquad x_1, x_2, \cdots, x_n \text{部分或全部为整数} \end{cases}$$

或

$$\begin{cases} \max \quad z = \sum_{j=1}^{n} c_j x_j \\ \text{s.t.} \quad \sum_{j=1}^{n} a_{ij} x_j = b_i \qquad (i = 1, 2, \cdots, m) \\ \qquad x_j \geqslant 0 \qquad (j = 1, 2, \cdots, n) \\ \qquad x_1, x_2, \cdots, x_n \text{ 部分或全部为整数} \end{cases}$$

若去掉整数条件，则由余下的目标函数和约束条件构成的规划问题称为该整数规划的**松弛问题**，即

$$\begin{cases} \max \quad z = \sum_{j=1}^{n} c_j x_j \\ \text{s.t.} \quad \sum_{j=1}^{n} a_{ij} x_j = b_i \qquad (i = 1, 2, \cdots, m) \\ \qquad x_j \geqslant 0 \qquad (j = 1, 2, \cdots, n) \end{cases}$$

整数规划问题的一个明显的特征是它的变量取值是离散的，因此人们对整数规划的求解自然想到两种基本途径。

一种是先忽略整数要求，把整数规划作为一般的线性规划来求解，然后将求得的最优解用舍入凑整的方法得到整数解。这样得到的整数解往往不是原整数规划的可行解，有时虽然是可行解，但未必是原问题的最优解。如例 7.1 的整数规划，它和线性规划的区别仅在于最后的约束条件“x_1，x_2为整数”。现在暂且不考虑“x_1，x_2为整数”这个约束条件，则式 (7 - 1)就变为下列线性规划：

$$\begin{cases} \max \quad z = 3x_1 + 2x_2 \\ \text{s.t.} \quad 2x_1 + 3x_2 \leqslant 14 \\ \qquad 2x_1 + x_2 \leqslant 9 \\ \qquad x_1 \geqslant 0, x_2 \geqslant 0 \end{cases} \tag{7-2}$$

线性规划(7 - 2)的可行域如图 7 - 1 所示，用图解法求得线性规划(7 - 2)的最优解为 $x_1 = 3.25$，$x_2 = 2.5$，$z^* = 14.75$。显然这个最优解不满足整数规划(7 - 1)的整数要求，因此它不是整数规划(7 - 1)的最优解。若舍入凑整，如取 $\boldsymbol{x}^1 = (3, 3)^{\mathrm{T}}$，它不满足原问题(7 - 1)的约束条件，不是可行解；若取 $\boldsymbol{x}^2 = (4, 2)^{\mathrm{T}}$，$\boldsymbol{x}^3 = (4, 3)^{\mathrm{T}}$，也都不是可行解；若取 $\boldsymbol{x}^4 = (3, 2)^{\mathrm{T}}$，它虽是原问题(7 - 1)的可行解，但不是最优解，其目标值为 $z_4 = 13$。实际上，整数规划(7 - 1)的最优解是 $\boldsymbol{x}^5 = (4, 1)^{\mathrm{T}}$，其目标值为$z_5 = 14$。因此通过松弛问题的最优解进行舍入凑整，一般得不到原整数规划问题的最优解。最优解 $\boldsymbol{x}^5 = (4, 1)^{\mathrm{T}}$ 为图 7 - 1 上的点 E，它不是可行域的顶点，用单纯形法无法求出这个整数最优解。

另一种想法是考虑到离散情况下可行解往往是有限的，因此把所有整数可行解求出

来，再比较这些可行解的目标值，从而求出最优解，这种方法称为**枚举法或穷举法**。如在例 7.1 中，变量只有 x_1 和 x_2 两个，x_1 所能取的整数值为 0、1、2、3、4 共 5 个，x_2 所能取的整数值为 0、1、2、3、4 共 5 个，它们的组合总数是 25 个，可行解有 19 个，如图 7-1 中的"·"，通过比较"·"处的目标值，求出最优解 $\boldsymbol{x}^*=(4, 1)^{\mathrm{T}}$。但对于较大型的问题，有限个可行解的数目往往大得惊人，在允许的时间内，无法求得全部可行解。例如 0-1 规划中，假设有 60 个变量，则其可能的解有 $2^{20}=1.6529\times10^{18}$ 个，如果用计算机每秒处理 1 亿个数据，需要 360 多年。

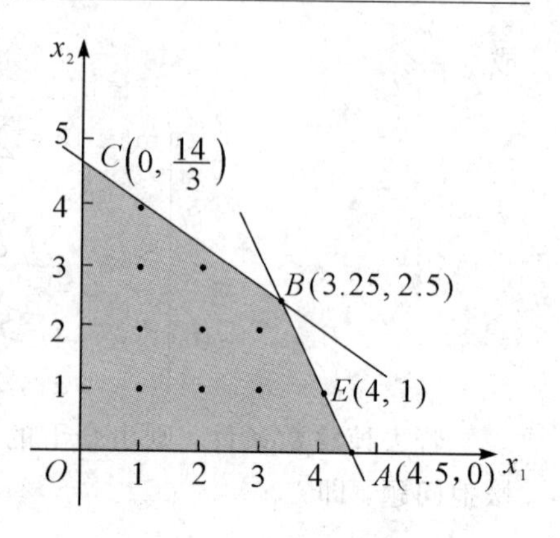

图 7-1　线性规划(7-2)的可行域

整数规划的求解要比一般线性规划的求解复杂得多。常用的方法有枚举法、分枝定界法、割平面法和隐枚举法。对于比较复杂的模型，枚举法是不可取的。下面介绍几种常用的求解整数规划的方法。

7.2 分枝定界法

分枝定界法可用于求解纯整数规划和混合整数规划，该方法是由 Land Doig 和 Dakin 等人于 20 世纪 60 年代初提出的。分枝定界法灵活且便于计算机求解，目前是解整数规划的重要方法之一。分枝定界法的主要思路是先求整数规划的松弛问题，如果所得解不符合整数条件，则增加约束条件，从而缩小可行域，将问题分成若干子问题，对每个子问题再求解去掉整数约束的松弛问题，通过求解一系列子问题的松弛问题不断调整原问题最优值的上、下界，最后得到原整数规划的最优解。

下面结合一个极大化的例子介绍分枝定界法。

【例 7.4】 求解整数规划：

$$\begin{cases}\max \quad z=4x_1+3x_2 \\ \text{s.t.} \quad 1.2x_1+0.8x_2\leqslant 10 \\ \qquad 2x_1+2.5x_2\leqslant 25 \\ \qquad x_1, x_2\geqslant 0 \\ \qquad x_1, x_2 \text{ 为整数}\end{cases}$$

解　将该整数规划记为问题(A)，去掉整数约束条件的松弛问题记为(A_0)，即

$$
(A_0)\begin{cases}\max & f=4x_1+3x_2\\ \text{s.t.} & 1.2x_1+0.8x_2\leqslant 10\\ & 2x_1+2.5x_2\leqslant 25\\ & x_1,\ x_2\geqslant 0\end{cases}
$$

问题(A₀)的可行域如图 7-2(a)所示，用单纯形法求解问题(A₀)得最优解为 $\boldsymbol{x}^0=(3.57,\ 7.14)^{\mathrm{T}}$，最优值为 $f_0=35.7$。

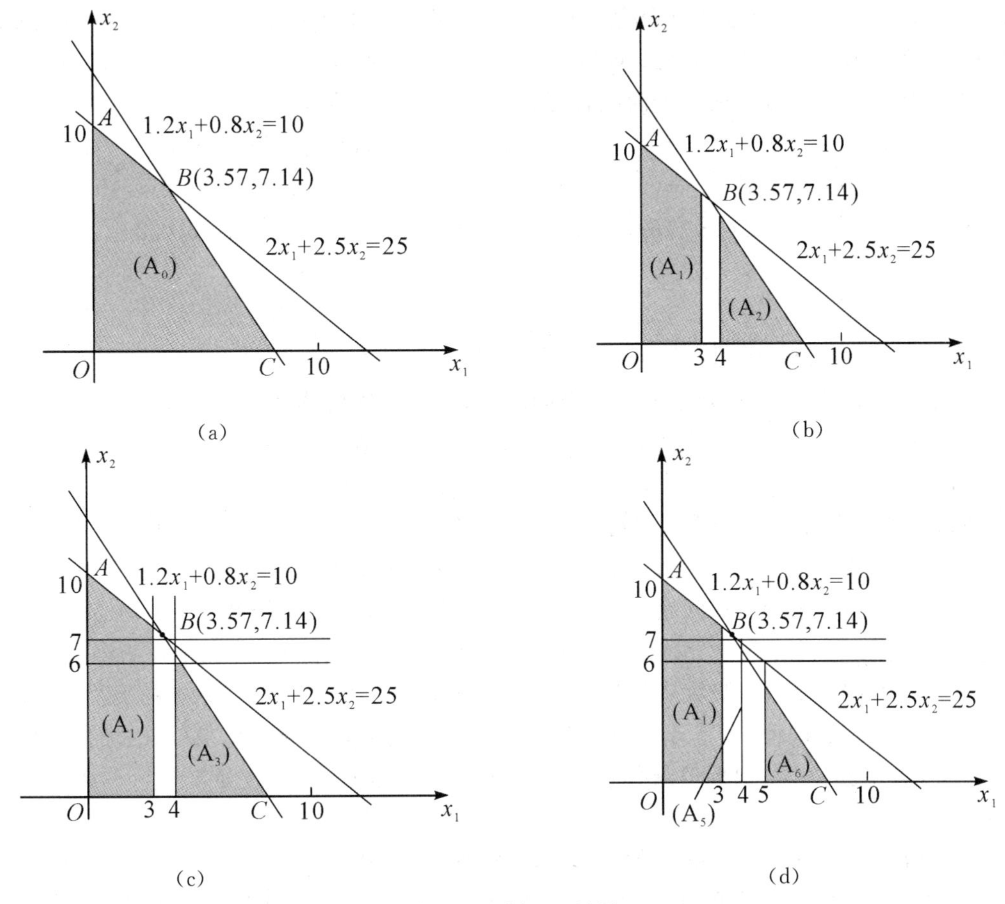

图 7-2　例 7.4 用图

(1) 确定整数规划问题(A)的最优值的上、下界。

问题(A₀)的最优解为非整数，因此不是问题(A)的最优解。由于问题(A₀)的可行域包含了问题(A)的可行域，所以问题(A)的最优值 z^* 不会超过问题(A₀)的最优值，故 $z^*\leqslant f_0$。将 f_0 作为 z^* 的初始上界，记为 $\bar{z}$，$\bar{z}=35.7$。

由观察易知，$x_1=0$，$x_2=0$ 为问题(A)的一个整数可行解，其目标值为 0，将其作为初始下界，记为$\underline{z}$，$\underline{z}=0$。若不易观察，则可令$\underline{z}=-\infty$，给出下界的目的是希望在求解的过程中逐步找到比当前更好的原问题(A)的目标函数值。于是

$$0\leqslant z^*\leqslant 35.7$$

(2) 增加约束条件将问题分枝。

当问题(A_0)的最优解为非整数时，任选一个非整数变量。如选 $x_1=3.57$，对问题(A_0)分别增加约束条件 $x_1\leqslant 3$ 和 $x_1\geqslant 4$，可将问题(A_0)的可行域切去 $3<x_1<4$ 部分，而分成两部分，如图 7-2(b)所示。由于问题(A_0)的整数可行解不可能在 3 与 4 之间，因此切去 $3<x_1<4$部分时并没有切去问题(A_0)的整数可行解，从而没有切去原问题(A)的任何可行解。这样把问题(A_0)分为两个子问题，即问题(A_1)和问题(A_2)：

$$(A_1)\begin{cases}\max & f=4x_1+3x_2\\ \text{s.t.} & 1.2x_1+0.8x_2\leqslant 10\\ & 2x_1+2.5x_2\leqslant 25\\ & x_1\leqslant 3\\ & x_1,\ x_2\geqslant 0\end{cases},\qquad (A_2)\begin{cases}\max & f=4x_1+3x_2\\ \text{s.t.} & 1.2x_1+0.8x_2\leqslant 10\\ & 2x_1+2.5x_2\leqslant 25\\ & x_1\geqslant 4\\ & x_1,\ x_2\geqslant 0\end{cases}$$

(3) 求解一对分枝问题。

用单纯形法求解一对分枝问题，得问题(A_1)的最优解为$\boldsymbol{x}^1=(3,\ 7.6)^{\mathrm{T}}$，目标值为 $f_1=34.8$；得问题(A_2)的最优解为$\boldsymbol{x}^2=(4,\ 6.5)^{\mathrm{T}}$，目标值为 $f_2=35.5$。

(4) 修改上、下界。

修改下界：每求出一个整数可行解，都要做修改下界$\underline{z}$的工作。从当前所有整数可行解中找出目标函数值最大者作为新的下界$\underline{z}$。因此在用分枝定界法求解的过程中，下界$\underline{z}$是不断增大的。本例问题(A_1)和问题(A_2)的最优解都为非整数，因此下界仍为$\underline{z}=0$。

修改上界：每求完一对分枝问题，都要做修改上界 $\overline{z}$ 的工作。在当前所有各未被分枝的问题中找出目标函数值最大者作为新的上界 $\overline{z}$。新的上界应该小于原来的上界。因此在分枝定界法求解的过程中，上界 $\overline{z}$ 是不断减少的。本例中到目前为止未被分枝的问题即是问题(A_1)与问题(A_2)，目标值最大者为 $f_2=35.5$，因此将上界修改为 $\overline{z}=35.5$，即

$$0\leqslant z^*\leqslant 35.5$$

(5) 增加约束条件将问题再分枝，求解，修改上、下界。

问题(A_1)和问题(A_2)的最优解的目标值大于当前下界，因此这一对分枝都需要继续分枝，以查明该分枝内是否有目标值比当前的下界更好的整数最优解。选择目标值较优的问题(A_2)进行分枝，待查明问题(A_2)，再来考虑另一分枝问题(A_1)。由于问题(A_2)的最优解中的 $x_2=6.5$ 为非整数，因此增加约束 $x_2\leqslant 6$ 和 $x_2\geqslant 7$，把原问题(A_2)分为两个子问题，即问题(A_3)和问题(A_4)：

$$(A_3)\begin{cases}\max & f=4x_1+3x_2\\ \text{s.t.} & 1.2x_1+0.8x_2\leqslant 10\\ & 2x_1+2.5x_2\leqslant 25\\ & x_1\geqslant 4\\ & x_2\leqslant 6\\ & x_1,\ x_2\geqslant 0\end{cases},\qquad (A_4)\begin{cases}\max & f=4x_1+3x_2\\ \text{s.t.} & 1.2x_1+0.8x_2\leqslant 10\\ & 2x_1+2.5x_2\leqslant 25\\ & x_1\geqslant 4\\ & x_2\geqslant 7\\ & x_1,\ x_2\geqslant 0\end{cases}$$

它们的可行域如图 7－2(c)所示。

由于问题(A_4)的可行域为空集，故问题(A_4)无可行解，此时说明该分枝情况已查明，不需要再对它继续分枝。求解问题(A_3)得到最优解 $\boldsymbol{x}^3=(4.33,\ 6)^{\mathrm{T}}$，目标值为 $f_3=35.33$。

用当前未被分枝问题最优值的最大者修改上界得

$$0\leqslant z^*\leqslant 35.33$$

由于问题(A_3)的目标值 $f_3=35.33$ 大于当前下界 $\underline{z}=0$，所以继续对问题(A_3)分枝。因为 $x_1=4.33$ 不满足整数条件，故对问题(A_3)分别增加约束条件 $x_1\leqslant 4$ 和 $x_1\geqslant 5$，把问题(A_3)分为两个子问题，即问题(A_5)和问题(A_6)：

$$(A_5)\begin{cases}\max & f=4x_1+3x_2\\ \text{s.t.} & 1.2x_1+0.8x_2\leqslant 10\\ & 2x_1+2.5x_2\leqslant 25\\ & x_1\geqslant 4\\ & x_2\leqslant 6\\ & x_1\leqslant 4\\ & x_1,\ x_2\geqslant 0\end{cases},\qquad (A_6)\begin{cases}\max & f=4x_1+3x_2\\ \text{s.t.} & 1.2x_1+0.8x_2\leqslant 10\\ & 2x_1+2.5x_2\leqslant 25\\ & x_1\geqslant 4\\ & x_2\leqslant 6\\ & x_1\geqslant 5\\ & x_1,\ x_2\geqslant 0\end{cases}$$

它们的可行域如图 7－2(d)所示。

求解问题(A_5)得最优解为$\boldsymbol{x}^5=(4,\ 6)^{\mathrm{T}}$，目标值为 $f_5=34$。由于最优解为整数解，因此问题(A_5)已查明，不需继续分枝。

由于$\boldsymbol{x}^5$为问题(A_5)的整数解且目标值大于当前下界，因此修改当前下界为$\underline{z}=34$，即

$$34\leqslant z^*\leqslant 35.33$$

再求问题(A_6)的最优解得$\boldsymbol{x}^6=(5,\ 5)^{\mathrm{T}}$，为整数解，因此问题($A_6$)已查明，不需继续分枝。由于$\boldsymbol{x}^6$为整数解且最优值 $f_6=35$ 大于当前下界，因此修改下界为$\underline{z}=35$。

已求完问题(A_5)和问题(A_6)这对分枝，选择到目前为止未被分枝的问题(A_5)和问题(A_6)的最优值的最大者 $f_6=35$ 作为新的上界，即 $\overline{z}=35$，此时$\underline{z}=\overline{z}=35$。

到此为止，问题(A_2)已查明，再来考虑另一分枝问题(A_1)。由于问题(A_1)的最优解 $\boldsymbol{x}^3=(3,\ 7.6)^{\mathrm{T}}$为非整数解，且目标值 $f_1=34.8$ 小于当前下界$\underline{z}=35$，则该分枝内不可能含有原问题的整数最优解，至此，问题(A_1)已查明。

(6) 终止准则。

当所有的分枝都已查明，即无可行解或为整数可行解或其最优值不大于下界，且此时$\underline{z}=\overline{z}$，则得到原整数规划问题的整数最优值$z^*=\underline{z}$。

本例得到$\underline{z}=\overline{z}=35$，且所有分枝都已查明，故得问题(A)的最优解为$\boldsymbol{x}^*=(5, 5)^{\mathrm{T}}$，最优值为$z^*=35$。

上述分枝过程可用图 7-3 表示。

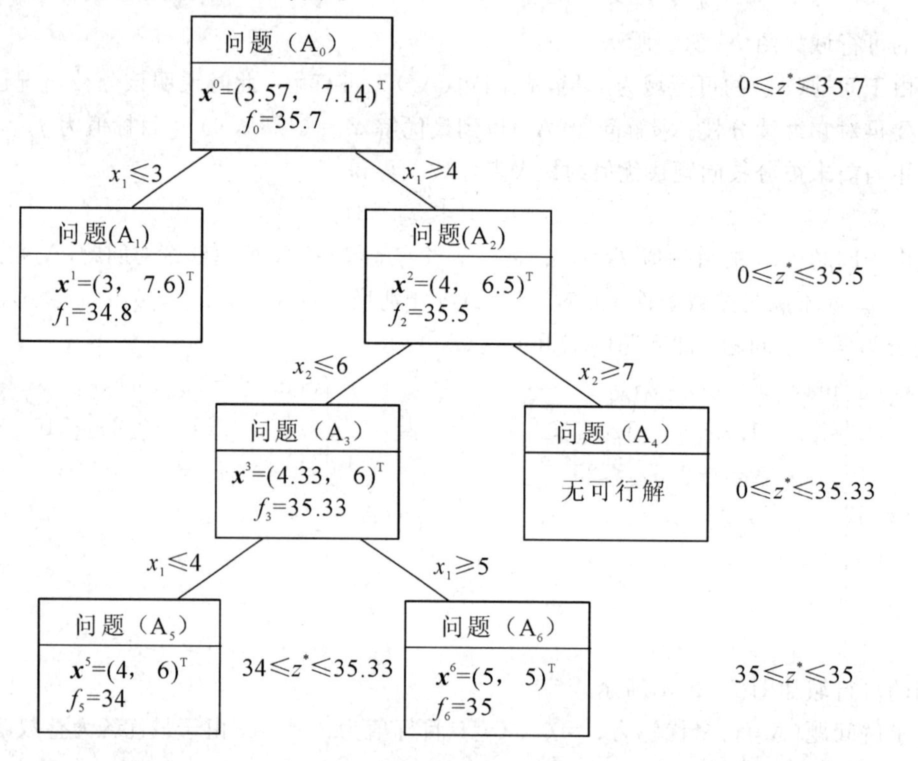

图 7-3 分枝过程图示

分枝定界法的步骤如下：

第 1 步：根据原整数规划(A)得其松弛问题(A_0)。

第 2 步：求解松弛问题(A_0)，可得以下情况之一。

(1) 若问题(A_0)没有可行解，则问题(A)也没有可行解，停止计算。

(2) 若问题(A_0)有最优解，并符合问题(A)的整数条件，则此解即为问题(A)的最优解，停止计算。

(3) 若问题(A_0)有最优解，但不是整数解，记目标值为f_0。

第 3 步：确定问题(A)最优值的初始上、下界。

(1) 用观察法找问题(A)的一个整数可行解，其函数值记为$\underline{z}$，作为初始下界，也可以令$\underline{z}=-\infty$。

(2) 以 f_0 作为初始上界，记 $\bar{z}=f_0$。

第 4 步：将问题(A_0)分枝。

在问题(A_0)的最优解中，任选一非整数变量 x_j，其值为 b_j，构造两个约束条件：

$$x_j \leqslant [b_j],\ x_j \geqslant [b_j]+1$$

将这两个约束分别加到问题(A_0)的约束条件集中，得到一对分枝问题：问题(A_1)和问题(A_2)。

第 5 步：求解一对分枝问题，可得以下情况之一。

(1) 分枝无可行解，则该枝已查明。

(2) 求得该分枝的整数最优解，则将该最优解的目标值作为新的下界，该分枝也已查明。

(3) 求得该分枝的最优解，但不是整数解。如果该最优解的目标值不大于当前下界，则该分枝是“枯枝”，已查明。

(4) 求得该分枝的最优解，不是整数解，但该最优解的目标值大于当前下界，则该分枝需要继续分枝。

若求解一对分枝的结果表明这一对分枝都需要继续分枝，则可先对目标函数值较大的那个分枝进行分枝计算，且沿着该分枝一直继续进行下去，直到全部探明情况为止；再反过来求解目标函数值较小的那个分枝。

第 6 步：修改上、下界。

(1) 修改下界$\underline{z}$：每求出一次符合整数条件的可行解时，都要考虑修改下界，选择到目前为止整数可行解相应目标函数值的最大者作为新的下界。

(2) 修改上界 $\bar{z}$：每求解完一对分枝后，都要考虑修改上界，选择到目前为止所有未被分枝问题的最优值的最大者作为新的上界。

若有$\underline{z}=\bar{z}$，且此时所有分枝均已查明，则得到了问题(A)的最优值 $z^*=\underline{z}=\bar{z}$，对应的整数可行解即为原整数规划问题(A)的最优解，求解结束。

【例 7.5】 用分枝定界法求解整数规划：

$$\begin{cases} \max \quad z=3x_1+2x_2 \\ \text{s.t.} \quad 2x_1+3x_2 \leqslant 14.5 \\ \qquad\ 4x_1+x_2 \leqslant 16.5 \\ \qquad\ x_1,\ x_2 \geqslant 0 \\ \qquad\ x_1,\ x_2\ \text{为整数} \end{cases}$$

解　其松弛问题记为(A_0)，即

$$(A_0)\begin{cases} \max & f=3x_1+2x_2 \\ \text{s.t.} & 2x_1+3x_2\leqslant 14.5 \\ & 4x_1+x_2\leqslant 16.5 \\ & x_1,\ x_2\geqslant 0 \end{cases}$$

用单纯形法求得问题(A_0)的最优解为 $x_1=3.5$，$x_2=2.5$，最优值为 $f_0=15.5$。

令 $\overline{z}=15.5$，容易观察到 $x_1=0$，$x_2=0$ 为原整数规划的一个可行解，且目标值为 0，故令 $\underline{z}=0$，则有 $0\leqslant z^*\leqslant 15.5$。

取 x_1 为分枝变量，将问题(A_0)分成问题(A_1)和问题(A_2)两个子问题：

$$(A_1)\begin{cases} \max & f=3x_1+2x_2 \\ \text{s.t.} & 2x_1+3x_2\leqslant 14.5 \\ & 4x_1+x_2\leqslant 16.5 \\ & x_1\leqslant 3 \\ & x_1,\ x_2\geqslant 0 \end{cases},\qquad (A_2)\begin{cases} \max & f=3x_1+2x_2 \\ \text{s.t.} & 2x_1+3x_2\leqslant 14.5 \\ & 4x_1+x_2\leqslant 16.5 \\ & x_1\geqslant 4 \\ & x_1,\ x_2\geqslant 0 \end{cases}$$

用单纯形法求得问题(A_1)的最优解为 $x_1=3$，$x_2=2.83$，最优值为 $f_1=\frac{44}{3}$；问题(A_2)的最优解为 $x_1=4$，$x_2=0.5$，最优值为 $f_2=13$。

所以 $\underline{z}=0$，$\overline{z}=\frac{44}{3}$，故 $0\leqslant z^*\leqslant\frac{44}{3}$。

选择最优值较大的问题(A_1)继续分枝。取 x_2 为分枝变量，将问题(A_1)分成问题(A_3)和问题(A_4)两个子问题：

$$(A_3)\begin{cases} \max & f=3x_1+2x_2 \\ \text{s.t.} & 2x_1+3x_2\leqslant 14.5 \\ & 4x_1+x_2\leqslant 16.5 \\ & x_1\leqslant 3 \\ & x_2\leqslant 2 \\ & x_1,\ x_2\geqslant 0 \end{cases},\qquad (A_4)\begin{cases} \max & f=3x_1+2x_2 \\ \text{s.t.} & 2x_1+3x_2\leqslant 14.5 \\ & 4x_1+x_2\leqslant 16.5 \\ & x_1\leqslant 3 \\ & x_2\geqslant 3 \\ & x_1,\ x_2\geqslant 0 \end{cases}$$

用单纯形法求得问题(A_3)的最优解为 $x_1=3$，$x_2=2$，最优值为 $f_3=13$，从而知问题(A_3)的最优解是整数，已查明；求得问题(A_4)的最优解为 $x_1=\frac{11}{4}$，$x_2=3$，最优值为 $f_4=\frac{57}{4}$。

所以 $\underline{z}=13$，$\overline{z}=\frac{57}{4}$，故 $13\leqslant z^*\leqslant\frac{57}{4}$。

问题(A_4)的最优解为非整数，且目标值大于当前下界，继续对问题(A_4)分枝。取 x_1 为分枝变量，将问题(A_4)分成问题(A_5)和问题(A_6)两个子问题：

$$
(A_5)\begin{cases}\max & f=3x_1+2x_2\\ \text{s.t.} & 2x_1+3x_2\leqslant 14.5\\ & 4x_1+x_2\leqslant 16.5\\ & x_1\leqslant 3\\ & x_2\geqslant 3\\ & x_1\leqslant 2\\ & x_1,\ x_2\geqslant 0\end{cases},\qquad (A_6)\begin{cases}\max & f=3x_1+2x_2\\ \text{s.t.} & 2x_1+3x_2\leqslant 14.5\\ & 4x_1+x_2\leqslant 16.5\\ & x_1\leqslant 3\\ & x_2\geqslant 3\\ & x_1\geqslant 3\\ & x_1,\ x_2\geqslant 0\end{cases}
$$

用单纯形法求得问题(A_5)的最优解为 $x_1=2$，$x_2=3.5$，最优值为 $f_5=13$。由于问题(A_5)的最优解不是整数解且最优值小于当前的下界，因此不需要继续分枝，已查明；而问题(A_6)的可行域为空集，无可行解，也已查明。

下界仍为$\underline{z}=13$，上界改为 $\overline{z}=13$。

到此为止对问题(A_1)的各分枝都已查明，现在回过来检查问题(A_2)。由于问题(A_2)的最优解为非整数且最优值 $f_2=13$ 不大于当前下界，因此也不需要继续分枝，已查明。

由于$\underline{z}=\overline{z}=13$，且此时所有分枝均已查明，故原整数规划问题(A)的最优解为 $x_1=3$，$x_2=2$，最优值为 $z^*=13$。

分枝定界法只是在一部分可行解中进行计算，计算量远远小于枚举法。但选择不同的子问题和不同的变量进行分枝，难免会对求解的效率有影响；当问题的规模很大时，计算量仍会很大。

如果用分枝定界法求解混合整数规划，则分枝的过程只需针对有整数要求的变量进行，无需考虑无整数要求的变量。

7.3 割平面法

割平面法是 R. E. Gomory 于 1958 年提出的一种方法，它主要用于求解纯整数规划。其基本思想是：先放宽变量的整数约束，求解对应的松弛问题的最优解，所得到的最优解若不满足整数条件，则增加新的线性约束条件到松弛问题中(其作用是切割松弛问题的可行域，将非整数部分切割掉，但没有切掉任何整数最优解)，在可行域不断缩小的过程中，将原问题的整数最优解逐渐暴露且趋于可行域极点的位置，最终得到这样一个可行域，它的一个整数坐标的极点恰好是问题的最优解，从而能用单纯形法求出。而这个最优解也正是原整数规划问题的最优解。几何上称这个增加的线性约束为**割平面**，故称此方法为**割平面法**。

下面通过例子来具体说明求解整数规划的割平面法。

【例 7.6】 用割平面法求解整数规划：

$$(A)\begin{cases}\min\quad z=-x_1-27x_2\\ \text{s.t.}\quad -x_1+x_2\leqslant 1\\ \qquad 24x_1+4x_2\leqslant 25\\ \qquad x_1,\ x_2\geqslant 0\\ \qquad x_1,\ x_2\text{为整数}\end{cases}$$

解　将问题(A)的松弛问题记为(A_0)，即

$$(A_0)\begin{cases}\min\quad f=-x_1-27x_2\\ \text{s.t.}\quad -x_1+x_2\leqslant 1\\ \qquad 24x_1+4x_2\leqslant 25\\ \qquad x_1,\ x_2\geqslant 0\end{cases}$$

其可行域 R 如图 7-4(a)所示。松弛问题(A_0)的标准形式为

$$(A_0)\begin{cases}\min\quad f=-x_1-27x_2\\ \text{s.t.}\quad -x_1+x_2+x_3=1\\ \qquad 24x_1+4x_2+x_4=25\\ \qquad x_1,\ x_2,\ x_3,\ x_4\geqslant 0\end{cases}$$

用单纯形法求解得

$T(\boldsymbol{B}_1)=$

		x_1	x_2	x_3	x_4
f	0	1	27	0	0
x_3	1	-1	1	1	0
x_4	25	$\boxed{24}$	4	0	1

$T(\boldsymbol{B}_2)=$

		x_1	x_2	x_3	x_4
f	$-\frac{25}{24}$	0	$\frac{161}{6}$	0	$-\frac{1}{24}$
x_3	$\frac{49}{24}$	0	$\boxed{\frac{7}{6}}$	1	$\frac{1}{24}$
x_1	$\frac{25}{24}$	1	$\frac{1}{6}$	0	$\frac{1}{24}$

$T(\boldsymbol{B}_3)=$

		x_1	x_2	x_3	x_4
f	-48	0	0	-23	-1
x_2	$\frac{7}{4}$	0	1	$\frac{6}{7}$	$\frac{1}{28}$
x_1	$\frac{3}{4}$	1	0	$-\frac{1}{7}$	$\frac{1}{28}$

最优解为 $x_1=\frac{3}{4}$，$x_2=\frac{7}{4}$，最优值为 $f_0^*=-48$。问题(A_0)的最优解不是整数，是其可行域 R 上的极点 A(见图 7-4(a))。整数规划问题(A)的最优解为 $x_1=0$，$x_2=1$，是问题(A_0)的可行域 R 上的点 $B(0,1)$(见图 7-4(a))。如果能找到像 BE 这样的直线来切割可行域 R(见图 7-4(b))，去掉三角形域 ABE，那么具有整数坐标的点 B 即成为可行域 R' 的极点，此时若用单纯形法在 R' 上求松弛问题得到的最优解又恰巧在点 B，这样就得到了原问题的整数最优解。所以关键就是怎样构造一个这样的割平面 BE，尽管它可能不是唯一的，也不是一步就能求到的。

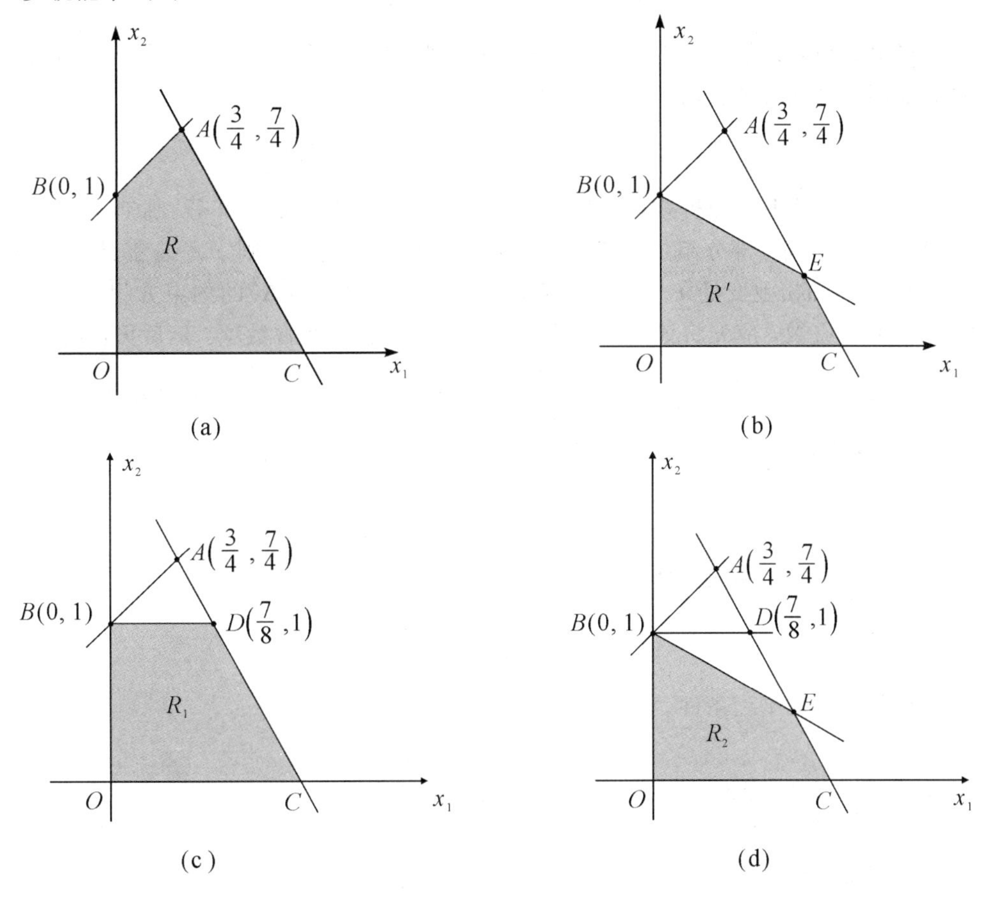

图 7-4　例 7.6 用图

下面逐步引入各割平面来不断地缩小可行域。所求的割平面要能切去松弛问题的非整数最优解而又不要切去原问题的任一个整数可行解。这样的割平面方程可以由上述最终单纯形表 $T(\boldsymbol{B}_3)$ 中的任一个含有不满足整数条件的基变量的约束方程演变得到。具体步骤如下：

(1) 在最终表上任选一个含有不满足整数条件的基变量的约束方程。如在 $T(\boldsymbol{B}_3)$ 内，$x_1=\frac{3}{4}$，$x_2=\frac{7}{4}$ 均不满足整数条件，若选含 x_1 的约束方程，则

$$x_1-\frac{1}{7}x_3+\frac{1}{28}x_4=\frac{3}{4} \tag{7-3}$$

(2) 对所选的约束方程中非基变量的系数及常数项均拆成一个整数加一个非负的真分数(纯小数)之和。对式(7-3)的系数和常数进行拆分处理，得

$$x_1+\left(-1+\frac{6}{7}\right)x_3+\left(0+\frac{1}{28}\right)x_4=0+\frac{3}{4} \tag{7-4}$$

(3) 将上述约束方程重新组合。将变量系数及常数项中的非负真分数部分移到等号右端，将其他部分移到等号左端，得

$$x_1-x_3+0x_4-0=\frac{3}{4}-\frac{6}{7}x_3-\frac{1}{28}x_4 \tag{7-5}$$

(4) 求割平面方程。分析式(7-5)，等号左端由常数项的整数部分、原问题的决策变量部分和松弛变量等三部分组成，若 x_1、x_2 是原问题的可行解，则 x_1、x_2 都是非负整数，因而从问题(A_0)知松弛变量 x_3、x_4 也应取非负整数(若原问题(A)的约束方程组中的系数或常数项中有非整数，应先将该约束方程化成整数系数及整数常数项，然后再标准化)，因此式(7-5)的左端必定为整数，从而式(7-5)的右端 $\frac{3}{4}-\frac{6}{7}x_3-\frac{1}{28}x_4$ 也应为整数。又由于 $x_3\geqslant 0$，$x_4\geqslant 0$，所以

$$\frac{3}{4}-\frac{6}{7}x_3-\frac{1}{28}x_4<\frac{3}{4}$$

即 $\frac{3}{4}-\frac{6}{7}x_3-\frac{1}{28}x_4$ 的取值是不大于 $\frac{3}{4}$ 的整数，故

$$\frac{3}{4}-\frac{6}{7}x_3-\frac{1}{28}x_4\leqslant 0 \tag{7-6}$$

式(7-6)就是一个割平面条件，也可化简为

$$-24x_3-x_4\leqslant -21 \tag{7-7}$$

引入松弛变量 $x_5\geqslant 0$，变为

$$-24x_3-x_4+x_5=-21 \tag{7-8}$$

将约束(7-8)加到问题(A_0)中，构成新的问题(A_1)：

$$(A_1)\begin{cases}\min & f=-x_1-27x_2\\ \text{s.t.} & -x_1+x_2+x_3=1\\ & 24x_1+4x_2+x_4=25\\ & -24x_3-x_4+x_5=-21\\ & x_1,x_2,x_3,x_4,x_5\geqslant 0\end{cases}$$

问题(A_1)的可行域 R_1 是问题(A_0)的可行域 R 切掉了不满足约束(7－6)或(7－8)的部分。由于割平面条件是利用整数约束推出来的，因此松弛问题(A_0)的任意整数可行解都满足式(7－6)，故割平面没有切去问题(A_0)的任何整数可行解，从而也没有切去原问题(A)的任何可行解。另外，割平面条件(7－6)或(7－7)用小于等于形式，是为了避免增加人工变量。

用单纯形法解问题(A_1)，只需将约束(7－8)加到问题(A_0)的最终表 $T(\boldsymbol{B}_3)$中，得

$T(\boldsymbol{B}_4)=$

		x_1	x_2	x_3	x_4	x_5
f	-48	0	0	-23	-1	0
x_2	$\frac{7}{4}$	0	1	$\frac{6}{7}$	$\frac{1}{28}$	0
x_1	$\frac{3}{4}$	1	0	$-\frac{1}{7}$	$\frac{1}{28}$	0
x_5	-21	0	0	$[-24]$	-1	1

由 $T(\boldsymbol{B}_4)$得到的解是非可行解，但检验数依然非正，因而可用对偶单纯形法求解。x_5 为离基变量，x_3 为进基变量，得

$T(\boldsymbol{B}_5)=$

		x_1	x_2	x_3	x_4	x_5
f	$-\frac{223}{8}$	0	0	0	$-\frac{1}{24}$	$-\frac{23}{24}$
x_2	1	0	1	0	0	$\frac{1}{28}$
x_1	$\frac{7}{8}$	1	0	0	$\frac{1}{24}$	$-\frac{1}{168}$
x_3	$\frac{7}{8}$	0	0	1	$\frac{1}{24}$	$-\frac{1}{24}$

从而求得问题(A_1)的最优解为 $x_1=\frac{7}{8}$，$x_2=1$，$x_3=\frac{7}{8}$，仍不是整数解，需要继续求割平面。从单纯形表 $T(\boldsymbol{B}_5)$中任选一个含非整数基变量的约束方程，如

$$x_3+\frac{1}{24}x_4-\frac{1}{24}x_5=\frac{7}{8}$$

将上述约束方程中非基变量的系数和常数拆分为

$$x_3+\left(0+\frac{1}{24}\right)x_4+\left(-1+\frac{23}{24}\right)x_5=0+\frac{7}{8}$$

将整数系数和非整数系数项左右分开，得

$$x_3+0x_4-x_5-0=\frac{7}{8}-\frac{1}{24}x_4-\frac{23}{24}x_5$$

从而得到割平面条件

$$\frac{7}{8}-\frac{1}{24}x_4-\frac{23}{24}x_5\leqslant 0$$

化简得

$$-x_4-23x_5\leqslant -21 \tag{7-9}$$

引入松弛变量 $x_6\geqslant 0$，得

$$-x_4-23x_5+x_6=-21 \tag{7-10}$$

将约束(7－10)加到问题(A_1)中形成问题(A_2)：

$$(A_2)\begin{cases}\min \quad f=-x_1-27x_2 \\ \text{s.t.} \quad -x_1+x_2+x_3=1 \\ \qquad 24x_1+4x_2+x_4=25 \\ \qquad -24x_3-x_4+x_5=-21 \\ \qquad -x_4-23x_5+x_6=-21 \\ \qquad x_1,x_2,x_3,x_4,x_5,x_6\geqslant 0\end{cases}$$

问题(A_2)的初始单纯形表为

$T(\boldsymbol{B}_6)=$

		x_1	x_2	x_3	x_4	x_5	x_6
f	$-\frac{223}{8}$	0	0	0	$-\frac{1}{24}$	$-\frac{23}{24}$	0
x_2	1	0	1	0	0	$\frac{1}{28}$	0
x_1	$\frac{7}{8}$	1	0	0	$\frac{1}{24}$	$-\frac{1}{168}$	0
x_3	$\frac{7}{8}$	0	0	1	$\frac{1}{24}$	$-\frac{1}{24}$	0
x_6	-21	0	0	0	$\boxed{-1}$	-23	1

用对偶单纯形法求解，得

$T(\boldsymbol{B}_7)=$

		x_1	x_2	x_3	x_4	x_5	x_6
f	-27	0	0	0	0	0	$-\frac{1}{24}$
x_2	1	0	1	0	0	$\frac{1}{28}$	0
x_1	0	1	0	0	0	$-\frac{27}{28}$	$\frac{1}{24}$
x_3	0	0	0	1	0	-1	$\frac{1}{24}$
x_4	21	0	0	0	1	23	-1

最优解 $x_1=0$，$x_2=1$，$x_3=0$，$x_4=21$，$x_5=0$，$x_6=0$ 已是整数解，因此原整数规划问题(A)的最优解为 $x_1=0$，$x_2=1$，最优值为 $z^*=-27$。

为从几何上看上述过程，将第一个割平面条件(7-7)用 x_1、x_2表示，由问题(A_0)的约束条件可得 $x_3=1+x_1-x_2$，$x_4=25-24x_1-4x_2$，将其代入式(7-7)中得 $x_2\leqslant 1$。将这个约束加到问题(A_0)，形成问题(A_1)，相当于将问题(A_0)的可行域 R 割去了一部分($x_2>1$ 的部分)缩小为 R_1，如图 7-4(c)所示。同理将第二个割平面条件(7-9)也用 x_1、x_2表示，得 $x_1+27x_2\leqslant 27$，将这个约束加到问题(A_1)中，相当于将问题(A_1)的可行域 R_1割去了一部分($x_1+27x_2>27$ 的部分)缩小为 R_2，如图 7-4(d)所示。每次割去的部分不含问题(A_0)的整数可行解，即不含问题(A)的可行解。用单纯形法求得问题(A_2)的最优解 $x_1=0$，$x_2=1$，它是可行域 $BOCE$ 中的极点 $B(0,1)$，是整数最优解，从而是整数规划(A)的最优解。

用割平面法解整数规划的步骤如下：

第 1 步：根据原整数规划(A)得其松弛问题(A_0)。

第 2 步：求解松弛问题(A_0)，可得以下情况之一。

(1) 若问题(A_0)没有可行解，则问题(A)也没有可行解，停止计算。

(2) 若问题(A_0)有最优解，并为整数解，则此解即为问题(A)的最优解，停止计算。

(3) 若问题(A_0)有最优解，但不是整数解，则转第 3 步。

第 3 步：求一个割平面。从最终单纯形表中任选一个含有非整数基变量 x_{B_i} 的约束方程

$$x_{B_i}+\sum_{j\in J_N}a_{ij}x_j=b_i \tag{7-11}$$

其中 J_N 为非基变量的下标集。将 a_{ij} 及 b_i 拆分为

$$a_{ij}=[a_{ij}]+r_{ij}\qquad (j\in J_N) \tag{7-12}$$

$$b_i=[b_i]+r_i \tag{7-13}$$

其中$[a_{ij}]$与$[b_i]$分别表示其值不超过 a_{ij} 及 b_i 的最大整数，且 $0\leqslant r_{ij}<1$，$0\leqslant r_i<1$。将式(7-12)和式(7-13)代入式(7-11)，整理得

$$x_{B_i}+\sum_{j\in J_N}[a_{ij}]x_j-[b_i]=r_i-\sum_{j\in J_N}r_{ij}x_j$$

由上式右端值是不大于 $r_i(0\leqslant r_i<1)$的整数可得割平面条件为

$$-\sum_{j\in J_N}r_{ij}x_j\leqslant -r_i \tag{7-14}$$

加入松弛变量 x_{n+i}，得割平面方程

$$-\sum_{j\in J_N}r_{ij}x_j+x_{n+i}=-r_i \tag{7-15}$$

第 4 步：把割平面方程(7-15)加到松弛问题(A_0)的最终单纯形表中，用对偶单纯形

法继续求解。若得到整数最优解，则它就是原整数规划的最优解，停止；否则，转第3步。

7.4　0-1规划

对于有 n 个变量的0-1规划问题，由于变量只取0和1两个值，因此最容易想到的方法是枚举法，即检查这 n 个变量的所有 2^n 个组合的可行性，再通过比较它们的目标函数值大小来求最优解和最优值。如果 n 较小，采用枚举法比较有效；如果 n 较大，计算量就相当大，导致有些问题用这种方法求解几乎不可能。本节介绍一种求解0-1规划的隐枚举法，它只需要检查、比较一小部分变量组合的可行性和目标值就能求得最优解和最优值。

隐枚举法是在枚举法的基础上进行了改进，它通过分析、判断，排除了很多可行的变量组合为最优解的可能性，因此不需要将所有可行的变量组合一一枚举，减少了计算量。

求最大0-1规划问题的隐枚举法的基本步骤如下：

第1步：寻找一个初始可行解，得到目标值 z_0。

第2步：对原有约束增加一约束，即以目标函数 $z>z_0$ 作为过滤条件，加到原有约束集中(以寻找比初始可行解目标值更优的可行解)。

第3步：求解问题。按照枚举法的思路列出 2^n 个变量取值的组合，依次检查各组合的可行性。首先检查是否满足过滤条件这个约束条件，如果不满足，则认为不可行(不用再检查其他约束条件)。每找到一个可行解，求出它的目标函数值 z_1。

第4步：将过滤条件换成 $z>z_1$，转第3步。

一般来讲，过滤条件是所有约束条件中关键的一个，因而先检查它是否满足。如果不满足，则说明这个变量组合解的目标值不会优于当前目标值，所以无需再检验其可行性，这样也就减少了计算量。

【例7.7】 用隐枚举法求解0-1规划：

$$\begin{cases} \max \quad z=6x_1+2x_2+3x_3+5x_4 \\ \text{s.t.} \quad 3x_1-5x_2+x_3+6x_4\geqslant 4 \\ \qquad 2x_1+x_2+x_3-x_4\leqslant 3 \\ \qquad x_1+2x_2+4x_3+5x_4\leqslant 10 \\ \qquad x_j=0 \text{ 或 } 1 \quad (j=1,2,3,4) \end{cases} \tag{7-16}$$

解　能观察到 $(1,0,0,1)^{\mathrm{T}}$ 满足所有约束条件，其目标值为 $z_0=11$。将过滤条件

$$6x_1+2x_2+3x_3+5x_4\geqslant 11$$

加到原有约束集中，问题(7-16)变为

$$
\begin{cases}
\max & z=6x_1+2x_2+3x_3+5x_4 \\
\text{s.t.} & 6x_1+2x_2+3x_3+5x_4\geqslant 11 \quad ① \\
& 3x_1-5x_2+x_3+6x_4\geqslant 4 \quad ② \\
& 2x_1+x_2+x_3-x_4\leqslant 3 \quad ③ \\
& x_1+2x_2+4x_3+5x_4\leqslant 10 \quad ④ \\
& x_j=0 \text{ 或 } 1 \quad (j=1,2,3,4)
\end{cases}
\tag{7-17}
$$

列出变量取值 0 和 1 的组合，共 $2^4=16$ 个，分别代入约束条件判断是否可行。具体过程见表 7.4。表中约束条件①为过滤条件，②、③、④为问题(7－17)中的约束条件②、③、④；表中“×”号表示 $\boldsymbol{x}^j(j=1,2,\cdots,16)$ 不满足该约束条件，“√”表示 $\boldsymbol{x}^j(j=1,2,\cdots,16)$ 满足该约束条件，空白表示不用计算。

表 7.4　例 7.7 用表

	$\boldsymbol{x}^j$	过滤条件	①	②	③	④
		$6x_1+2x_2+3x_3+5x_4\geqslant 11$				
1	$(0,0,0,0)^T$		×			
2	$(0,0,0,1)^T$		×			
3	$(0,0,1,0)^T$		×			
4	$(0,0,1,1)^T$		×			
5	$(0,1,0,0)^T$		×			
6	$(0,1,0,1)^T$		×			
7	$(0,1,1,0)^T$		×			
8	$(0,1,1,1)^T$		×			
9	$(1,0,0,0)^T$		×			
10	$(1,0,0,1)^T$		√	√	√	√
11	$(1,0,1,0)^T$		×			
12	$(1,0,1,1)^T$		√	√	√	√
		$6x_1+2x_2+3x_3+5x_4\geqslant 14$				
13	$(1,1,0,0)^T$		×			
14	$(1,1,0,1)^T$		×			
15	$(1,1,1,0)^T$		×			
16	$(1,1,1,1)^T$		√	√	√	×

故最优解为 $x_1=1$，$x_2=0$，$x_3=1$，$x_4=1$，最优值为 $z^*=14$。

7.5 指派问题

在实践中，常遇到有 n 项不同的工作或任务要派 n 个人去完成，要求每人完成且仅完成其中一项工作。由于 n 个人的知识、能力、经验等不同，故完成不同任务所消耗的资源(或效率)不同，因而要决定一种分派方案，使完成 n 项工作所消耗的总资源最少(效率最高)。称这类问题为**分派问题**或**指派问题**。下面建立指派问题的数学模型。

7.5.1 指派问题的数学模型

引入 0-1 变量：

$$x_{ij}=\begin{cases}1 & (\text{表示指派第 } i \text{ 个人完成第 } j \text{ 项工作})\\ 0 & (\text{表示不指派第 } i \text{ 个人完成第 } j \text{ 项工作})\end{cases}$$

用 c_{ij} 表示第 i 个人完成第 j 项工作所需的资源数，称之为**效率系数**(或**价值系数**)。因此有指派问题的数学模型：

$$\begin{cases}\min \quad z=\sum\limits_{i=1}^{n}\sum\limits_{j=1}^{n}c_{ij}x_{ij} & ①\\ \text{s.t.} \quad \sum\limits_{i=1}^{n}x_{ij}=1 \quad (j=1,2,\cdots,n) & ②\\ \qquad \sum\limits_{j=1}^{n}x_{ij}=1 \quad (i=1,2,\cdots,n) & ③\\ \qquad x_{ij}=0 \text{ 或 } 1 \quad (i,j=1,2,\cdots,n) & ④\end{cases}$$

其中：式①表示完成全部 n 项工作所消耗的总资源数最少；式②表示第 i 个人只能完成一项工作；式③表示第 j 项工作只派一个人去完成；式④为决策变量只取 0 或 1 两个整数值。因此，指派问题是 0-1 规划问题。但由于指派问题数学结构的特殊性，可用比求解0-1整数规划更简便的方法求解，这就是所谓的匈牙利法。匈牙利法的得名是因为匈牙利数学家狄·考尼格(D. Konig)证明了这个方法中的主要定理。

7.5.2 匈牙利法的基本原理

根据指派问题的特征，将指派问题的效率系数写成 $n\times n$ 的矩阵，称

$$\boldsymbol{C}=\begin{pmatrix}c_{11} & c_{12} & \cdots & c_{1n}\\ c_{21} & c_{22} & \cdots & c_{2n}\\ \vdots & \vdots & & \vdots\\ c_{n1} & c_{n2} & \cdots & c_{nn}\end{pmatrix}$$

为指派问题的**效率矩阵**；将 $n\times n$ 个决策变量 x_{ij} 排成一个 $n\times n$ 的矩阵，称

$$X=\begin{pmatrix} x_{11} & x_{12} & \cdots & x_{1n} \\ x_{21} & x_{22} & \cdots & x_{2n} \\ \vdots & \vdots & & \vdots \\ x_{n1} & x_{n2} & \cdots & x_{nn} \end{pmatrix}$$

为**决策矩阵**。那么，在 n 项不同的工作，每人仅能完成其中一项工作的条件下，求完成全部 n 项工作所消耗的总资源数最少的指派问题，就转化成在效率矩阵 C 上找出位于不同行、不同列的 n 个元素，使这 n 个元素之和为最小的问题。对效率矩阵 C 上的这 n 个元素的位置，在决策矩阵 X 中令相应的元素为 $x_{ij}=1$，其余元素为 0，就得到了指派问题的一个最优解。

为便于在效率矩阵上找到位于不同行、不同列且和为最小的 n 个元素，会想到对效率矩阵的各行、各列元素做适当的变换，下面的定理保证了变换后的新效率矩阵与原效率矩阵有相同的最优解。

定理 7.1　设指派问题的效率矩阵为 $C=(c_{ij})_{n\times n}$，若将该矩阵的某一行或某一列的各个元素都减去同一常数 a（a 可正、可负），得到新的效率矩阵 $\bar{C}=(\bar{c}_{ij})_{n\times n}$，则以 $\bar{C}$ 为效率矩阵的指派问题与原指派问题的最优解相同，其最优值比原最优值减少 a。

证　设在矩阵 C 的第 k 行的每个元素都减去同一常数 a，那么

$$\bar{c}_{ij}=\begin{cases} c_{ij} & (i\neq k) \\ c_{kj}-a & (i=k) \end{cases}$$

记新指派问题的目标函数为 $\bar{z}$，则有

$$\begin{aligned}
\bar{z} &= \sum_{i=1}^{n}\sum_{j=1}^{n}\bar{c}_{ij}x_{ij} = \sum_{\substack{i=1\\ i\neq k}}^{n}\sum_{j=1}^{n}\bar{c}_{ij}x_{ij}+\sum_{j=1}^{n}\bar{c}_{kj}x_{kj} \\
&= \sum_{\substack{i=1\\ i\neq k}}^{n}\sum_{j=1}^{n}c_{ij}x_{ij}+\sum_{j=1}^{n}(c_{kj}-a)x_{kj} \\
&= \sum_{\substack{i=1\\ i\neq k}}^{n}\sum_{j=1}^{n}c_{ij}x_{ij}+\sum_{j=1}^{n}c_{kj}x_{kj}-\sum_{j=1}^{n}ax_{kj} \\
&= \sum_{i=1}^{n}\sum_{j=1}^{n}c_{ij}x_{ij}-a\sum_{j=1}^{n}x_{kj} = \sum_{i=1}^{n}\sum_{j=1}^{n}c_{ij}x_{ij}-a = z-a
\end{aligned}$$

而新指派问题与原指派问题的约束方程相同，因此其最优解必相同，最优值差一常数 a。

若将指派问题的效率矩阵的每一行及每一列分别减去各行及各列的最小元素，则最后得到的新效率矩阵中必然会出现一些零元素。

定义 7.1　在效率矩阵 C 中，一组处在不同行、不同列的零元素，称为**独立零元素组**，此时其中每个元素称为**独立零元素**。

从第 i 行来看，$c_{ij}=0$ 表示第 i 个人去干第 j 项工作的效率最高，而从第 j 列来看，

$c_{ij}=0$表示第 j 项工作以第 i 个人来干效率最高，从而可得如下定理。

定理 7.2　若效率矩阵 $\boldsymbol{C}$ 中存在 n 个独立零元素，则令 n 个独立零元素位置的决策变量为 1，其余决策变量为 0，则这个方案就是一个最优指派方案。

由定理 7.2 可知，求指派问题的最优解只需求出其效率矩阵的 n 个独立零元素即可。

【例 7.8】　求下列效率矩阵的独立零元素：

$$\boldsymbol{C}_1=\begin{pmatrix}7&0&6&4\\0&6&0&5\\8&9&6&0\\0&3&0&4\end{pmatrix},\quad \boldsymbol{C}_2=\begin{pmatrix}12&0&11&9\\0&14&0&10\\0&9&10&8\\13&0&0&11\end{pmatrix}$$

解　可以看到 $c_{12}=0$，$c_{21}=0$，$c_{34}=0$，$c_{43}=0$ 是 $\boldsymbol{C}_1$ 的一组独立零元素，$c_{12}=0$，$c_{23}=0$，$c_{34}=0$，$c_{41}=0$ 也是 $\boldsymbol{C}_1$ 的一组独立零元素。$\boldsymbol{C}_1$ 的这两组独立零元素个数为 4。

对于效率矩阵 $\boldsymbol{C}_2$，$c_{12}=0$，$c_{21}=0$，$c_{43}=0$ 是 $\boldsymbol{C}_2$ 的一组独立零元素，$c_{12}=0$，$c_{23}=0$，$c_{31}=0$也是 $\boldsymbol{C}_2$ 的一组独立零元素。这两组独立零元素的个数都为 3。

关于 $n\times n$ 的效率矩阵 $\boldsymbol{C}$ 的独立零元素的个数，有如下零元素的覆盖定理。

定理 7.3　效率矩阵中独立零元素的最多个数等于能覆盖所有零元素的最少直线数。

【例 7.9】　已知效率矩阵

$$\boldsymbol{C}_1=\begin{pmatrix}6&0&4&0\\2&5&0&0\\0&5&4&3\\1&1&0&0\end{pmatrix},\ \boldsymbol{C}_2=\begin{pmatrix}6&0&4&0&2\\2&5&0&0&0\\0&5&4&3&1\\1&1&0&0&3\\0&2&1&8&2\end{pmatrix},\ \boldsymbol{C}_3=\begin{pmatrix}1&0&4&0&3\\2&9&0&0&0\\0&5&7&3&0\\4&3&0&0&3\\0&1&1&7&4\end{pmatrix}$$

分别用最少直线去覆盖各自矩阵中的零元素，求出效率矩阵中独立零元素的最多个数。

解

$$\boldsymbol{C}_1=\begin{pmatrix}6&0&4&0\\2&5&0&0\\0&5&4&3\\1&1&0&0\end{pmatrix},\ \boldsymbol{C}_2=\begin{pmatrix}6&0&4&0&2\\2&5&0&0&0\\0&5&4&3&1\\1&1&0&0&3\\0&2&1&8&2\end{pmatrix},\ \boldsymbol{C}_3=\begin{pmatrix}1&0&4&0&3\\2&9&0&0&0\\0&5&7&3&0\\4&3&0&0&3\\0&1&1&7&4\end{pmatrix}$$

覆盖矩阵 $\boldsymbol{C}_1$ 的零元素最少需要 4 根直线，覆盖矩阵 $\boldsymbol{C}_2$ 的零元素最少需要 4 根直线，覆盖矩阵 $\boldsymbol{C}_3$ 的零元素最少需要 5 根直线。因此矩阵 $\boldsymbol{C}_1$、$\boldsymbol{C}_2$、$\boldsymbol{C}_3$ 中独立零元素的最多个数分别为 4、4、5。

【例 7.10】　已知效率矩阵

$$C=\begin{pmatrix}2 & 5 & 7 & 9\\3 & 5 & 1 & 7\\9 & 5 & 4 & 3\\1 & 1 & 3 & 5\end{pmatrix}$$

确定该指派问题的一个最优指派方案。

解　对矩阵 $\boldsymbol{C}$ 的第 1、2、3、4 行分别减去 2、1、3、1，得到

$$\overline{C}=\begin{pmatrix}0 & 3 & 5 & 7\\2 & 4 & 0 & 6\\6 & 2 & 1 & 0\\0 & 0 & 2 & 4\end{pmatrix}$$

由于在 $\overline{\boldsymbol{C}}$ 中有 4 个独立零元素 $\bar{c}_{11}=\bar{c}_{23}=\bar{c}_{34}=\bar{c}_{42}=0$，于是得到一个最优解 $x_{11}=1$，$x_{23}=1$，$x_{34}=1$，$x_{42}=1$，其余变量取 0 值，故最优决策矩阵为

$$X^*=\begin{pmatrix}1 & 0 & 0 & 0\\0 & 0 & 1 & 0\\0 & 0 & 0 & 1\\0 & 1 & 0 & 0\end{pmatrix}$$

在有些问题中，虽然 $n\times n$ 的效率矩阵的每行、每列均有零元素，但找不到 n 个独立零元素，这时就得不到最优解。如例 7.9 中的 $\boldsymbol{C}_2$ 是 5×5 的矩阵，但独立零元素最多为 4 个，从 $\boldsymbol{C}_2$ 这个矩阵就无法得到最优解。这时需要对效率矩阵做适当的变换，直到能找到 n 个独立的零元素为止。

7.5.3　匈牙利法的求解步骤

匈牙利法解指派问题的基本过程是先变换效率矩阵得到各行、各列均有零元素的矩阵，然后判断并得到 n 个独立零元素，从而得出最优指派方案。

设有 $n\times n$ 的效率矩阵，匈牙利法解指派问题的步骤如下：

第 1 步：变换效率矩阵使每行、每列都出现零元素。每一行都减去该行的最小元素，然后每一列都减去该列的最小元素。

第 2 步：用圈 0 法求出新矩阵中的独立零元素。

(1) 进行行检验。对每行仅有一个未标记的零元素，用○将其标记，即标记为⓪，然后将该元素所在列的其他未被标记的零元素划掉，即标记为Ø。重复这一步骤，直到每一行都没有未被标记的零元素，或者未被标记的零元素的个数至少有两个为止。

(2) 进行列检验。对每列仅有一个未标记的零元素，用○将其标记，即标记为⓪，然后将该元素所在行的其他未被标记的零元素划掉，即标记为Ø。重复这一步骤，直到每一列都没有未被标记的零元素，或者未被标记的零元素的个数至少有两个为止。

(3) 完成(1)、(2)步骤之后，若存在未被标记过的零元素，但是它们所在行和列中未被标记过的零元素的个数至少为两个，则对这些含有两个以上未被标记的零元素的行任选一个零元素进行圈零，然后划掉其所在行和列的其他未被标记的零元素。重复这一步骤，直到所有零元素均被标记为止。

第 3 步：进行试指派。

(1) 若◎的个数 m 恰好等于 n，即 $m=n$，则可进行指派：令◎位置的决策变量取值为 1，其他决策变量取值均为零，得到最优解。

(2) 若◎的个数 m 少于 n，即 $m<n$，则不能进行指派，需要调整效率矩阵，进入第 4 步。

第 4 步：用最少的直线覆盖当前所有的零元素。具体方法如下：

(1) 对矩阵中所有不含◎的行标记√。

(2) 对标记√的行中所有零元素所在的列标记√。

(3) 对所有标记√的列中◎所在的行标记√。

(4) 重复上述(2)、(3)步骤，直到不能进一步标记√为止。

(5) 对未标记√的每一行画一直线，对已标记√的每一列画一直线。

如此用最少的直线覆盖了当前所有的零元素。

第 5 步：对矩阵进一步变换，以增加零元素。

(1) 在未被直线覆盖的所有元素中，找出最小元素。

(2) 将标记了√的各行的各元素减去这个最小元素，将标记了√的各列的各元素加上这个最小元素（以消除出现的负元素），这样就增加了零元素的个数。

第 6 步：返回第 2 步，再次进行圈零，直至 $m=n$ 为止。

【例 7.11】 某电子公司质量管理检查表明，该电子公司生产的四种元器件中的缺陷数与分派生产这些元器件的工人相关，四个工人中的每个工人每周的缺陷元器件的期望平均数如表 7.5 所示，应如何分派工人使缺陷元器件的期望总数最少？

表 7.5　例 7.11 用表

工人＼元器件	A	B	C	D
甲	7	9	10	12
乙	13	12	16	17
丙	15	16	14	15
丁	11	12	15	13

解　该问题的效率矩阵为

$$C=\begin{pmatrix}7 & 9 & 10 & 12\\13 & 12 & 16 & 17\\15 & 16 & 14 & 15\\11 & 12 & 15 & 13\end{pmatrix}$$

变换矩阵使每行、每列至少出现一个零元素：

$$C=\begin{pmatrix}7 & 9 & 10 & 12\\13 & 12 & 16 & 17\\15 & 16 & 14 & 15\\11 & 12 & 15 & 13\end{pmatrix}\xrightarrow{\text{行变换}}\begin{pmatrix}0 & 2 & 3 & 5\\1 & 0 & 4 & 5\\1 & 2 & 0 & 1\\0 & 1 & 4 & 2\end{pmatrix}\xrightarrow{\text{列变换}}\begin{pmatrix}0 & 2 & 3 & 4\\1 & 0 & 4 & 4\\1 & 2 & 0 & 0\\0 & 1 & 4 & 1\end{pmatrix}=\overline{C}$$

求出新矩阵 $\overline{C}$ 中的独立零元素：

$$\begin{pmatrix}\textcircled{0} & 2 & 3 & 4\\1 & \textcircled{0} & 4 & 4\\1 & 2 & \textcircled{0} & \not{0}\\\not{0} & 1 & 4 & 1\end{pmatrix}$$

进行试指派：由于⓪的个数为 $m=3<4=n$，不能进行指派，需要继续变换效率矩阵以增加零元素，为此，用最少的直线覆盖当前所有的零元素，即

$$\begin{pmatrix}\textcircled{0} & 2 & 3 & 4\\1 & \textcircled{0} & 4 & 4\\1 & 2 & \textcircled{0} & \not{0}\\\not{0} & 1 & 4 & 1\end{pmatrix}\longrightarrow\begin{pmatrix}\textcircled{0} & 2 & 3 & 4\\1 & \textcircled{0} & 4 & 4\\1 & 2 & \textcircled{0} & \not{0}\\\not{0} & 1 & 4 & 1\end{pmatrix}\begin{matrix}\surd\\ \\ \\ \surd\end{matrix}\longrightarrow\begin{pmatrix}\textcircled{0} & 2 & 3 & 4\\1 & \textcircled{0} & 4 & 4\\1 & 2 & \textcircled{0} & \not{0}\\\not{0} & 1 & 4 & 1\end{pmatrix}\begin{matrix}\surd\\ \\ \\ \surd\end{matrix}$$

$$\begin{matrix}\surd & & & \end{matrix}\qquad\qquad\begin{matrix}\surd & & & \end{matrix}$$

增加零元素：在未被直线覆盖的所有元素中，找出最小元素 1，对标记√的行，即第 1、4 行的所有元素减 1，再对标记√的列，即第 1 列的所有元素加 1，得

$$\begin{pmatrix}0 & 2 & 3 & 4\\1 & 0 & 4 & 4\\1 & 2 & 0 & 0\\0 & 1 & 4 & 1\end{pmatrix}\longrightarrow\begin{pmatrix}-1 & 1 & 2 & 3\\1 & 0 & 4 & 4\\1 & 2 & 0 & 0\\-1 & 0 & 3 & 0\end{pmatrix}\longrightarrow\begin{pmatrix}0 & 1 & 2 & 3\\2 & 0 & 4 & 4\\2 & 2 & 0 & 0\\0 & 0 & 3 & 0\end{pmatrix}$$

求出新矩阵中的独立零元素：

$$\begin{pmatrix}\textcircled{0} & 1 & 2 & 3\\2 & \textcircled{0} & 4 & 4\\2 & 2 & \textcircled{0} & \not{0}\\\not{0} & \not{0} & 3 & \textcircled{0}\end{pmatrix}$$

进行试指派：因为⓪的个数 $m=4=n$，故得到问题的最优决策矩阵

$$X=\begin{pmatrix}1&0&0&0\\0&1&0&0\\0&0&1&0\\0&0&0&1\end{pmatrix}$$

即应该指派工人甲做元器件 A，工人乙做元器件 B，工人丙做元器件 C，工人丁做元器件 D。这样指派工作每周的缺陷元器件的期望总数为 $c_{11}+c_{22}+c_{33}+c_{44}=46$。

7.5.4　一般指派问题

在实际应用中常常会碰到非标准指派问题，通常的做法是将其化为标准形式，然后再求解。

1. 最大化指派问题

设最大化指派问题的系数矩阵为 $\boldsymbol{C}=(c_{ij})_{n\times n}$，其最大元素为 m。令 $\boldsymbol{B}=(m-c_{ij})_{n\times n}$，则以 $\boldsymbol{B}$ 为系数矩阵的指派问题与原指派问题是同解问题。

2. 人数和工作数不同的指派问题

若人少工作多，则添加一些虚拟人，这些虚拟人做任何工作所消耗的资源数相同，例如都为0。这是因为总有工作要放弃，并且放弃哪个都可以。将这些虚拟人消耗的资源数取相同值，则他们做任何一项工作给总资源数带来的影响都是相同的。如果那个相同值取为 c，则总资源数比原来多 c，此时效率矩阵有一行均相同，而一行减去同一个数，最优解不变，所以取什么值都与取0同解。

若人多工作少，则添加几项虚拟的工作，这些工作被各人完成所消耗的资源数都相同，例如都为0。同样，这些工作无论被谁做，对总资源数带来的影响都是相同的(道理同添加虚拟人)。

3. 一个人可以做几项工作的指派问题

某人可以做几项工作的时候，可以将此人化作相同的几个人，这几个人做各项工作消耗的资源数相同。

如果每人可以做几项工作，每项工作必须被做且只能一人完成。设有 m 个人需完成 n $(m<n)$项工作，则添加 $n-m$ 个虚拟人，每个虚拟人完成第 $j(j=1,2,\cdots,n)$项工作所消耗的资源数取值为这 m 个人完成第 $j(j=1,2,\cdots,n)$项工作消耗的最小资源数。如果最优方案是指派某虚拟人做第 k 项工作，那么这第 k 项工作就指派给做第 k 项工作消耗最小资源数所对应的那个人来完成。

4. 某项工作一定不能由某人做的指派问题

若某项工作一定不能由某人做，则将该人做该项工作所消耗的资源数取为某个足够大的数 M。

【例 7.12】　一个分布式处理系统由相互连接的计算设备(如计算机、微处理器、智能终端等)的网络构成。该系统包括三种不同类型的计算机同时存在四种算法。一种算法必须完全由初始分派给它的计算机完成。三种不同类型的计算机处理各种算法的时间(单位：s)如表 7.6 所示。应该怎样分派算法使得计算机在最短的时间内完成所有算法？

表 7.6　例 7.12 用表(1)

计算机＼算法	Ⅰ	Ⅱ	Ⅲ	Ⅳ
甲	18	14	23	16
乙	16	21	27	24
丙	12	19	33	23

解　由于算法任务多于计算机，故其中一个计算机完成两种算法外，其余两个计算机分别完成一种算法。虚设一个计算机丁，该计算机要完成的算法将是甲、乙、丙中某计算机要完成的第二个算法任务，因此把丁完成四种算法所需要的时间设为各计算机完成该种算法所需要的最短时间，于是得到表 7.7。

表 7.7　例 7.12 用表(2)

计算机＼算法	Ⅰ	Ⅱ	Ⅲ	Ⅳ
甲	18	14	23	16
乙	16	21	27	24
丙	12	19	33	23
丁	12	14	23	16

对应的效率矩阵为

$$\boldsymbol{C}=\begin{pmatrix}18 & 14 & 23 & 16\\16 & 21 & 27 & 24\\12 & 19 & 33 & 23\\12 & 14 & 23 & 16\end{pmatrix}$$

变换矩阵使每行、每列至少出现一个零元素：

$$\boldsymbol{C}\xrightarrow{\text{行变换}}\begin{pmatrix}4 & 0 & 9 & 2\\0 & 5 & 11 & 8\\0 & 7 & 21 & 11\\0 & 2 & 11 & 4\end{pmatrix}\xrightarrow{\text{列变换}}\begin{pmatrix}4 & 0 & 0 & 0\\0 & 5 & 2 & 6\\0 & 7 & 12 & 9\\0 & 2 & 2 & 2\end{pmatrix}=\overline{\boldsymbol{C}}$$

求出新矩阵 $\overline{\boldsymbol{C}}$ 中的独立零元素：

$$\begin{pmatrix} 4 & \textcircled{0} & \cancel{0} & \cancel{0} \\ \textcircled{0} & 5 & 2 & 6 \\ \cancel{0} & 7 & 12 & 9 \\ \cancel{0} & 2 & 2 & 2 \end{pmatrix}$$

进行试指派：由于⓪的个数为 $m=2<4$，不能进行指派，需要继续变换效率矩阵以增加零元素，为此，用最少的直线覆盖当前所有的零元素，即

$$\begin{array}{c} \begin{pmatrix} 4 & \textcircled{0} & \cancel{0} & \cancel{0} \\ \textcircled{0} & 5 & 2 & 6 \\ \cancel{0} & 7 & 12 & 9 \\ \cancel{0} & 2 & 2 & 2 \end{pmatrix} \begin{matrix} \\ \surd \\ \surd \\ \surd \end{matrix} \\ \surd \qquad\qquad\qquad\quad \end{array}$$

增加零元素：对标记√的各行元素都减去未被直线覆盖的元素中的最小值 2，然后对标记√的各列元素再加上 2，得

$$\begin{pmatrix} 6 & 0 & 0 & 0 \\ 0 & 3 & 0 & 4 \\ 0 & 5 & 10 & 7 \\ 0 & 0 & 0 & 0 \end{pmatrix}$$

再次试指派，圈零得

$$\begin{pmatrix} 6 & \textcircled{0} & \cancel{0} & \cancel{0} \\ \cancel{0} & 3 & \textcircled{0} & 4 \\ \textcircled{0} & 5 & 10 & 7 \\ \cancel{0} & \cancel{0} & \cancel{0} & \textcircled{0} \end{pmatrix}$$

得到最优解 $x_{12}=x_{23}=x_{31}=x_{44}=1$。由于 x_{44} 对应的 16 是甲完成算法Ⅳ的时间，故甲完成两种算法，即计算机甲完成算法Ⅱ和Ⅳ，乙完成算法Ⅲ，丙完成算法Ⅰ，总用时为(14+16)+27+12=69 s。

在上一步圈零的时候，不难看出，也可以选择如下方案：

$$\begin{pmatrix} 6 & \cancel{0} & \cancel{0} & \textcircled{0} \\ \cancel{0} & 3 & \textcircled{0} & 4 \\ \textcircled{0} & 5 & 10 & 7 \\ \cancel{0} & \textcircled{0} & \cancel{0} & \cancel{0} \end{pmatrix}$$

得到最优解 $x_{14}=x_{23}=x_{31}=x_{42}=1$。由于 x_{42} 对应的 14 是甲完成算法Ⅱ的时间，故甲完成两种算法，即计算机甲完成算法Ⅱ和Ⅳ，乙完成算法Ⅲ，丙完成算法Ⅰ，总用时为(14+16)+27+12=69 s。

习　题　七

7.1　用分枝定界法求解下列整数规划：

(1) $\begin{cases} \max\ z=x_1+x_2 \\ \text{s.t.}\quad x_1+\dfrac{9}{14}x_2\leqslant\dfrac{51}{14} \\ -2x_1+x_2\leqslant\dfrac{1}{3} \\ x_1,\ x_2\geqslant 0 \\ x_1,\ x_2\text{为整数} \end{cases}$；

(2) $\begin{cases} \min\ z=-10x_1-15x_2-12x_3 \\ \text{s.t.}\quad 5x_1+3x_2+x_3\leqslant 9 \\ -5x_1+6x_2+15x_3\leqslant 15 \\ 2x_1+x_2+x_3\geqslant 5 \\ x_1,\ x_2,\ x_3\geqslant 0 \\ x_1,\ x_2,\ x_3\text{为整数} \end{cases}$；

(3) $\begin{cases} \max\ z=4x_1+5x_2+6x_3 \\ \text{s.t.}\quad 3x_1+4x_2+5x_3\leqslant 10 \\ x_1,\ x_2,\ x_3\geqslant 0 \\ x_1,\ x_2,\ x_3\text{为整数} \end{cases}$；

(4) $\begin{cases} \max\ z=2x_1+x_2 \\ \text{s.t.}\quad 5x_1+2x_2\leqslant 8 \\ x_1+x_2\leqslant 3 \\ x_1,\ x_2\geqslant 0 \\ x_1\text{为整数} \end{cases}$。

7.2　用割平面法求解下列整数规划：

(1) $\begin{cases} \max\ z=4x_1+3x_2 \\ \text{s.t.}\quad 6x_1+4x_2\leqslant 30 \\ x_1+2x_2\leqslant 10 \\ x_1,\ x_2\geqslant 0 \\ x_1,\ x_2\text{为整数} \end{cases}$；

(2) $\begin{cases} \max\ z=x_1+x_2 \\ \text{s.t.}\quad -x_1+x_2\leqslant 1 \\ 3x_1+x_2\leqslant 4 \\ x_1,\ x_2\geqslant 0 \\ x_1,\ x_2\text{为整数} \end{cases}$；

(3) $\begin{cases} \max\ z=x_2 \\ \text{s.t.}\quad 3x_1+2x_2\leqslant 6 \\ -3x_1+2x_2\leqslant 0 \\ x_1,\ x_2\geqslant 0 \\ x_1,\ x_2\text{为整数} \end{cases}$；

(4) $\begin{cases} \max\ z=7x_1+9x_2 \\ \text{s.t.}\quad -x_1+3x_2\leqslant 6 \\ 7x_1+x_2\leqslant 35 \\ x_1,\ x_2\geqslant 0 \\ x_1,\ x_2\text{为整数} \end{cases}$

7.3　用分枝定界法和割平面法求解整数规划：

$$\begin{cases} \max\ z=5x_1+8x_2 \\ \text{s.t.}\quad x_1+x_2\leqslant 6 \\ 5x_1+9x_2\leqslant 45 \\ x_1,\ x_2\geqslant 0 \\ x_1,\ x_2\text{为整数} \end{cases}$$

7.4　设要用某种钢板切割 3 种零件 A_1、A_2、A_3，已知第 i 种零件的需要量为 b_i（$i=1$,

2,3)，根据既省料又易操作的原则，技术人员在钢板上设计出了 5 种方案，在第 j 种方案中，可得到零件 A_i的个数为a_{ij}，其中 a_{ij} 与 b_i的数值如表 7.8 所示。应如何下料，才能既满足需要又使原料最省？

表 7.8　习题 7.4 用表

	方案					b_i(需要量)
	1	2	3	4	5	
a_{1j}	1	1	0	0	0	100
a_{2j}	1	0	2	1	0	300
a_{3j}	0	2	1	2	4	500
余料 e_j	0.3	0	0.1	1	0.7	

7.5　用隐枚举法求解 0－1 规划：

$$(1)\begin{cases}\min\ z=4x_1+3x_2+2x_3\\ \text{s.t.}\ 2x_1-5x_2+3x_3\leqslant 4\\ \quad 4x_1+x_2+3x_3\geqslant 3\\ \quad x_2+x_3\geqslant 1\\ \quad x_1,\ x_2,\ x_3=0\ 或\ 1\end{cases};$$

$$(2)\begin{cases}\max\ z=x_1-x_2+x_3-x_4\\ \text{s.t.}\ 2x_1+3x_2+4x_3+5x_4\leqslant 77\\ \quad 5x_1+4x_2+3x_3+2x_4\leqslant 88\\ \quad 4x_1+5x_2+2x_3+3x_4\leqslant 99\\ \quad x_1,\ x_2,\ x_3,\ x_4=0\ 或\ 1\end{cases};$$

$$(3)\begin{cases}\max\ z=2x_1-x_2+5x_3-3x_4+4x_5\\ \text{s.t.}\ 3x_1-2x_2+7x_3-5x_4+4x_5\leqslant 6\\ \quad x_1-x_2+2x_3-4x_4+2x_5\leqslant 0\\ \quad x_1,\ x_2,\ x_3,\ x_4,x_5=0\ 或\ 1\end{cases}。$$

7.6　用匈牙利法求解下列指派问题，已知效率矩阵为

$$(1)\ \boldsymbol{C}=\begin{pmatrix}15 & 18 & 21 & 24\\ 19 & 23 & 22 & 18\\ 26 & 17 & 16 & 19\\ 19 & 21 & 23 & 17\end{pmatrix};\qquad (2)\ \boldsymbol{C}=\begin{pmatrix}5 & 6 & 8 & 4 & 5\\ 3 & 4 & 6 & 6 & 1\\ 5 & 5 & 7 & 9 & 8\\ 6 & 7 & 5 & 7 & 6\\ 7 & 4 & 6 & 2 & 8\end{pmatrix}。$$

7.7　某商业公司设计开办五家新连锁店 B_1、B_2、B_3、B_4、B_5，为了尽早建成营业，商

业公司已确定了五家建筑公司 A_1、A_2、A_3、A_4、A_5，让每家新店分别由一个建筑公司承建。建筑公司 A_i 对新店 B_j 的建造费用(单位：十万元)的投标见表 7.9。商业公司应当对五家建筑公司怎样分配建造任务，才能使总建造费用最少？

表 7.9　习题 7.7 用表

B_i \ A_j	B_1	B_2	B_3	B_4	B_5
A_1	4	8	7	15	12
A_2	7	9	17	14	10
A_3	6	9	12	8	7
A_4	6	7	14	6	10
A_5	6	9	12	10	6

7.8　某运输队有四辆汽车，要完成五项运输任务，要求有一辆汽车要完成两项任务，其余各完成一项任务，各车的运费(单位：百元)如表 7.10 所示，求总运输费最少的运输方案。

表 7.10　习题 7.8 用表

任务 \ 汽车	B_1	B_2	B_3	B_4	B_5
1	110	125	143	105	128
2	132	197	218	162	207
3	87	286	107	95	78
4	114	155	198	128	243

附录一 常用测试函数

以下函数的最优值如无特别说明都指的是最小值。

1. 一元测试函数

(1) $$f(x)=(x+\sin x)e^{-x^2} \qquad (-10\leqslant x\leqslant 10)$$

最优解之一为 $x^*=-0.6795$，最优值为 $f(x^*)=-0.8242$。

(2) $$f(x)=-\sum_{i=1}^{5} i\sin[(i+1)x+i] \qquad (-10\leqslant x\leqslant 10)$$

最优解之一为 $x^*=-6.774$，最优值为 $f(x^*)=-12.03$。

(3) $$f(x)=e^{-3x}-\sin^3 x \qquad (0\leqslant x\leqslant 20)$$

最优解为 $x^*=\frac{9\pi}{2}$，最优值为 $f(x^*)=e^{-\frac{27}{2}\pi}-1$。

(4) $$f(x)=x^4-10x^3+35x^2-50x+24 \qquad (-10\leqslant x\leqslant 20)$$

最优解为 $x_1=\frac{5-\sqrt{5}}{2}$，$x_2=\frac{5+\sqrt{5}}{2}$，最优值为 $f(x_1)=-1$。

(5) $$f(x)=(x-1)^2[1+10\sin^2(x+1)]+1 \qquad (-10\leqslant x\leqslant 10)$$

最优解为 $x^*=1$，最优值为 $f(x^*)=1$。

(6) $$f(x)=x^6-15x^4+27x^2+250 \qquad (-4\leqslant x\leqslant 4)$$

最优解为 $x_1=3$，$x_2=-3$，最优值为 $f(x_1)=7$。

2. 多元测试函数

(1) 大海捞针问题：

$$f(\boldsymbol{x})=-\left[\left(\frac{3}{0.05+x_1^2+x_2^2}\right)^2+x_1^2+x_2^2\right] \qquad (-5.12<x_1,x_2<5.12)$$

是多峰函数，一个全局最优解为 $\boldsymbol{x}^*=(0,0)^{\mathrm{T}}$，最优值为 $f(\boldsymbol{x}^*)=-3600$。四个局部最优解位于区域的四个角上。

(2) Schaffer 函数：

$$f(\boldsymbol{x})=\frac{\sin^2\sqrt{x_1^2+x_2^2}-0.5}{[1+0.001(x_1^2+x_2^2)]^2}-0.5 \qquad (-4<x_1,x_2<4)$$

是多峰函数，全局最优解为 $\boldsymbol{x}^*=(0,0)^{\mathrm{T}}$，最优值为 $f(\boldsymbol{x}^*)=-1$。

(3) 广义 Rosenbrock 函数：

$$f(\boldsymbol{x})=\sum_{i=1}^{\frac{n}{2}}[100(x_{2i}-x_{2i-1}^2)^2+(1-x_{2i-1})^2] \qquad (n=2,20,40,60,\cdots,500)$$

初始点$\boldsymbol{x}^0=(-1.2,1,-1.2,1,\cdots,-1.2,1)^T$，全局最优解为$\boldsymbol{x}^*=(1,1,\cdots,1)^T$，最优值为$f(\boldsymbol{x}^*)=0$。

（4）Goldstein Price 函数：

$$f(\boldsymbol{x})=[1+(x_1+x_2-1)^2(19-14x_1+3x_1^2-14x_2+6x_1x_2+3x_2^2)\cdot[30+(2x_1-3x_2)^2(18-32x_1+12x_1^2+48x_2-36x_1x_2+27x_2^2)] \qquad (-2<x_1,x_2<2)$$

全局最优解为$\boldsymbol{x}^*=(0,-1)^T$，最优值为$f(\boldsymbol{x}^*)=3$。

（5）Branin 函数：

$$f(\boldsymbol{x})=\left(x_2-\frac{5.1}{4\pi^2}x_1^2+\frac{5}{\pi}x_1-6\right)^2+10\left(1-\frac{1}{8\pi}\right)\cos x_1+10 \qquad (-5\leqslant x_1\leqslant 10,\ 0\leqslant x_2\leqslant 15)$$

是多峰函数，有三个全局最优解，分别为$\boldsymbol{x}^1=(-\pi,12.275)^T$，$\boldsymbol{x}^2=(\pi,2.275)^T$，$\boldsymbol{x}^3=(3\pi,2.475)^T$，最优值为$f(\boldsymbol{x}^*)=0.397\,887\,4$。

（6）六峰驼背函数：

$$f(\boldsymbol{x})=\left(4-2.1x_1^2+\frac{x_1^4}{3}\right)x_1^2+x_1x_2-4(1-x_2^2)x_2^2 \qquad (-3\leqslant x_1\leqslant 3,\ -2\leqslant x_2\leqslant 2)$$

是多峰函数，有六个局部最优解，其中两个为全局最优解，即$\boldsymbol{x}^1=(-0.0898,0.7126)^T$，$\boldsymbol{x}^2=(0.0898,-0.7126)^T$，最优值为$f(\boldsymbol{x}^*)=-1.031\,628$。

（7）Easom 函数：

$$f(\boldsymbol{x})=-\cos x_1\cos x_2\,\mathrm{e}^{-[(x_1-\pi)^2+(x_2-\pi)^2]} \qquad (-100\leqslant x_1,x_2\leqslant 100)$$

是单峰函数，最优解为$\boldsymbol{x}^*=(\pi,\pi)^T$，最优值为$f(\boldsymbol{x}^*)=-1$。

（8）Griewangk 函数：

$$f(\boldsymbol{x})=\sum_{i=1}^{n}\frac{x_i^2}{4000}-\prod_{i=1}^{n}\cos\left(\frac{x_i}{\sqrt{i}}\right)+1 \qquad (-600\leqslant x_i\leqslant 600)$$

是多峰函数，有许多局部最优解，全局最优解为$\boldsymbol{x}^*=(0,0,\cdots,0)^T$，最优值为$f(\boldsymbol{x}^*)=0$。

（9）Rastrigin 函数：

$$f(\boldsymbol{x})=\sum_{i=1}^{n}[x_i^2-10\cos(2\pi x_i)+10]$$

是多峰函数，全局最优解为$\boldsymbol{x}^*=(0,0,\cdots,0)^T$，最优值为$f(\boldsymbol{x}^*)=0$。

（10）Ackley's Path 函数：

$$f(\boldsymbol{x})=-a\mathrm{e}^{-b\sqrt{\frac{\sum_{i=1}^{n}x_i^2}{n}}}-\mathrm{e}^{\frac{\sum_{i=1}^{n}\cos(cx_i)}{n}}+a+\mathrm{e} \qquad (-32.768\leqslant x_i\leqslant 32.768;\ i=1,2,\cdots,n)$$

是多峰函数，全局最优解为$\boldsymbol{x}^*=(0,0,\cdots,0)^T$，最优值为$f(\boldsymbol{x}^*)=0$。

（11）Broyden 三对角函数：

$$f(\boldsymbol{x}) = \sum_{i=1}^{n}[(3-2x_i)x_i - x_{i-1} - 2x_{i+1} + 1]^2$$

当 $n=2$ 时，最优解为 $\boldsymbol{x}^* = \begin{pmatrix} 0.69379 \\ 0.99622 \\ 0.56122 \\ 0.67996 \end{pmatrix}$，最优值为 $f(\boldsymbol{x}^*)=0$。

(12) Raydan 1 函数：

$$f(\boldsymbol{x}) = \sum_{i=1}^{n} \frac{i}{10}(\mathrm{e}^{x_i} - x_i)$$

全局最优解为 $\boldsymbol{x}^* = (0, 0, \cdots, 0)^{\mathrm{T}}$，最优值为 $f(\boldsymbol{x}^*) = \sum_{i=1}^{n} \frac{i}{10}$。

(13) 扩展的三对角函数：

$$f(\boldsymbol{x}) = \sum_{i=1}^{\frac{n}{2}}[(x_{2i-1} + x_{2i} - 3)^2 + (x_{2i-1} - x_{2i} + 1)^4]$$

全局最优解为 $\boldsymbol{x}^* = (1, 2, 1, 2, \cdots, 1, 2)^{\mathrm{T}}$，最优值为 $f(\boldsymbol{x}^*)=0$。

(14) Shubert 函数：

$$f(\boldsymbol{x}) = \sum_{i=1}^{5}[i\cos(i+1)x + i]\sum_{i=1}^{5}[i\cos(i+1)y + i] \qquad (-10 \leqslant x, y \leqslant 10)$$

有 760 个局部最优解，其中 18 个是全局最优解，其中一个全局最优解为 $\boldsymbol{x}^* = (-1.42513, -0.80032)^{\mathrm{T}}$，最优值为 $f(\boldsymbol{x}^*) = -186.73$。

(15) Schwefel 函数：

$$f(\boldsymbol{x}) = -x\sin\sqrt{|x|} - y\sin\sqrt{|y|} \qquad (-500 \leqslant x, y \leqslant 500)$$

是多峰函数，有很多局部最优解，全局最优解为 $\boldsymbol{x}^* = (421.1350, 421.0399)^{\mathrm{T}}$，最优值为 $f(\boldsymbol{x}^*) = -837.9658$。

(16) Michalewicz 函数：

$$f(\boldsymbol{x}) = -\sum_{i=1}^{n}\sin(x_i)\sin^{2m}\left(\frac{ix_i^2}{\pi}\right) \qquad (m=10;\ 0 \leqslant x_i \leqslant \pi;\ i=1,2,\cdots,n)$$

是多峰函数，有 $n!$ 个局部最优解。当 $n=2$ 时，近似全局最优解之一为 $\boldsymbol{x}^* = (2.202, 1.572)^{\mathrm{T}}$，近似最优值为 $f(\boldsymbol{x}^*) \approx -1.8012$；当 $n=5$ 时，近似全局最优值为 $f(\boldsymbol{x}^*) \approx -4.687$；当 $n=10$ 时，近似全局最优值为 $f(\boldsymbol{x}^*) \approx -9.66$。

附录二　算法程序

一、一维搜索方法计算程序

以下给出几种不同算法的计算程序。应当注意的是，在下列一维搜索方法中，目标函数必须在所搜索的区间内是单峰函数。要想使用这些程序，用户只需在 VB 环境下选择缺省的工程 project1 以及缺省的表单 form1，然后将这些程序复制到 view code 中，即可直接运行。用鼠标单击窗体即可看到窗体中显示的计算结果。

1. 成功-失败法求搜索区间的程序

【例 F.1】 用成功-失败法求 $f(x)=x^2+x+1$ 的最小值点所在区间$[a,b]$。

```
'原始函数
Private Function f(ByVal x As Double)
f=x^2+x+1
End Function
'求搜索区间
Private Sub Form_Click()
Dim a, b As Double
Dim x0, x1, x2 As Double
Dim h As Double
Dim f1, f2 As Double
Dim k As Integer
MousePointer=11
x0=2
h=1
k=0
100
k=k+1
If f(x0)>f(x0+h) Then
        If f(x0+h) > f(x0+3 * h) Then
```

```
                x0＝x0＋h
                h＝2 * h
                GoTo 100
            Else
                a＝x0
                b＝x0＋3 * h
            End If
        Else
            h＝－0.25 * h
            GoTo 100
        End If
        If a＜b Then
            Print "搜索区间为[a,b]＝["; a; ","; b; "]"
        Else
            Print "搜索区间为[a,b]＝["; b; ","; a; "]"
        End If
        MousePointer ＝ 0
        End Sub
```

2. 用成功-失败法求最优解的程序

【例 F.2】 用成功-失败法求 $f(x)=x^2+x+1$ 的最小值点。

```
'原始函数
Private Function f(ByVal x As Double)
f＝x^2＋x＋1
End Function
'直接求最小值
Private Sub Form_Click()
Dim epsilong As Double
Dim x0 As Double
Dim f0, f1, f3 As Double
Dim h As Double
MousePointer＝11
epsilong＝0.001
x0＝2
h＝1
```

```
100
    f0=f(x0)
    f1=f(x0+h)
    If f0>f1 Then
                x0=x0+h
                f0=f1
                h=2 * h
                GoTo 100
    Else
                If Abs(h) < epsilong Then GoTo 200
                h=-0.25 * h
                GoTo 100
    End If
200
   Print "x * ="; x0
   Print "f(x * )="; f(x0)
   Print "h="; h
MousePointer = 0
End Sub
```

3. 黄金分割算法程序

【例 F.3】 用黄金分割法求 $f(x)=x^3-12x-11$ 在区间$[a,b]=[0, 10]$上的最小值点。

用户先建立自己的目标函数 $f(x)$并指定自己的搜索区间，就是改变 a、b 的赋值：

```
Private Function f (ByVal x As Double)
f=x^3-12 * x-11          'f 为用户定义的目标函数
End Function
```

然后在 VB 中建立一个表单，将这些代码复制到其中即可运行。

```
Private Sub Form_Click()
'Dim a, b As Double
'Dim x1, x2 As Double
'Dim f1, f2 As Double
'Dim epsilong As Double
'epsilong=0.001
'a=-0                     'a,b 为用户指定搜索区间的左、右端点
```

```
'b=10
'x1=a+0.382*(b-a)
'x2=a+b-x1
'f1=f(x1)
'f2=f(x2)
'100
'If (b-a)>epsilong Then
'  ElseIf f1 > f2 Then
'     a=x1:x1=x2:f1=f2:x2=a+b-x1:f2=f(x2)
'     GoTo 100
'  Else
'     b=x2:x2=x1:f2=f1:x1=a+b-x2:f1=f(x1)
'     GoTo 100
'  End If
'Print "x*="; (b+a)/2; "f(x*)="; f((b+a)/2)
```

以上被注释掉的部分为黄金分割法的理想程序，但是由于舍入误差，使得该程序实际上无法正常运行。

```
Dim a, b As Double
Dim x1, x2 As Double
Dim f1, f2 As Double
Dim epsilong As Double
epsilong=0.001
a=-0  'a,b为用户指定搜索区间的左、右端点
b=10
x1=a+0.382*(b-a)
x2=a+b-x1
f1=f(x1)
f2=f(x2)
100
If (b-a)>epsilong Then
  If f1> f2 Then
        a=x1:x1=a+0.283*(b-a):f1=f(x1):x2=a+b-x1:f2=f(x2)
        GoTo 100
  Else
```

```
        b=x2:x2=a+0.618*(b-a):f2=f(x2):x1=a+b-x2:f1= f(x1)
        GoTo 100
  End If
End If
Print "x*="; (b+a)/2; "f(x*)="; f((b+a)/2)
End Sub
```

4. 牛顿切线法程序

【例 F.4】 用牛顿切线法求 $f(x)=x^3-12x-11$ 在区间$[a,b]=[0, 10]$上的最小值点，初始点取 $x_0=6$。

用户先建立自己的目标函数 $f(x)$及函数的一阶导函数 $\mathrm{d}f(x)$，二阶导函数 $\mathrm{dd}f(x)$并在$[a,b]$上指定初始搜索点 x_0 的值，即可以改变 x_0 的赋值：

```
Private Function f(ByVal x As Double)
f=x^3-12*x-11        'f 为用户定义的目标函数
End Function
Private Function df(ByVal x As Double)
df=3*x^2-12        'df 为用户定义的目标函数的一阶导函数
End Function
Private Function ddf(ByVal x As Double)
ddf=6*x        'ddf 为用户定义的目标函数的二阶导函数
End Function
Private Sub Form_Click()
Dim a, b As Double
Dim x0 As Double
Dim epsilong As Double
epsilong=0.001
a=-0                'a,b 为用户指定搜索区间的左、右端点
b=10
x0=6                '用户给定的初始搜索点
100
If abs(df(x0))>epsilong Then
    x0=x0-df(x0)/ddf(x0)
    GoTo 100
End If
Print "x*="; x0; "f(x*)="; f(x0)
```

```
End Sub
```

5. 二次插值法程序

【例 F.5】 用二次插值法求 $f(x)=x^3-12x-11$ 在区间[0，10]上的最小值点。

程序如下：

```
Private Function f(ByVal x As Double)
f=x^3-12*x-11          'f 为用户定义的目标函数
End Function
'本程序要求初始的三点 x1<x2<x3，并且目标函数 f(x)在该区间[x1,x3]上为
'单峰函数
Private Sub Form_Click()
Dim a, b As Double
Dim x0, x1, x2, x3 As Double
Dim f1, f2, f3 As Double
Dim k1, k2 As Double
Dim epsilong As Double
epsilong=0.001
a=-0                    'a,b 为用户指定搜索区间的左、右端点
b=10
x1=a
x2=(a+b)/2              '缺省时，x2 取区间的中点
x3=b
100
f1=f(x1):f2=f(x2):f3=f(x3)
k1=(f1-f3)/(x1-x3)
k2=((f2-f1)/(x2-x1)-k1)/(x2-x3)
x0=0.5*(x1+x3-k1/k2)
If (x3-x1)<epsilong Then GoTo 200
If x0<x2 Then
   If f(x0)<f(x2) Then
      x3=x2:x2=x0:GoTo 100
      Else
      x1=x0: GoTo 100
End If
Else
```

```
    If f(x0) < f(x2) Then
      x1=x2:x2=x0:GoTo 100
    Else
      x3=x0:GoTo 100
    End If
  End If
  200
  Print "x*="; (x3+x1)/2; "f(x*)="; f((x3+x1)/2)
  End Sub
```

二、最速下降法计算程序

在 VB 下使用此程序应先构造一个表单 form1，以及菜单“最速下降法函数形式”。使用时应根据题目选择维数 n，构造目标函数 f(x() As Double) As Double，以及 $f(x)$的梯度函数 grandf(x() As Double) As Variant，该函数返回 $f(x)$的梯度向量数组，然后将代码复制到 view code 中，运行程序后点击菜单，则在窗体中会显示计算结果。

【例 F.6】 用最速下降法求解：

(1) $\min f(\boldsymbol{x})=1000(x_1-15)^2+(x_2-15)^2+x_3^2$；

(2) $\min f(\boldsymbol{x})=(x_1-x_2)^2+(x_2-1)^2+x_3^2$。

程序如下：

```
Option Explicit
Const n = 3
Dim x0(n) As Double
Dim p0(n) As Double
'三维向量 x 的范数
Private Function modx(x() As Double) As Double
Dim z As Double
z=Sqr(x(0)^2+x(1)^2+x(2)^2)
modx=z
End Function
'例 1
'目标函数 f(x)
'Private Function f(x() As Double) As Double
'f=1000*((x(1)-15)^2+(x(2)-15)^2)+x(3)^2
```

```
'End Function
' 目标函数 f(x)的梯度
'Private Function grandf(x() As Double) As Variant
'Dim GGG1(n)
'GGG1(1)=2000 * (x(1)-15)
'GGG1(2)=2000 * (x(2)-15)
'GGG1(3)=2000 * (x(3)-0)
'grandf=GGG1
'End Function
' 例 2
' 目标函数 f(x)
Private Function f(x() As Double) As Double
f=((x(1)-x(2))^2+(x(2)-1)^2)+x(3)^2
End Function
' 目标函数 f(x)的梯度
Private Function grandf(x() As Double) As Variant
Dim GGG1(n)
GGG1(1)=2 * (x(1)-x(2))
GGG1(2)=-2 * (x(1)-x(2))+2 * (x(2)-1)
GGG1(3)=2 * (x(3)-0)
grandf=GGG1
End Function
' 建立一维搜索函数
Private Function g(x() As Double, p() As Double, ByVal lamda As Double) As
Double
Dim z(n) As Double
Dim i As Integer
For i=1 To n
    z(i)=x(i)+lamda *p(i)
Next
g = f(z())
End Function
Private Function 最速下降法函数(x0() As Double, ByVal eps As Double)
Dim p0(n) As Double
```

```
Dim xk0(n) As Double
Dim xk1(n) As Double
Dim x(n, n) As Double
Dim temp(n) As Double
Dim temp0(n) As Double
Dim eps1, eps2, lamda, beita As Double
Dim a, b, x1, x2, RR, GG As Double
Dim i, k, kk As Integer
eps1=eps:eps2=eps
'第一步：计算梯度并判断梯度是否为零向量，如果为零向量，则终止运算
For i = 0 To n
      temp(i) = grandf(x0)(i)
Next i
If (modx(temp())) <=eps1 Then
    Print "x*=("
    For i = 1 To n
    Print x0(i)
    Next i
    Print ")"
    Print "f(x*)="; f(x0)
Else
'第二步：构造初始搜索方向
3
      For i=1 To n
          p0(i)=-grandf(x0)(i)
      Next i
      k=0
'第三步：进行一维搜索求 lamdak 及 xk+1
'以下用 0.618 法进行一维搜索求 lamdak
4
      a=0: b=1000
      x1=a+0.382*(b-a)
      x2=a+b-x1
      RR=g(x0, p0, x1)
```

```
10  GG=g(x0, p0, x2)
 If (RR>GG) Then
    a=x1
    If Abs(b-a)<eps2 Then
    lamda=(a+b)/2
Else
     x1=x2
     x2=a+0.618*(b-a)
     RR=GG
     GoTo 10
 End If
Else
  b=x2
  If Abs(b-a)<eps2 Then
     lamda=(a+b)/2
    Else
       x2=x1
       x1=a+0.382*(b-a)
       GG=RR
       RR=g(x0, p0, x1)
       GoTo 10
    End If
  End If
  'Print "lamda="; lamda
'以上用0.618法进行一维搜索求lamdak,至此结束
  For i=0 To n
     temp0(i)=grandf(x0)(i)
  Next i
  For i=0 To n
     xk1(i)=x0(i) + lamda*p0(i)
  Next i
'这里xk1实际为算法中的xk+1
'第四步:求梯度向量并判断梯度是否为零向量,如果为零向量,则终止运算
    For i=0 To n
```

```
          temp(i)=grandf(xk1)(i)
        Next i
      If modx(temp) <=eps1 Then
          Print "x*=("
          For i=1 To n
          Print x0(i)
          Next i
          Print ")"
          Print "f(x*)="; f(xk1)
      Else
 '第五步：检验迭代步数
      If k+1=n Then
        For i=0 To n
          x0(i)=xk1(i)
        Next i
          GoTo 3
      Else
 '第六步：进行一维搜索求 lamdak 及 xk+1
      For i=0 To n
        x0(i)=xk1(i)
      Next i
      beita=(modx(temp())/modx(temp0()))^2
      For i=0 To n
      p0(i)=-grandf(xk1)(i)+beita*p0(i)
      Next i
      GoTo 4
    End If
  End If
  End If
  100
  End Function
'最速下降法主程序
  Private Sub 最速下降法函数形式_Click()
  Dim x0(n) As Double
```

```
Dim i As Integer
Form1. Cls
For i=1 To n
   x0(i)=2. 234
Next i
Call 最速下降法函数(x0(), 0. 0001)
End Sub
```

部分习题参考答案

习　题　二

2.5 (1) $\nabla f(\boldsymbol{x})=(2, -4)^{\mathrm{T}}$

(2) $\nabla f(\boldsymbol{x})=(-1, 1, -7)^{\mathrm{T}}$

(3) $\nabla f(\boldsymbol{x})=(-2, -1, -3)^{\mathrm{T}}$

2.6 正定

2.11 2

2.12 $\boldsymbol{x}^0=\dfrac{1}{m}\sum_{i=1}^{m}\boldsymbol{x}^i$

习　题　三

3.1 [0.625, 3.625]

3.2 1

3.3 $\sqrt{2}$

3.4 -1

3.5 2

3.6 2

习　题　四

4.2 $\boldsymbol{x}^*=(3, 2)^{\mathrm{T}}$

4.6 $\boldsymbol{x}^*=\left(\dfrac{1}{2}, \dfrac{1}{2}\right)^{\mathrm{T}}$

4.7 $\boldsymbol{P}=(\boldsymbol{p}^1, \boldsymbol{p}^2, \cdots, \boldsymbol{p}^n)$

4.12 $\boldsymbol{x}^*=\left(-\dfrac{16}{7}, -\dfrac{2}{7}\right)^{\mathrm{T}}$

4.13 $x^* = (4, 2)^T$

4.14 $x^* = (4, 2)^T$

4.15 $x^* = \left(-1, \frac{3}{2}\right)^T$

4.16 $x^* = (0, 0)^T$

4.17 $x^* = (0, 0, 0)^T$

习 题 五

5.2 $x^* = (2.4643, 2.6071)^T$，$f(x^*) = -15.01786$

5.3 $x^* = (0, 1)^T$，$f(x^*) = 1$

5.4 $x^* = \left(\frac{21}{5}, \frac{8}{5}\right)$，$f(x^*) = \frac{64}{5}$

5.5 $x^* = (-\sqrt{2}, -\sqrt{2})^T$，$f(x^*) = -2\sqrt{2}$

5.6 $x^* = -1$，$f(x^*) = 4$

5.7 $x^* = \left(\frac{3}{2}, \frac{3}{2}\right)^T$，$f(x^*) = \frac{27}{4}$

5.8 $x^* = (1, 0)^T$，$f(x^*) = 2$

5.10 $x^* = (1, 1)^T$，$f(x^*) = 2$

5.11 $x^* = \left(\frac{2}{3}, \frac{1}{3}\right)^T$，$f(x^*) = \frac{2}{3}$

习 题 六

6.1 $x^* = (2, 3)^T$，$f(x^*) = 8$

6.2 $x^* = (2, 6)^T$，$f(x^*) = 0$

6.3 $x^* = (3, 2)^T$，$f(x^*) = 14$

6.4 $x^* = (2, 3)^T$，$f(x^*) = 8$

6.5 (1) $x^* = \left(\frac{4}{3}, \frac{10}{3}\right)^T$，$f(x^*) = -\frac{38}{3}$

(2) $x^* = (15, 5, 0)^T$，$f(x^*) = 25$

(3) $x^* = \left(\frac{1}{3}, 0, \frac{13}{3}\right)^T$，$f(x^*) = -17$

(4) $x^* = \left(\frac{3}{4}, \frac{7}{4}, 0, 0\right)^T$，$f(x^*) = -48$

6.6 (1) $\begin{cases} \max & w=2y_1+y_2+5y_3+6y_4 \\ \text{s.t.} & 2y_1+y_3+2y_4\leqslant 8 \\ & y_1+y_2+y_3+3y_4\leqslant 12 \\ & y_1,\ y_2,\ y_3,\ y_4\geqslant 0 \end{cases}$

(2) $\begin{cases} \max & f=4y_1+y_2 \\ \text{s.t.} & 4y_1+y_2\leqslant 5 \\ & y_1-7y_2\leqslant -2 \\ & -y_1+5y_2\leqslant 3 \\ & y_1,\ y_2\geqslant 0 \end{cases}$

(3) $\begin{cases} \max & w=-3y_1-5y_2+2y_3 \\ \text{s.t.} & -y_1+2y_3\leqslant 3 \\ & 2y_1+y_2-3y_3=2 \\ & -3y_1+3y_2-7y_3=0 \\ & y_1-y_2+y_3\leqslant -1 \\ & y_1,\ y_2\geqslant 0 \end{cases}$

(4) $\begin{cases} \min & f=y_1+8y_2+3y_3 \\ \text{s.t.} & 2y_1+y_2+7y_3\geqslant 9 \\ & -3y_1+7y_2\geqslant 8 \\ & 6y_1-3y_2-y_3\geqslant 6 \\ & y_1,\ y_3\geqslant 0 \end{cases}$

6.7 (1) $\boldsymbol{x}^*=(4,\ 0)^{\mathrm{T}}$, $f(\boldsymbol{x}^*)=4$

(2) $\boldsymbol{x}^*=\left(\dfrac{21}{13},\ \dfrac{10}{13}\right)^{\mathrm{T}}$, $f(\boldsymbol{x}^*)=\dfrac{31}{13}$

(3) $\boldsymbol{x}^*=\left(\dfrac{11}{5},\ \dfrac{2}{5},\ 0\right)^{\mathrm{T}}$, $f(\boldsymbol{x}^*)=\dfrac{28}{5}$

(4) 无可行解

习　题　七

7.1 (1) $\boldsymbol{x}^*=(2,\ 2)^{\mathrm{T}}$, $f(\boldsymbol{x}^*)=4$

(2) 无可行解

(3) $\boldsymbol{x}^*=(2,\ 1,\ 0)^{\mathrm{T}}$, $f(\boldsymbol{x}^*)=13$

(4) $\boldsymbol{x}^*=\left(1,\ \dfrac{3}{2}\right)^{\mathrm{T}}$, $f(\boldsymbol{x}^*)=\dfrac{7}{2}$

7.2 (1) $\boldsymbol{x}^*=(3,\ 3)^{\mathrm{T}}$, $f(\boldsymbol{x}^*)=21$

(2) $\boldsymbol{x}^*=(1,\ 1)^{\mathrm{T}}$, $f(\boldsymbol{x}^*)=2$

(3) $\boldsymbol{x}^*=(1,\ 1)^{\mathrm{T}}$, $f(\boldsymbol{x}^*)=1$

(4) $\boldsymbol{x}^*=(4,\ 3)^{\mathrm{T}}$, $f(\boldsymbol{x}^*)=55$

7.3 $\boldsymbol{x}^*=(0,\ 5)^{\mathrm{T}}$, $f(\boldsymbol{x}^*)=40$

7.4 $\boldsymbol{x}^*=(0,\ 100,\ 150,\ 38)^{\mathrm{T}}$或$(0,\ 100,\ 150,\ 1,\ 37)^{\mathrm{T}}$, $(3,\ 97,\ 148,\ 1,\ 39)^{\mathrm{T}}$, $f(\boldsymbol{x}^*)=288$

7.5 (1) $\boldsymbol{x}^*=(0,\ 0,\ 1)^{\mathrm{T}}$, $f(\boldsymbol{x}^*)=2$

(2) $\boldsymbol{x}^*=(1,\ 0,\ 1,\ 0)^{\mathrm{T}}$, $f(\boldsymbol{x}^*)=2$

(3) $\boldsymbol{x}^*=(0, 0, 1, 1, 1)^{\mathrm{T}}$，$f(\boldsymbol{x}^*)=6$

7.6　(1) $x_{11}=x_{24}=x_{33}=x_{42}=1$，其余均为 0，$z=70$

(2) $x_{11}=x_{25}=x_{32}=x_{43}=x_{54}=1$，其余均为 0，$z=18$

7.7　最优指派方案为：让 A_1承建 B_3，A_2承建 B_2，A_3承建 B_1，A_4承建 B_4，A_5承建 B_5 时总的建造费用最少，为 7+9+6+6+6=34(十万元)

7.8　得到最优解 $x_{12}=x_{21}=x_{33}=x_{44}=x_{55}=1$，由于 x_{55}对应的是第 3 辆车完成任务 B_5的费用，因此第 1 辆车完成任务 B_2，第 2 辆车完成任务 B_1，第 3 辆车完成任务 B_3和 B_5，第 4 辆车完成任务 B_4，总费用为 5700 元

参 考 文 献

[1] 张光澄，王文娟，韩会磊，等. 非线性最优化计算方法. 北京：高等教育出版社，2005.

[2] 张可村. 工程优化的算法与分析. 西安：西安交通大学出版社，1988.

[3] 何坚勇. 运筹学基础. 北京：清华大学出版社，2000.

[4] 卢险峰. 最优化方法应用基础. 上海：同济大学出版社，2003.

[5] 弗莱彻. 实用最优化方法. 游兆永，译. 天津：天津科技翻译出版公司，1990.

[6] 威斯曼 D A，蔡特金 R. 非线性最优化导论：问题求解. 马正午，王佩玲，译. 北京：中国展望出版社，1986.

[7] Horst R，Pardalos P M. 全局优化引论. 黄红选，译. 北京：清华大学出版社，2003.

[8] 《现代应用数学手册》编委会. 现代应用数学手册：运筹学与最优化理论卷. 北京：清华大学出版社，2000.

[9] 张光澄，黄世莹，等. 最优化计算方法. 成都：成都科技大学出版社，1990.

[10] 郭嗣琮，陈刚. 信息科学中的软计算方法. 沈阳：东北大学出版社，2002.

[11] 陈开周. 最优化计算方法. 西安：西安电子科技大学出版社，1990.

[12] Chapra Steven C，Canale Raymond P. Numerical methods for engineers. New York：McGraw Hill，2000.

[13] 赖炎连，贺国平. 最优化方法. 北京：清华大学出版社，2008.

[14] 石鸿雁，苏晓明. 实用智能优化方法. 大连：大连理工大学出版社，2009.

[15] 张立卫，单锋. 最优化方法. 北京：科学出版社，2010.

[16] 解可新，韩立兴. 最优化方法. 天津：天津大学出版社，1998.

[17] 茨木俊秀，福岛雅夫. 最优化方法. 北京：世界图书出版公司，1997.

[18] 朱德通. 最优化模型与试验. 上海：同济大学出版社，2005.

[19] 郭科，陈聆，魏友华. 最优化方法及其应用. 北京：高等教育出版社，2007.

[20] Wanyne，Winstonl. 运筹学：数学规划. 北京：清华大学出版社，2004.

[21] Chapra Steven C，Canale Raymond P. 工程中的数值方法. 北京：科学出版社，2000.

[22] Chong Edvin K P，Zak Stanislaw H. An Introduction to Opitimization. New York：John Wiley & Sons，2001.

[23]　Song Julong，He Xiangjian，Qian Fucai. Study on Generalized Fractal Algorithm of Global Optimization. ICACC2010. shenyang：IEEE Press，2010.

[24]　董文永，刘进，丁建立，等. 最优化技术与数学建模. 北京：清华大学出版社，2010.

[25]　申培萍. 全局最优化方法. 北京：科学出版社，2006.